清 华 电 脑 学 堂

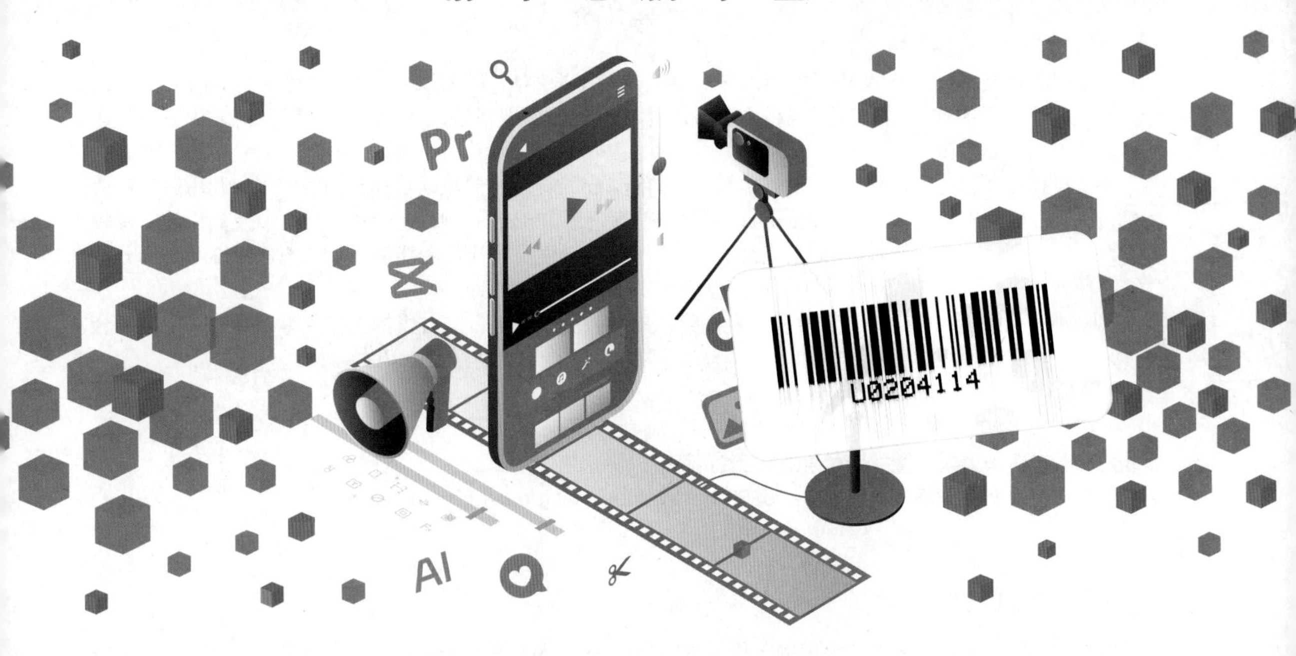

抖音+剪映+Premiere 新媒体短视频制作标准教程

全彩微课版

魏砚雨 王莹莹◎编著

清華大學出版社
北 京

内容简介

本书围绕短视频的创作展开，由浅入深、全面系统地介绍短视频拍摄、剪辑、特效制作的方法和技巧。不仅能让新手制作出精彩的短视频，还可以让有一定后期剪辑基础的读者掌握更多创意效果的制作方法。

全书共8章，内容包括短视频剪辑基础知识、抖音App的应用、剪映的功能与基本应用、利用剪映精剪短视频、短视频的优化处理、利用Premiere编辑短视频、使用Premiere制作短视频特效，以及典型的短视频实战案例等。在讲解理论知识的同时，穿插“动手练”实操板块，让读者能举一反三地进行练习。部分章节结尾安排了“实战演练”和“新手答疑”板块，真正做到授人以渔。

本书内容新颖，案例丰富，不仅适合短视频创作者、摄影爱好者、自媒体工作者等学习使用，也适合想进入短视频创业领域的人员阅读，还能作为高等院校相关专业课程的教学用书。

图书在版编目（CIP）数据

抖音+剪映+Premiere新媒体短视频制作标准教程：全彩微课版 / 魏砚雨，王莹莹编著. —北京：清华大学出版社，2024.5

（清华电脑学堂）

ISBN 978-7-302-66001-9

Ⅰ.①抖…　Ⅱ.①魏…　②王…　Ⅲ.①视频编辑软件－教材　Ⅳ.①TP317.53

中国国家版本馆CIP数据核字（2024）第069947号

责任编辑：袁金敏
封面设计：阿南若
责任校对：徐俊伟
责任印制：杨　艳

出版发行：清华大学出版社
网　　址：https://www.tup.com.cn，https://www.wqxuetang.com
地　　址：北京清华大学学研大厦A座　　**邮　　编：**100084
社 总 机：010-83470000　　**邮　　购：**010-62786544
投稿与读者服务：010-62776969，c-service@tup.tsinghua.edu.cn
质 量 反 馈：010-62772015，zhiliang@tup.tsinghua.edu.cn
课 件 下 载：https://www.tup.com.cn，010-83470236
印 装 者：小森印刷（北京）有限公司
经　　销：全国新华书店
开　　本：185mm×260mm　　**印　　张：**15.25　　**字　　数：**384千字
版　　次：2024年5月第1版　　**印　　次：**2024年5月第1次印刷
定　　价：69.80元

产品编号：105067-01

前 言

首先，感谢您选择并阅读本书。

随着5G技术的普及和快节奏生活方式的推崇，短视频成为人们日常娱乐和信息获取的重要方式，为此类内容创造了极为有利的环境。现实中，人人都有可能成为短视频的主角，这一趋势也推动了对于专业拍摄和编辑人才的需求。鉴于此，我们精心编写了本书。本书旨在为短视频剪辑和运营的读者提供一个更加易于学习和应用的知识框架，帮助读者在愉悦的学习过程中掌握短视频制作的精髓，并能够灵活地将这些技巧运用于实际工作之中。

内容概述

本书立足于短视频创作的实际需求，内容创作从抖音、剪映轻量级剪辑工具入手，再到Premiere这一专业的视频剪辑工具逐一展开。本书共8章，各章内容安排见表1。

表1

章序	主要内容	难度指数
第1章	主要介绍短视频剪辑的基础知识，包括短视频的特点及构成要素、短视频常见类型、短视频制作思路、素材的拍摄及基本技法等	★☆☆
第2章	主要介绍抖音App的应用，包括抖音App的基本应用知识、使用抖音App拍摄的方法、剪辑短视频的方法与技巧，以及发布短视频的方法等	★★☆
第3章	主要介绍剪映的功能与基本应用，包括剪映工作界面、短视频剪辑基础操作，以及剪辑技巧等	★☆☆
第4章	主要介绍短视频精剪的方法，包括短视频字幕创建、音频编辑、蒙版功能的应用、关键帧的应用、抠像功能的应用等	★★★
第5章	主要介绍短视频的优化方法，包括短视频效果的添加、贴纸的应用、特效的制作、转场效果的设置等	★★★
第6章	主要介绍利用Premiere编辑短视频的方法，包括Premiere剪辑工具的基本应用方法、常见剪辑操作、字幕的设计、过渡效果的制作等	★★★
第7章	主要介绍利用Premiere制作短视频特效，包括关键帧动画的创建、视频特效的应用、常用音频效果的应用等	★★★
第8章	以实战案例的形式介绍典型短视频的创作方法与技巧	★★☆

本书特色

本书采用理论讲解与实际应用相结合的形式，从易教、易学的角度出发，全面、细致地介绍短视频剪辑的方法与技巧。在讲解理论知识时，配备了若干“动手练”实操案例，以帮助读者进行巩固。部分章节结尾安排了“实战演练”及“新手答疑”板块，既培养了读者自主学习的能力，又提高了读者学习的兴趣和动力。

- **理论+实操，边学边练。**本书为软件中的重难点知识配备相关的实操案例，可操作性强，使读者能够学以致用。
- **全程图解，更易阅读。**全书采用全程图解的方式，让读者能够了解到每一步的具体操作。
- **疑难解答，重在启发。**书中部分章节结尾安排了“新手答疑”板块，其内容是对实际工作中一些常见的疑难问题进行汇总并给出解释，以启发读者有更深层次的思考。
- **视频讲解，学习无忧。**书中实操案例配有同步学习视频，在学习时扫码即看，很好地保障了学习效率。

本书在案例演示过程中，对**剪映专业版与剪映手机版均有涉及**，虽然它们的运行环境不同、界面不同、操作方式也有所不同，但两者的使用逻辑是完全一致的。剪映专业版具有更丰富的素材库和更多的高级编辑功能，能够满足更专业的视频制作需求。剪映手机版则更注重便捷性和易用性。读者在使用时根据自己的使用环境和习惯进行选择即可。

本书的配套素材和教学课件可扫描下面的二维码获取，如果在下载过程中遇到问题，请联系袁老师邮箱：yuanjm@tup.tsinghua.edu.cn。书中重要的知识点和关键操作均配备高清视频，读者可扫描书中二维码边看边学。

作者在写作过程中虽力求严谨细致，但由于时间与精力有限，书中疏漏之处在所难免。如果读者在阅读过程中有任何疑问，请扫描下面的技术支持二维码，联系相关技术人员解决。教师在教学过程中有任何疑问，请扫描下面的教学支持二维码，联系相关技术人员解决。

配套素材

教学课件

技术支持

教学支持

• 附赠电子书 •

附赠A
短视频发布温馨提示
1. 视频发布需遵守的规则
2. 视频发布技巧

附赠B
在抖音平台发布短视频
1. 抖音推荐算法
2. 抖音审核机制
3. 提高账号权重

附赠C
在快手平台发布短视频
1. 用户群体及平台推荐机制
2. 快手发布作品的规则

附赠D
在视频号上发布短视频
1. 视频号的特点
2. 视频号与抖音/快手的区别
3. 使用视频号发布视频

目录

第1章 入门必学：短视频制作基础

第2章 日常记录：抖音拍摄剪辑短视频

第3章 新手上路：剪映编辑短视频技巧

第4章 剪辑神器：剪映短视频精剪方法

第5章

完美呈现：利用剪映对短视频进行优化

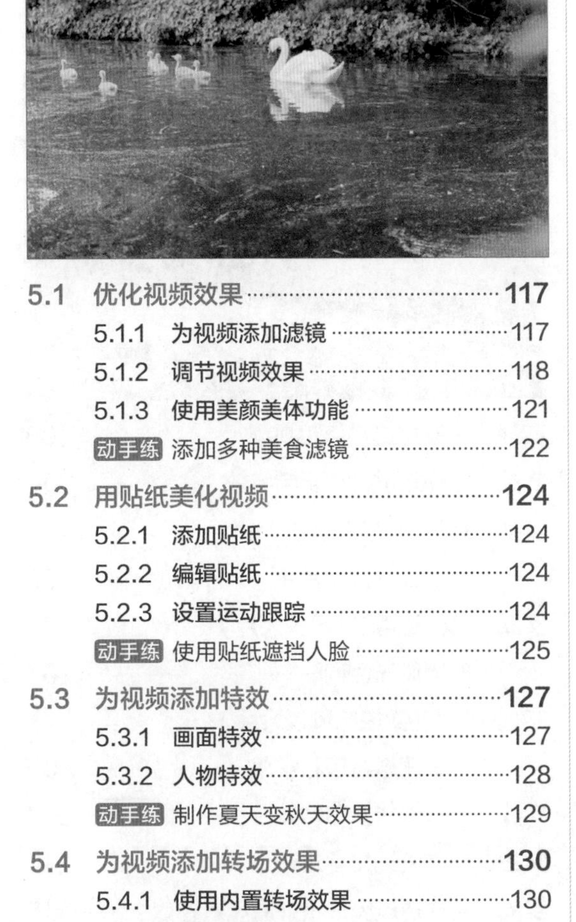

第6章

技艺精进：利用Premiere Pro编辑短视频

第7章 创意效果：利用Premiere Pro制作短视频特效

第8章 精彩纷呈：人人都能做好的经典案例

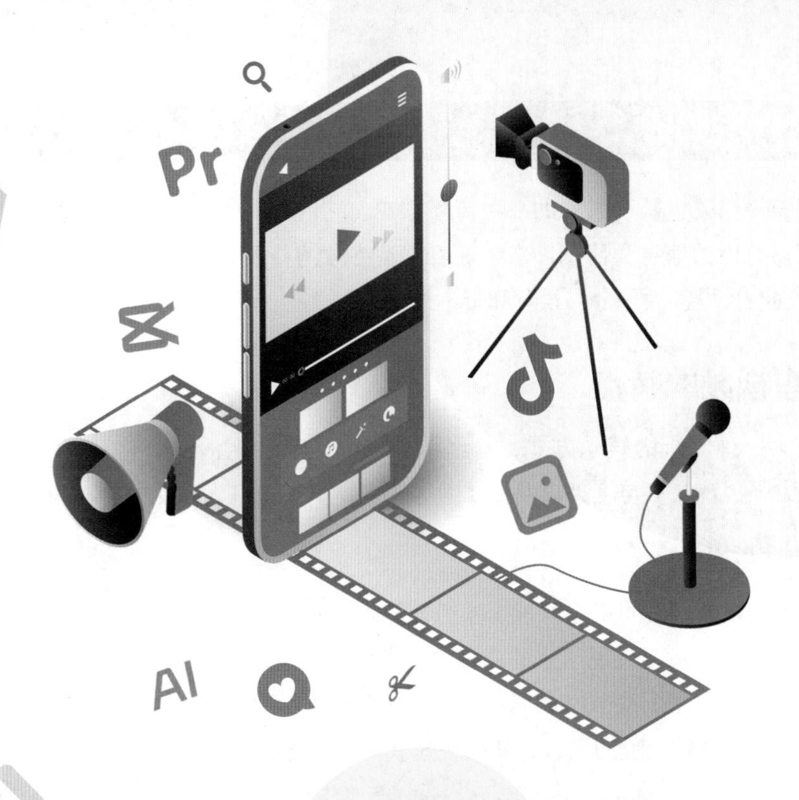

第1章

入门必学：短视频制作基础

在学习短视频制作之前，先要了解与短视频相关的基本知识，例如短视频的特点、短视频的构成要素、短视频的类型、短视频的制作思路，以及短视频的拍摄技法等。本章将分别对这些知识进行简单说明，以便为日后的学习做好铺垫。

1.1 认识短视频

短视频即短片视频，是互联网的一种传播方式。它内容简短，视觉冲击力强，能够让观众在短时间内获得有用的信息和情感冲击。随着移动终端的普及和网络的提速，短、平、快的大流量传播内容逐渐获得各大平台、粉丝和资本的青睐。

1.1.1 短视频的特点

短视频作为一种流行的娱乐方式，已经深入人们的日常生活中。它以其时长短、内容精简、视觉冲击力强、观众参与度高以及多样性等特点，赢得了广大观众的青睐。

1. 时长短、内容精简

短时长是短视频最显著的特点。短视频的时长通常控制在1～5min，视频内容完整，信息密度大。由于时间有限，所以展现出来的内容都是精华，符合人们碎片化的阅读习惯，降低了人们参与的时间成本。在当下快节奏的时代，这种短时长的视频会更容易让人们接受。人们可以利用碎片化的时间浏览感兴趣的内容，从而快速获得对自己有用的信息。

2. 制作过程较容易

自从短视频普及以来，每个人都变成了创作者，人们可通过手机上的应用程序拍摄、编辑和分享短视频。这种简易的制作方式降低了制作门槛，使更多的人能够参与短视频的创作。如果想要丰富视频内容，可以使用剪辑软件进行辅助操作。

3. 视觉冲击力强

短视频有着很强的视觉冲击力。因为时长短，短视频需要通过色彩、动画效果、音乐等手段来吸引人们的眼球。视觉上的冲击能够使人在短时间内产生强烈的印象，并让人们乐于接受和分享。这也是很多短视频瞬间爆红的原因之一。

4. 互动性强、社交黏度高

很多短视频平台提供用户上传和分享的功能，这使得用户可以随时随地分享自己喜欢的短视频。同时，通过点赞、评论等方式可与制作者，或其他用户进行交流互动。用户的评论和点赞行为为视频创作者提供反馈和支持，增加创作者的积极性和动力，视频分享行为也有助于扩大视频的传播范围，提高创作者的影响力。

5. 内容多样性

短视频涵盖了各个领域的内容，如日常记录、美食、旅游、搞笑等。用户可以根据兴趣和需求，选择观看感兴趣的短视频内容。这种多样性使短视频能够满足不同用户的需求，也扩大了短视频在社交媒体平台上的受众。

1.1.2 短视频的构成要素

一段完整的视频主要由视频内容、封面、标题、配乐、标签简介这5个要素构成。

1. 视频内容

内容是短视频最核心的要素。短视频的内容可以多种多样，从日常生活琐事到专业知识分享，再到娱乐搞笑片段，甚至是艺术创作展示。内容的丰富多彩是吸引观众的关键，也是视频能否走红的决定性因素。创作者需要精心挑选主题，确保内容新颖、有趣或具有意义。

2. 封面

短视频封面需要以用户为核心，而用户正是短视频创作必不可少的一环，好的封面不仅能提升视频的打开率，还能提高账号的关注率。常见的封面设置技巧包括颜值型、内容型、故事型、悬念型、借势型等。

3. 标题

制作好内容之后，就到了关键的阶段，为内容“取名”。标题是视频内容的高度概括，好的标题能够让人对内容一目了然。同时，对于视频中无法表现出来的情绪或升华的主题，也可以在标题中表达出来，起到画龙点睛的作用。为短视频设置标题的常用思路包括直接叙事、好奇心理、情感元素、从众法则、必备技能等。

4. 配乐

背景音乐的选择也是至关重要的，短视频之所以能够给人沉浸式的观看体验，背景音乐功不可没。对于创作者来讲，要养成保存爆款短视频背景音乐的习惯。

5. 标签简介

通过精准的标签和吸引人的内容简介，可增加视频在平台上的可见度，使其更容易被目标观众所发现。标签应与视频内容相关联，能够概括视频的主题和特点。简介则应该简短明了，吸引观众的眼球，同时也能够概括视频的主要内容和亮点。

1.1.3 短视频剪辑软件

常用的视频剪辑软件可以从专业和日常使用两个方向进行分类，目前主流的专业剪辑软件有After Effects、Premiere等，这些专业剪辑软件的使用通常还需要配合Photoshop、Audition、Cinema 4D等辅助软件的使用。如果只是为了日常使用，也可以学习简单的视频剪辑工具，例如剪映。

1. After Effects

Adobe After Effects（AE）是一款专业的视频后期制作软件。常用于影视后期制作、电视节目包装、广告宣传片制作、动画特效制作等，被广泛应用于电影、电视、广告等多个领域。它的主要功能包括合成、特效、调整、动画和文字，图1-1所示为使用AE处理视频的效果。

2. Premiere

Adobe Premiere Pro（PR）被广泛应用于广告、电影、电视剧制作等专业领域。专业编辑人员可以利用其强大功能实现高水平的剪辑和后期制作。PR主要功能包括剪切、合并、添加字幕、调色、音频处理等。其时间线编辑界面使编辑变得直观简单，同时支持多种视频格式，满足不同项目需求。此外，PR与其他Adobe软件无缝集成，可方便地进行素材交互和后期处理。图1-2所示为使用PR处理视频的效果。

图 1-1

图 1-2

3. 剪映

专业剪辑软件功能强大，可满足各种复杂项目的需求。但是，对于新手用户来说可能需要一定时间的学习和适应。剪映、快影等智能视频剪辑软件则可以满足日常使用，而且操作简单，用户很容易掌握操作要领。

剪映上手非常简单，它并没有提供对普通人来说过于专业的功能，用户只需要拖动视频素材到窗口就可以直接剪辑，支持视频参数调节，支持多轨道。另外，剪映还提供了内置的素材库，素材的类型包括视频、音频、文字、贴纸、特效、转场、滤镜等，用户无须再到视频素材网站中寻找素材，一键便可将素材库中的素材添加到视频中，即使是新手，通过简单地学习也可快速制作出效果不错的视频。图1-3所示为使用剪映制作小视频的效果。

图 1-3

1.2 短视频常见类型

短视频有很多种类型，不同种类有着不同的特点和受众人群。按照视频内容来分，短视频可分为以下几种。

1.2.1 幽默搞笑型

幽默搞笑型的短视频通常以幽默、搞笑为主题，通过各种搞笑元素和情节来吸引观众的注意力。其内容大多以恶搞社会现象、明星模仿、动物趣事、情景短剧为主，以夸张搞怪的表演和剪辑手法来制造笑料，让观众闲暇之余能够放松心情，缓解压力。图1-4所示为某网友制作的宠物搞笑视频片段。

图 1-4

1.2.2 技能分享型

技能分享型的短视频通常以某个特定技能或知识分享为主题，通过展示和讲解的方式来向观众传授知识和技能。通常以“如何”“教你”为主，例如，烹饪类短视频可以教人们制作美味的菜肴；健身类短视频可以指导人们用正确的姿势锻炼；手工制作类短视频可以展示如何制作手工艺品等。这些教程类短视频很受观众喜爱，因为它们能提供很多实用的信息和技巧。图1-5所示为一系列办公技能学习视频片段。

图 1-5

1.2.3 时尚美妆型

时尚美妆型的短视频通常以穿衣打扮、美容美妆为主题，通过展示和讲解时尚穿搭、美妆技巧等来吸引观众的注意力。内容大多以化妆技巧、护肤品推荐、发型设计、穿搭建议为主。观众通过观看视频，可以了解到最新的时尚潮流、学习到专业的化妆技巧，或者选择合适的护肤品及发型，以提升自己的装扮能力。图1-6所示为某时尚博主制作的视频片段。

图 1-6

1.2.4 生活记录型

生活记录型的短视频通常以生活中的点滴细节为主题，记录人们的日常生活、旅行历程、育儿经历等。短视频用生动的画面、优美的音乐、流畅的剪辑和独特的叙事方式，在短暂的时间内展示出生活的精彩与美好。这类短视频给人真实、亲近的感受，能够快速建立起观众与作者之间的情感共鸣。图1-7所示为@文旅徐州美食纪实视频片段。

图 1-7

1.2.5 电影解说型

电影解说型的短视频通常是对某部电影或电视剧进行解读，解读内容包括剧情介绍、人物角色分析、主题探讨、电影技巧解析等，从而帮助观众快速理解影片内容，引导观众发现影片中的细节及深层含义。此外，这类短视频对电影或电视剧的宣传和推广起到了引流作用。图1-8所示为某影评博主解说《穿普拉达的女王》电影片段。

图 1-8

1.2.6 音乐短片型

音乐短片型的短视频通常以故事短片、演唱会短片、舞蹈短片等为主题，用音乐视频短片来展现音乐艺术的美，让观众能够更加深入地理解和感受音乐的美。图1-9所示为《Because of you》音乐MV片段。

图 1-9

1.2.7 新闻播报型

新闻播报型的短视频通常以简短、准确、客观的方式呈现新闻事件、时事热点和重要资讯等信息，以满足观众对信息和新闻的需求。该类视频会比较注重细节方面的处理，例如主播的形象和语言风格、新闻报道的准确性和客观性、画面剪辑的流畅性和逻辑性等，以提高观众的观看体验和对新闻信息的接受程度。图1-10所示为@人民网发布的一则暖心的民生新闻片段。

图 1-10

1.3 短视频制作思路

相对于传统视频来说，短视频的制作流程要简化很多。但创作者想要做出优质的视频，还是需要按照一定的流程来制作。

1.3.1 主题定位

内容是短视频创作的核心，然而创作出引人入胜的短视频内容并非易事，关键在于精准的主题定位。主题定位是短视频创作的第一步，也是至关重要的一步。它决定了视频的目标受众、内容和传达的信息。例如，一个关于健康生活的短视频可能会聚焦于健康饮食、运动习惯或心理健康等子主题。每个子主题都吸引着不同的观众群体，因此，选择合适的子主题对于吸引目标观众至关重要。

1.3.2 撰写剧本

确定好主题和目标群众，接下来进入剧本撰写环节。剧本撰写是一个复杂的过程，它需要创作者用文字精确地描绘出故事场景、故事氛围、情节线索、人物动作和对话，为演员和导演提供清晰的指导。短视频的剧本与传统剧本有所区别，它需要在有限的几分钟内，通过紧凑的叙事，创作出引人入胜的故事情节。相比传统剧本来说，其创意性和技术性要更强一些。

对于非编剧专业的人来说，要想写出好的短视频剧本确实有些难度，但可以先准备好故事的大致框架，例如故事主题、拍摄场地、各演员的角色和对话内容的大纲等，然后根据故事框架，再琢磨剧情发展。当然，创作者还可通过后期手段来弥补剧情的不足，使故事结构更完整、更紧密。

1.3.3 视频拍摄

确定了主题，有了完整的剧本，接下来进入视频拍摄阶段。要想拍摄出理想的画面效果，创作者可通过以下几点来操作。

1. 选择合适的拍摄环境

拍摄的环境一定要与拍摄主题相适应。无论是户外还是室内，要确保背景干净整洁。此外，创作者也要注意光线的使用。尽量选择自然光线，避免过暗或过亮的环境，以免影响画面质量。

2. 调整合适的拍摄角度

尝试不同的角度可以增加视觉吸引力和独特性。较低的角度拍摄可以增强画面的真实感；较高的角度拍摄可以展示画面的宽广辽阔。不断尝试不同的角度和图像组合，可营造出不同的场景氛围和画面效果。

3. 保持稳定的拍摄画面

对于使用手机拍摄的人来说，尽量借助防抖器材来拍摄，例如三脚架、手机支架、防抖稳定器等。这些器材可以很好地避免创作者在拍摄过程中出现画面晃动的现象。

4. 丰富多样的镜头画面

拍摄画面一定要有变化，不要一种焦距、一个姿势一拍到底。创作者要灵活地运用镜头（推镜、拉镜、跟镜、摇镜等）切换、镜头景别（远景、近景、中景、特写等）切换来丰富视频画面。

1.3.4 后期剪辑

短视频后期剪辑阶段决定了视频的质量和观众的观感。它不仅是对画面和声音的简单拼接，更是对整个视频内容、风格和信息传达的精心雕琢。创作者需具备专业的剪辑技能和审美水平，同时还需要有足够的耐心来处理视频每一处小细节。常见的视频后期剪辑流程大致如下。

1. 粗剪

粗剪是指进行粗略的剪辑，先将无效的内容全部剪掉，尽量保留有看点的内容，从而保证故事的完整性。粗剪的目的是了解整个片子的镜头和段落，挑选流畅的以及构图、光线、色彩理想的镜头，通过选择、取舍、分解并加以结合来打造影片雏形。

粗剪包括删除冗余片段、调整画面顺序、添加其他素材等。粗剪阶段，允许创作者不断修改并尝试新的想法和各种试验。

2. 精剪

精剪是在粗剪的基础上对每一个镜头做精细的处理，包括剪切点的选择、每个镜头的长度处理、整个视频的节奏把控、音乐音效的铺设等。该阶段需要关注的是视频的整体氛围、视觉效果和观众的观感。创作者要通过剪辑、缩放、变速、调色等方式对画面进行优化，同时也会对音效进行处理，以达到最佳的视听效果。

3. 特殊处理

根据画面需要，创作者会对视频进行一些特殊化处理，如转场效果、滤镜、音效等。这些特效可以增强视频的视觉冲击力和艺术感染力。但需要注意不要过度使用，以免影响观众的观感。

4. 调色和音频处理

在剪辑的最后阶段，创作者需对视频进行调色处理，以保持画面的美感。同时还会对音频进行处理，如调整音量、加入背景音乐等，以增强视频的听觉效果。

1.3.5 发布运营

短视频创作完成后，就要进入发布与运营阶段。在短视频发布方面，选择发布时机比较关键。不同的平台和观众群体，在每天的不同时间段都有热度高峰。例如，对于年轻人而言，晚上和周末是他们观看短视频的主要时间段。因此，选择在这些时间段发布短视频，能够获得更多的曝光和关注度。另外，要时刻关注热点事件和话题，抓住机会发布相关的短视频，可以提高传播效果。

在短视频运营方面，互动是关键。与观众的互动能够增加粉丝的黏性和忠诚度。创作者可在视频中提问，引导观众评论和互动；也可利用弹幕的形式与观众进行实时互动；还可通过发布有趣的挑战或互动活动，吸引观众参与并分享给更多的人。通过互动可与观众建立良好的互动关系，提高用户黏性和传播效果。

此外，在短视频运营过程中要实时监测后台反馈数据。通过对观众的点击率、转发率、观看时长等各项指标的分析，可以了解观众的喜好和行为，从而调整运营策略，提高短视频的传播效果和用户体验。

1.4 短视频拍摄基础

要想做出好的视频效果，其前提条件就是先要掌握一些视频拍摄的基础技能。例如了解拍摄设备、拍摄的基础知识、拍摄画面的构图方式、镜头运镜手法等。

1.4.1 常见的拍摄设备

视频拍摄的设备有很多，例如摄像机、手机、摄像支架、拍摄所用的灯具、拍摄话筒等。对于新手来说，先要熟悉并学会这些设备的使用方法，好为后续拍摄技能的学习做好准备。

1. 录像设备

录像设备有很多种，例如专业摄像机、家用DV机、随身携带的手机都可以进行录像操作。

专业摄像机的体积比较大，一般适用于演播室或录影棚这类空间，属于广播级别的机型。这类录像机具有图像质量高、性能全面等特点，但它的体积大，在户外拍摄携带不方便，如图1-11所示。

家用DV机适用于非正式场合，例如家庭聚会、户外旅游等。这类机型体积较小，质量较轻，便于携带。但拍摄的画质会低于广播级别的摄像机，如图1-12所示。

随着电子科学技术的迅猛发展，智能手机已成为人们生活学习中不可缺少的一部分。使用手机来拍摄就成为了人们日常分享的主流设备。与其他拍摄设备相比，手机较为方便，自由度很高，能够随时随地记录自己身边发生的事。特别是对于一些突发事件，手机拍摄就显示了它的重要性。此外，对于喜爱自拍的用户来说，没有比手机更有优势的拍摄设备了，如图1-13所示。

图 1-11

图 1-12

图 1-13

2. 稳定设备

为了防止拍摄的画面出现抖动，需要利用各种摄像支架设备来固定摄像机。对于专业级的摄像机来说，常用支架设备有三脚支架、摄像摇臂等，如图1-14所示。手机拍摄常用的支架主要包括手机三脚架、自拍杆、稳定器等，如图1-15所示。

自拍杆可以说是手机拍摄或录像的“神器”，它可在20～120cm之间任意伸缩，拍摄者将手机固定在伸缩杆上，通过遥控器就能实现多角度自拍。

对于手持拍摄来说，稳定器是必不可少的拍摄器材，它能够保证手机屏幕的稳定性。拍摄者无论是站立、走动，还是跑动，加装稳定器后，都能拍摄出稳定的画面，或顺畅的视频。

图 1-14

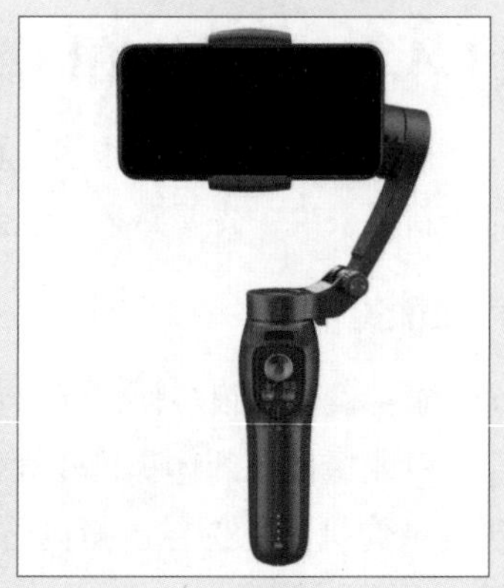

图 1-15

3. 灯光设备

拍摄时经常用到的灯光设备有LED灯、钨丝灯、柔光灯、环形灯等。

LED灯是目前主流的视频拍摄灯光之一，它具有高亮度、节能环保、使用寿命长等优点。LED灯的色温可根据拍摄需要进行调整，非常方便，如图1-16所示。

钨丝灯是一种传统的灯光设备，具有高亮度和可调节色温的特点。常用于营造温馨、浪漫的氛围，常用于家庭、餐厅等场景的拍摄，如图1-17所示。

图 1-16

图 1-17

柔光灯可以使光线变得柔和，减少阴影和光斑的产生，让拍摄的人物或物品更加柔和自然，如图1-18所示。

环形灯是一种可提供均匀光线的灯光设备。常用于美妆、人像等拍摄场景。它可放在拍摄对象的前方或上方，光线十分柔和，如图1-19所示。

除以上常见的灯光设备外，还会使用一些辅助照明设备，例如反光板。反光板可用来改善现场光线，使拍摄主体的光照保持平衡，避免出现太尖锐的光线，如图1-20所示。

图 1-18

图 1-19

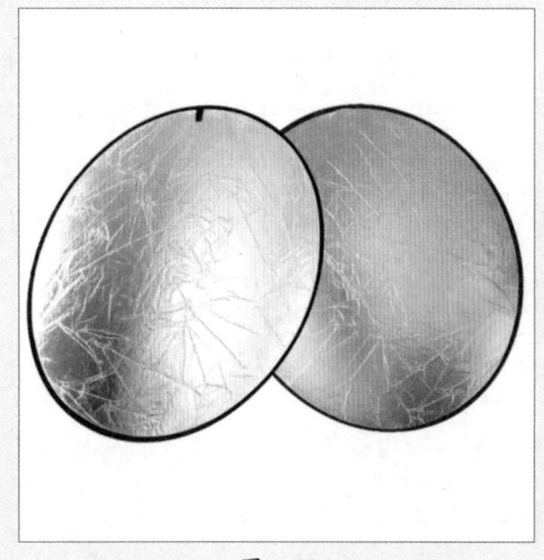

图 1-20

知识点拨

环形灯与柔光灯的区别

环形灯适合拍摄人像、美妆或自拍。柔光灯则更适用于拍摄近距离的人像、物品和美食。在光线效果方面，环形灯可以拍摄出独特的眼神光圈效果，这种独特的光线效果可增强人物的立体感和层次感。柔光灯可提供均匀柔和的光线，适用于范围较小的拍摄场景。

4. 收音设备

在拍摄过程中声音的收录设备必不可少。选择合适的收音设备可以增强观众的代入感。目前常见的收音设备有两种，分别为麦克风和录音笔。

麦克风可将现场原声放大传播，让在场的观众都能够清晰地听到。常用于演讲、演唱、会议、户外拍摄等场合。麦克风的种类有很多，按照外形可分为手持麦克风、领夹式麦克风、鹅颈式麦克风以及界面麦克风4种，如图1-21所示。

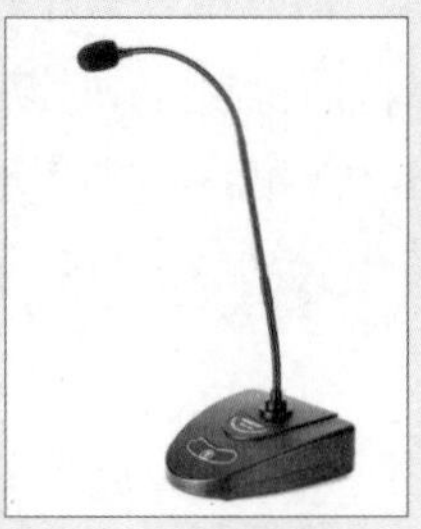

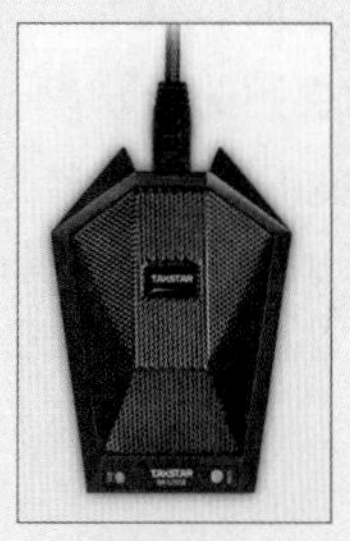

图 1-21

- **手持麦克风：** 主要用于室内节目主持、演讲演唱等场合。该类麦克风可增强主音源、抑制背景噪声，同时还可消除原声中的气流与噪声。
- **领夹式麦克风：** 比较适合户外演讲、户外直播拍摄。领夹式麦克风机身轻巧，外出携带非常方便，佩戴起来也不会造成负担。
- **鹅颈式麦克风：** 主要用于室内会议场合。鹅颈式麦克风收音准确并清晰，灵敏度高。因此无须紧贴嘴巴捕捉声音。鹅颈式麦克风可根据人物坐姿或站姿的角度来调整麦克风位置。
- **界面麦克风：** 常用于电话会议场合。该类麦克风灵敏度超高，收音范围很大。圆桌会议时，所有参会者的声音都会被准确捕捉。但它很容易受到环境噪声的干扰，从而影响收音效果，因此在使用时要保持环境安静才可以。

录音笔具有存储量大、待机时间长，录制时长可达20小时左右，录制的音色较好等特点。一些高档录音笔还具有降噪功能。在拍摄视频时，经常会被用到。

1.4.2 视频拍摄参数设置

在开始拍摄视频前，需要对一些必要的拍摄参数进行设置，以便拍摄出理想的视频画面。下面对手机拍摄常规参数的设置进行介绍。

1. 帧率

每秒播放24张以上的连续画面，就会让人感觉画面动了起来，这就形成了视频。视频帧率是指1秒钟的视频由多少张照片组成。它是用来衡量视频流畅度的关键参数。目前，手机录像帧率有很多种，常规录像帧率为30帧/秒和60帧/秒这两种。

30帧/秒的帧率是常见的标准。它可提供平滑的视频录制，并且对于动作较慢的场景（如日常生活、普通对话等）效果良好。此外，30帧/秒的录像只需少量的存储空间，并且在一些较老或性能低的设备上播放更流畅。

60帧/秒的录像帧率可提供更加流畅的视频录制，比较适用于快动作场景。录制运动画面，选择60帧率更适合。但60帧率会占用更多的手机存储空间，并且对手机的性能要求会高一些。

以华为手机为例，进入录像模式后，点击右上角的“设置”按钮，在“设置”界面中选择“视频帧率”选项即可选择相应的帧率值，如图1-22所示。

视频帧率的选择会对视频质量有直接的影响。一般来说，帧率越高，视频质量越好。但帧率也不是越高越好，还要对视频其他参数进行综合考虑，如码率、压缩格式、分辨率等。

2. 分辨率

在观看视频时，通常会有“清晰度”这个选择项，有720p、1080p、4K等参数可选。这里的参数就是指视频的分辨率。目前视频网站主流的分辨率为1080p，在用手机拍摄视频时，最常用的是4K和1080p的分辨率，4K视频的分辨率大小为3840×2160像素，1080p的分辨率大小则为1920×1080像素。在“录像”模式的“设置”界面中可选择“视频分辨率”选项进行设置，如图1-23所示。

图 1-22　　　　图 1-23

如果视频内容很短，那么就可选择4K分辨率进行拍摄，这样在后期剪辑时可进行二次构图，在导出时选择主流的1080p导出，不会影响到画面清晰度。

3. 画面比例

画面比例指的是视频画面的宽度和高度之比。早期电子屏幕的画面比例为4∶3标准屏，目前主流的屏幕画面比例为16∶9宽屏显示。电影屏幕则比普通电子屏幕更宽，甚至可达到2.35∶1。那么用户在使用手机拍摄时，建议选择默认的16∶9的比例即可。

4. 对焦与测光

开启手机录像功能后，手机会自动对画面的主体进行对焦和测光。自动对焦模式下，对焦区域默认位于画面中间，在对焦区中优先对焦距离相机最近的物体。图1-24所示为相机自动对焦画面。

如果用户想要聚焦画面中某个主体物，只需在画面中点击该物体，此时会出现一个对焦框以及太阳图标，说明所选对焦点已完成了自动对焦。图1-25所示为将对焦点选中画面右侧的零食袋，使零食袋上的文字清清楚楚，左侧的绿萝则相对有些模糊。相反，如果将对焦点选中绿萝，那么零食袋就会变得模糊不清，如图1-26所示。

如果在录像过程中用户感觉到画面光线变暗或变亮，那么可以手动调整测光值。画面对焦后，滑动对焦框右侧太阳图标即可调整画面光线。

向上滑动太阳图标，可增加曝光，让画面变得更亮，如图1-27所示；向下滑动，则减少曝光，画面会变得灰暗，如图1-28所示。

图 1-24

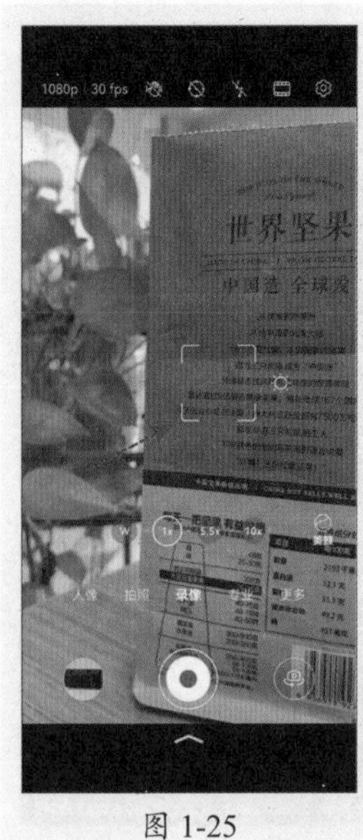

图 1-25

图 1-26

图 1-27

图 1-28

1.4.3 视频拍摄表现形式

视频拍摄有三种表现形式：常规视频、慢动作视频以及延时拍摄。下面分别对这三种形式进行简单介绍。

1. 常规视频

常规视频是以正常的速度和时间流逝来呈现的视频。它是最普遍的视频表现形式，能够准确地捕捉和展现现实世界中的动作和事件。手机进入“录像”模式后，点击◉按钮可开始录制视频，如图1-29所示。在录制的过程中，点击“快门”按钮，可随时拍摄画面中的静态照片，从而不错过任何精彩瞬间，如图1-30所示。

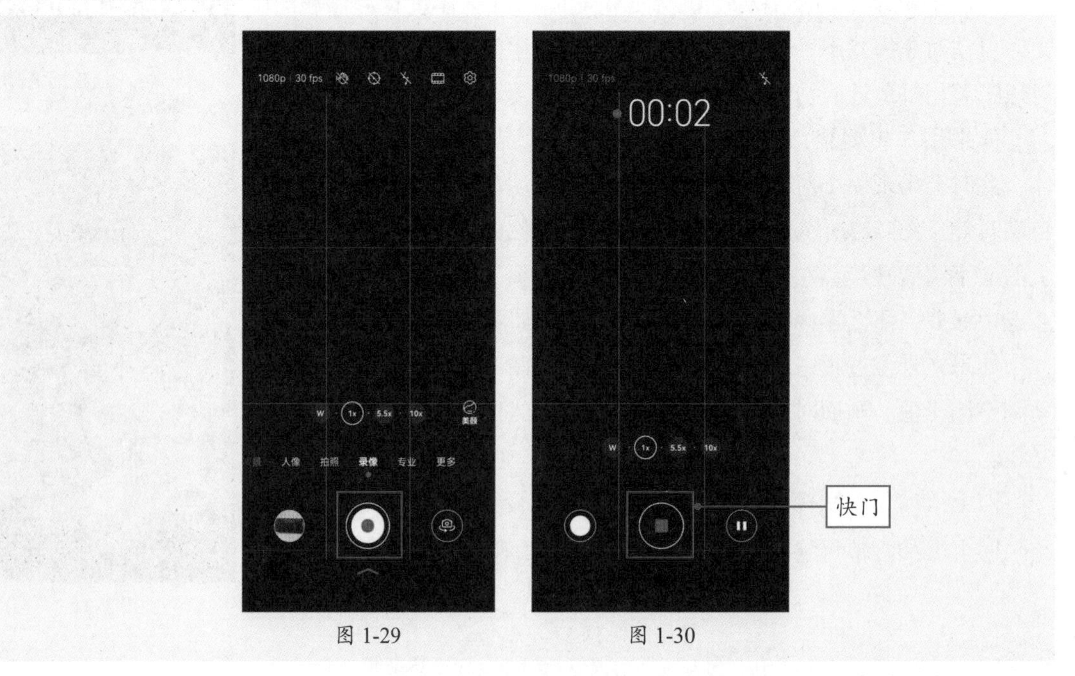

图 1-29
图 1-30

2. 慢动作视频

慢动作视频的播放速度较慢，其视频帧率通常为120帧/秒以上。慢动作视频可以拍摄出人眼观察不到的奇妙景象，图1-31所示为水滴落下的慢动作视频截图。

图 1-31

进入手机相机界面，选择“更多”选项开启“慢动作”模式，根据需要调整放慢倍数（4～32x）。设置完成后点击◉按钮即可，如图1-32所示。

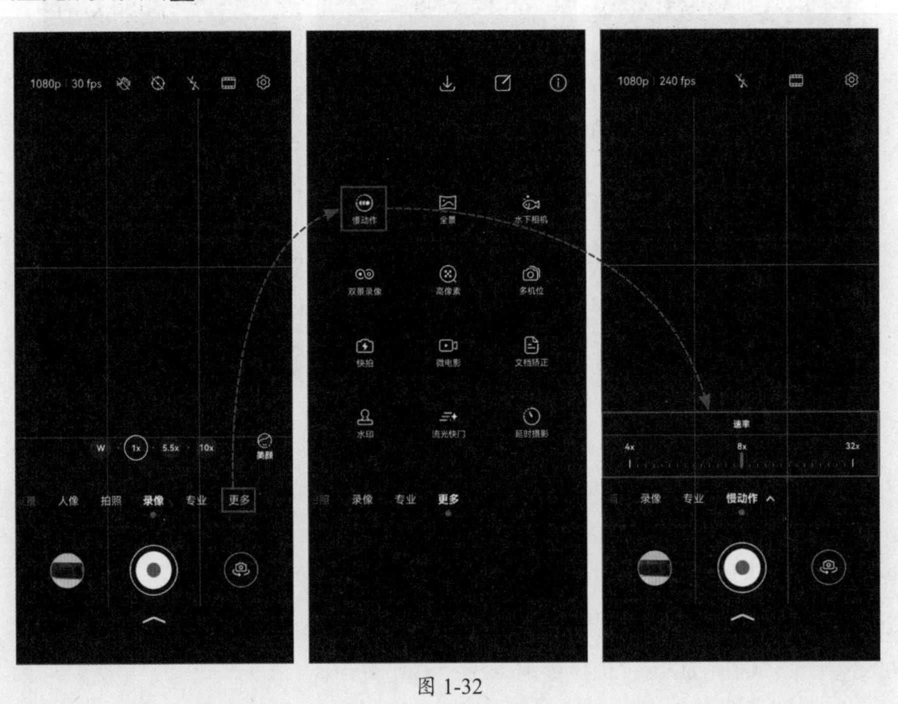

图 1-32

3. 延时拍摄

延时拍摄又叫缩时录影，是一种将时间压缩的摄像技术，它可将长时间（几小时甚至几天）记录的画面压缩为几分钟甚至几秒钟的视频画面。常用于拍摄日出日落、云卷云舒的自然风光，花开花落、烘焙烹饪等需要快速呈现长时间内的场景变化以及川流不息的人群车流等。图1-33所示为花朵开放的过程。

图 1-33

在相机界面中，选择“更多”选项并开启“延时摄影”模式，点击“自动”按钮可更改速率、时长等参数，如图1-34所示。

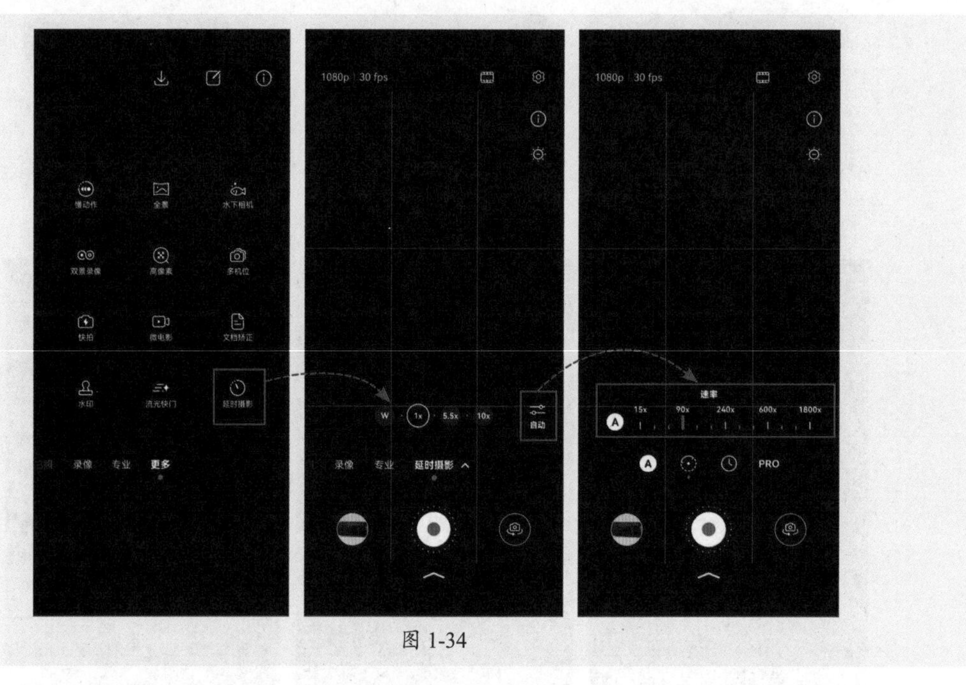

图 1-34

用户可根据不同主题来选择不同的速率参数，常规速率参数的选择如下。

- 15x速率抽帧时间为0.5s，拍摄车流、行人。
- 60x速率抽帧时间为2s，拍摄云彩。
- 120x速率抽帧时间为4s，拍摄日出日落。
- 600x速率抽帧时间为20s，拍摄银河。
- 1800x速率抽帧时间为60s，拍摄花开花谢。

1.5 短视频常见拍摄技法

运用一定拍摄技法会让视频画面更加出彩。下面从景别呈现、画面构图、运镜方式以及视频转场4个方面来介绍拍摄的基本方法。

1.5.1 拍摄景别

景别是指主体物在屏幕框架结构中所呈现出的大小和范围。景别分为远景、全景、中景、近景和特写几个级别。

1. 远景

远景主要展示主体物周围的环境，可以表现宏大的自然景观，常用于拍摄环境、气氛以及景物气势的场景。其中主体物所占比重较小或者无。远景可以分为大远景和远景两种，大远景相对来说画面视野更加开阔，如图1-35所示。

2. 全景

全景的拍摄范围小于远景，主要是突出画面主体物的全部面貌，例如主体人物的全身、体形、衣着打扮、面貌特征等。与远景相比，全景有明显的内容中心和结构主体，如图1-36所示。

图 1-35

图 1-36

3. 中景

中景主要展示主体人物膝盖以上部分或某一场景的局部画面。与全景相比，范围比较紧凑，环境为次要地位，主要抓取主体物的明显特征，如图1-37所示。

4. 近景

近景主要表现人物胸部以上或主体物的局部画面，与中景相比，画面会更加单一，环境和背景处于次要地位，须将主体物置于视觉中心，如图1-38所示。

在拍摄近景时，往往需要更加靠近主体物，由于手机的镜头都是定焦镜头，所以需要依靠走动来改变景别的效果。

图 1-37

图 1-38

5. 特写

特写是展示主体物一个局部的镜头，常用于拍摄主体物的细节，或人物某个细微的表情变化。特写要近距离靠近主体物，所以取景范围很小，画面内容比较单一。与其他景别相比，特写会彻底忽略背景与环境。在拍摄特写镜头时，一定要设置好对焦距离，否则画面会模糊不清，如图1-39所示。

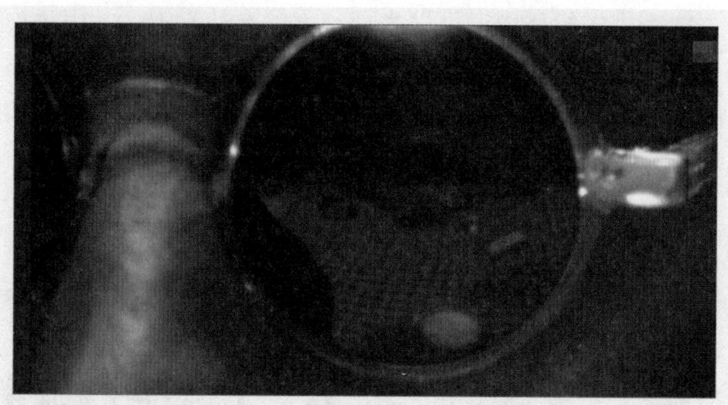

图 1-39

1.5.2 画面构图方式

画面构图可以理解为画面的取景，画面中每一个对象都是构图中的元素。通过不同的构图方式，可以突出不同的主体物，增强画面展现效果。

1. 中心构图

中心构图最极致简洁，也是最常用的一种构图方法，把主体放置在画面视觉中心，形成视觉焦点。这种构图方式的最大优点在于主体突出、明确，而且画面容易取得左右平衡的效果，如图1-40所示。

中心构图法比较适合微距特写，尤其是包裹的花瓣或叶片，本身就具有很好的层次感，能产生一种内在的向心力、平衡力。

2. 九宫格构图

九宫格构图（俗称井字构图）就是竖横各画两条直线组成一个“井”字，画面被均分为九个格。竖线和横线相交得到4个点，这4个点被称为“黄金分割点”，是画面的视线重点所在，用户可将画面主体物放置在任意一个点上，如图1-41所示。

图 1-40

图 1-41

在使用手机摄像时，可开启参考线功能进行辅助拍摄。进入手机相机界面，点击“设置”按钮，打开“参考线”开关即可，此时，九宫格参考线会显示在相机界面中，如图1-42所示。

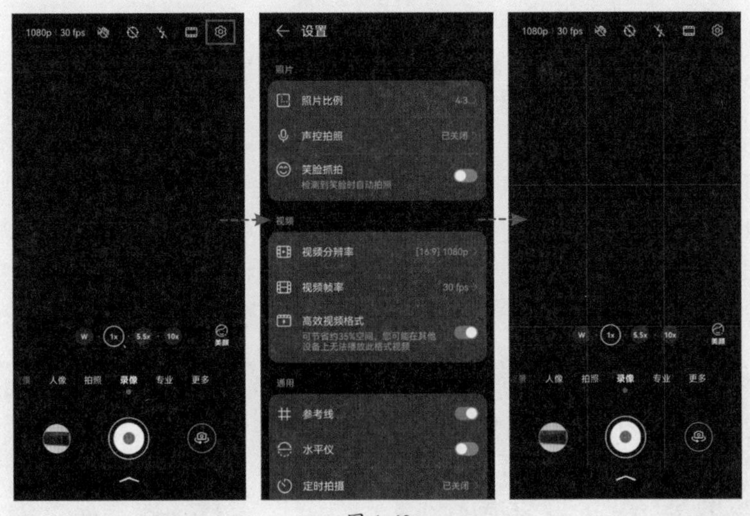

图 1-42

3. 对称式构图

对称式构图是指按照一定的对称轴或对称中心，使画面中的景物形成轴对称或者中心对称。对称式构图可以使画面显得整齐、平衡和稳定，给人一种和谐、安宁的感觉。它适用于各种情景，例如拍摄建筑物、景观、人物等。在拍摄建筑物时，可以将建筑物的中心放置在画面的中心，以突出建筑物的对称美，如图1-43所示为对称式建筑结构。在拍摄人物时，可以将人物放置在画面的中心，以突出人物的稳定和均衡。

4. 斜角式构图

斜角式构图是一种特殊的构图方式，通过将主要元素放置在画面的一个角落或边缘，使画面呈现出一种倾斜或斜角的效果。这种构图方式可以创造出一种动感、不稳定或戏剧化的视觉效果，以引起观众的注意，如图1-44所示。

图 1-43

图 1-44

5. 引导线构图

引导线构图是一种利用线条来引导观众视线的构图方式。通过巧妙地安排线条的方向和位置，引导观众的视线流动，使其在画面中关注特定的主体或元素。引导线条可以是实际存在的，如道路、河流、树枝等，也可以是想象出来的，如人物的视线、物体的边缘等。这些线条可以是直线、曲线、对角线等不同形状和方向的线条，如图1-45所示。

6. 框架式构图

框架式构图是一种利用边框或框架元素来围绕主体或元素的构图方式。通过在画面中添加边框或框架，可以将观众的视线集中在画面中的特定区域，突出主体或元素。这里的框架可以有很多，例如拱桥、拱门、门洞、山洞、各种缝隙等，如图1-46所示。

如果当时的环境不具备框架条件，可利用一些人为制造的框架进行构图。例如，用手机作为框架进行拍摄，有种画中画的神奇效果。利用车镜、化妆镜等各类镜面营造一个框架，同样也可以起到聚焦画面的作用。

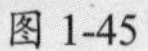

图 1-45

图 1-46

1.5.3 运镜手法

运镜是指摄像机在运动中拍摄的镜头，也称移动镜头，它是视频拍摄中不可缺少的一个环节。一个好的运镜拍摄可以为视频增添无穷的魅力，所以掌握一些运镜技能对于视频拍摄来说是很有必要的。

1. 推镜头

推镜头是指镜头在拍摄过程中向前移动，逐渐接近拍摄对象，并让拍摄对象在画面中的比例逐渐变大的一种运镜方式，该方式最为常见。图1-47所示为拍摄镜头逐渐向主人公推近，从而引出要讲述的故事。

图 1-47

平缓的推镜速度，能够表现出安宁、幽静、平和、神秘等氛围。急促的推镜速度，能显示出一种紧张和不安的气氛，或是激动、气愤等情绪。特别是急推，画面从稳定状态到急剧变动，继而突然停止，会使画面具有很强的视觉冲击力。

2. 拉镜头

拉镜头与推镜头正好相反，它是指镜头逐渐远离拍摄对象，让拍摄对象在画面中的比例逐渐变小。用拉镜头可以传达特定的情感、氛围或故事进展的需要。例如，在一部惊悚电影中，当主人公发现自己被追捕时，镜头可以被拉远，从而制造出一种孤立无援的感觉。在这种情况下，拉镜头通过扩大主人公和追捕者之间的距离，强调了主人公的危险处境，让观众感受到紧张和恐惧。图1-48所示的就是用拉镜头的方式，让女孩逐渐从画面中消失，直到看到远处的风景，这也寓意着女孩即将开始新生活。

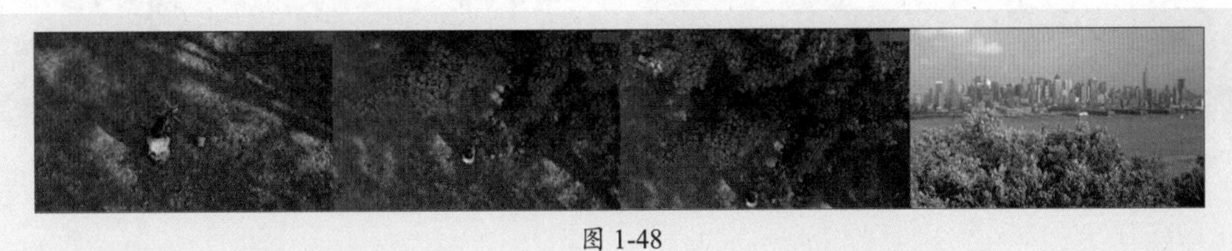

图 1-48

3. 移动镜头

移动镜头是通过水平移动摄影机来跟随一个移动的拍摄对象。与静止镜头相比，移动镜头更能增强故事叙述的动态感和深度。例如，在紧张的动作场景中使用快速和不规则的移动镜头可以增加紧迫感，而在平静或情感深沉的场景中使用平缓和流畅的移动镜头，则能更好地表达情绪的细腻和深度。图1-49所示为从上到下移动镜头的画面，表达了主人公对这段美好回忆的向往。移动镜头常用于场景衔接，以及人物、物体、景点介绍等画面。

图 1-49

4. 摇动镜头

摇动镜头是指保持摄像机位置不变，通过摆动镜头来实现镜头移动的方式。图1-50所示为从下往上摇动镜头进行拍摄，表现出主人公内心的不安与恐惧。这种运镜方式可以带来更广的视野，常用于拍摄对象与当前整体环境的关系介绍，或者展现风景、城市、宴会、天空、海洋等开阔场景。在拍摄紧张的故事情节时，创作者可通过摇动镜头来营造紧迫感，使观众能够身临其境，仿佛是亲身经历的事，让观众更加投入到故事情节中。

图 1-50

5. 跟随镜头

跟随镜头也称为“跟踪镜头”，拍摄者能够流畅、稳定地跟随某一物体或人物移动，从而创造一种引人入胜的视觉效果。图1-51所示为拍摄镜头一直跟随主人公从室内到室外的场景。这种拍摄技术的特点就是镜头与被拍摄对象会保持一定的距离和角度，随着对象的移动而移动，捕捉连续的动态画面。

图 1-51

6. 环绕镜头

环绕镜头是指摄像机围绕着某一个或多个拍摄对象进行旋转拍摄。通常用于增强视觉效果，加强故事情感，或者强调某个特定的场景或人物。图1-52所示的是通过将推镜头与环绕镜头相结合的方式强调主人公内心的变化。

环绕镜头不仅可以增强画面的视觉冲击力，还能够深化故事情节，让整个故事展现得更加淋漓尽致。

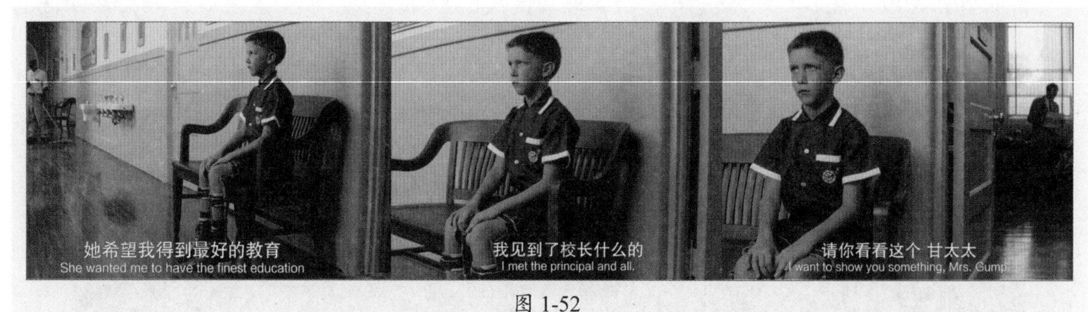

图 1-52

7. 升降镜头

升降镜头常被称为垂直运动镜头，这种运镜方式主要通过垂直方向的镜头移动来拍摄，它能够为观众提供一种独特的视觉体验。升降镜头分为升镜头和降镜头两种。垂直向上移动的镜头为升镜头；垂直向下移动的镜头为降镜头。图1-53所示为利用升镜头来展现主人公的全貌。

图 1-53

升降镜头不仅是一种视觉效果的展示，它还承载着丰富的叙事功能。通过升降镜头，可以引导观众的注意力，突出故事中的关键元素，或者在视觉上创造出一种情感的高潮。例如，在一些史诗影片中，升镜头常被用来展示壮观的场景或大规模的人群，营造出一种宏大的视觉效果。在一些心理剧中，降镜头可能被用来表现人物的孤独或无助。

1.5.4 短视频转场方式

画面转场可分为无技巧转场和有技巧转场两种方式。

1. 无技巧转场

无技巧转场是通过镜头将两个画面进行自然衔接。它是一种视频拍摄的常用手段，这种方法不需要用剪辑软件来实现特殊的画面转场效果。在拍摄时，常见的转场方式有以下几种。

（1）直接转场

直接切换是最基本也是最简单的转场方式。常用于一个场景直接转换到下一个场景。尤其是当两个场景之间有强烈对比冲突时，这种转换方式对渲染画面氛围很有效，如图1-54所示。

图 1-54

（2）自然遮挡

遮挡转场是一种很常见的转场方式，它是利用画面中的物体，如树木、墙壁或人群来遮挡镜头，然后在遮挡消失时展示新场景。这种方法可以营造出一种突然但又自然的转场效果。图1-55所示就是利用自然车流的遮挡，来完成女主从时尚小白转变为时尚女王的场景转换。

图 1-55

（3）动作连续

动作连续的转场方式利用人物某个动作或表情来实现两个场景的自然转换。图1-56所示为主人公利用脸部表情动作进行场景的切换效果。这种方式增强了故事的连续性。

图 1-56

（4）相似体转场

相似体转场是通过在两个场景之间找到相似的物体来实现无缝转场。相似体包括物体形状相似、位置重合、物体色彩相似等。利用相似场景转场可达到视觉连续、转场顺畅的目的。图1-57所示为利用打碎玻璃物品来实现两个场景的转换。

图 1-57

（5）声音衔接转场

在转场时，使用持续的声音可以有效地连接两个画面。例如，一个场景中的音乐可以延续到下一个场景，从而实现两个场景的自然过渡。这种转场声音包括人物对话、背景音乐、旁白解说等。图1-58所示的就是通过画外音进行转场。

图 1-58

（6）空镜头转场

空镜头转场指的是通过一个空旷无人的场景作为过渡，从而实现场景的切换或者故事的推进。空镜头包括空荡的街道、空无一人的房间或是一片荒芜的风景。空镜头可能在前一个场景之后出现，或者是在下一个场景之前出现。空镜头可以给观众一个暂时放松或思考的时间。

2. 有技巧转场

有技巧转场是通过一些特定的剪辑技巧来实现转场效果，例如淡入淡出转场、划像转场、叠化转场等。这些技巧可以让视频在不同场景或镜头之间流畅过渡，增加视频的观赏性和趣味性。

（1）淡入淡出转场

淡入淡出转场是指在场景切换时，前一个场景的画面逐渐变淡，然后下一个场景的画面逐渐显现。这种转场方式在视频中很常见，它能够给观众一种流畅、自然的感觉。

（2）划像转场

划像是指两个画面之间的渐变过渡，分为划出与划入，划出指的是前一画面从某一方向退出荧屏，划入指下一个画面从某一方向进入荧屏，例如划像盒、十字划像、圆形划像、星形划像、菱形划像等。需要注意的是，因为划像的效果非常明显，所以划像一般用于两个内容意义差别较大的段落转换，如图1-59所示。

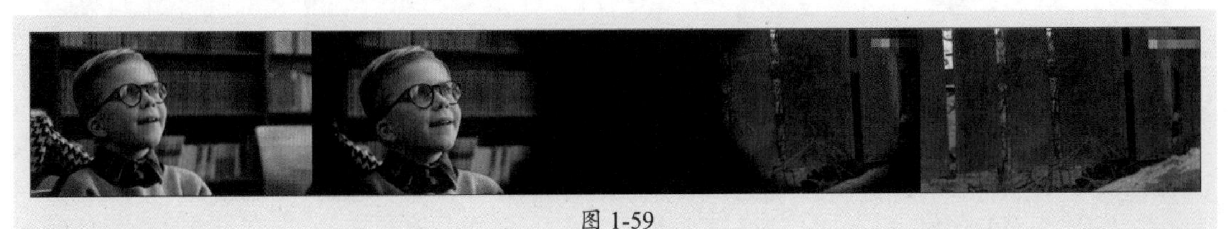

图 1-59

（3）叠化转场

叠化指前一个镜头的画面与后一个镜头的画面相叠加，上下两个画面有几秒钟时间的重合。前一个镜头的画面逐渐暗淡隐去，后一个镜头的画面逐渐显现并清晰的过程。一般用来表现空间的转换和明显的时间过渡，如图1-60所示。

图 1-60

叠化的处理方式往往可以抒发情感。甜蜜幸福、悲伤忧郁、快乐、回忆等都可以通过叠化的手法来表现，一般转场运用正常叠化即可。如果想要加入表达强烈的情感体现，可以适当调节叠化速度以达成不错的效果，当镜头质量不佳时，也可以借助这种转场来掩盖镜头的缺陷。

（4）定格转场

定格转场适合将上一段的结尾画面做静态处理，使人产生瞬间的视觉停顿，接着出现下一个画面，较适合于不同主题段落间的转换。

（5）翻转转场

翻转转场是通过将一个场景翻转或旋转来实现过渡效果。这种转场效果适用于需要创造独特和惊喜效果的情况，可以给观众带来一种视觉上的震撼和新鲜感。

（6）字幕转场

字幕转场是利用字幕的各种动画效果对画面进行转场。为字幕添加各种动作从而吸引人的注意力，通过添加字幕可以清楚地向观众交代时间、地点、背景、视频主题、人物关系以及衬托某种氛围。

第2章

日常记录：抖音拍摄剪辑短视频

抖音是一款帮助用户表达自我，记录美好生活的短视频平台，用户可以自由地录制或上传视频、照片等内容，形成个人才艺或分享生活点滴的作品。抖音的视频剪辑功能的特点是简单易用，具有多种特效、滤镜和配乐等功能，使用户能够轻松地对自己的视频进行编辑和美化。

2.1 抖音App入门

抖音是一款面向全年龄段的音乐短视频平台，具备强大的娱乐化特点，它提供了丰富多样的音乐和创意短视频内容，能够满足用户的娱乐需求。

2.1.1 抖音App界面介绍

打开抖音默认会进入首页界面，并自动播放系统推荐的短视频，往上滑动就可以观看下一条视频。界面底部则集成了“首页”“朋友”“拍摄”“消息”“我”5个页面切换选项，如图2-1所示。

- **首页：**首页界面的顶部集合了“推荐”“商城”“关注”“经验”“同城”等标签，通过选择标签可以进入相应的页面。
- **朋友：**这里会显示所有关注账号和好友的最新动态。
- **拍摄：**页面下方的“+”表示拍摄视频。本章后面的内容会详细讲解如何拍摄视频。
- **消息：**消息页会显示粉丝增加的数目，点赞、评论、转发等消息反馈，好友发的私信，以及系统推送的消息。
- **我：**“我”页面是个人主页，在该界面中可以查看个人抖音号的获赞数量、粉丝数量、个人信息、发布的作品等。

图 2-1

2.1.2 抖音App功能介绍

抖音的功能十分丰富和多样，这些功能使用户可以更加便捷地创作、分享和欣赏短视频内容。抖音的主要功能及其作用如下。

- **拍摄功能：**抖音为用户提供了免费的短视频拍摄平台，用户可以轻松地创作出自己的作品。
- **视频编辑功能：**抖音的视频编辑功能非常强大和全面，可以帮助用户快速制作出高质量的短视频作品。无论是对视频进行基础剪辑还是添加特效、音乐和文本等元素，抖音都可以轻松实现。
- **观看与发布功能：**抖音整合了网内抖友发来的内容丰富、数量众多的短视频，放在平台内供用户浏览。用户只需在手机屏幕上上下划动，就可以随时观看。
- **萌颜特效功能：**抖音提供多种特效工具，如滤镜、美颜、音效等，使用户能够轻松地对自己的视频进行编辑和美化。
- **一键分享功能：**抖音支持将剪辑好的视频同步分享到其他社交媒体平台，方便用户进行推广和传播。
- **聊天功能：**抖音的聊天功能可以帮助用户与他人进行互动和交流，增加用户之间的黏性。
- **购物车功能：**抖音还提供了购物车功能，用户可以在抖音上购买自己喜欢的商品。
- **直播功能：**抖音的直播功能使用户可以展示自己的才艺、分享自己的经验和知识，吸引更多的粉丝和观众。

2.2 使用抖音App拍摄短视频

抖音支持多种拍摄模式，包括拍视频、拍照片、拍日常，在拍摄时还可以选择快拍或分段拍，以满足用户不同的拍摄需求。

2.2.1 拍摄设置

打开抖音，点击页面底部的按钮，如图2-2所示，即可切换到拍摄模式，手机自动打开摄像机功能，默认为拍照片模式，如图2-3所示。在界面底部可以将拍摄模式切换为拍视频或拍日常，如图2-4所示。

图 2-2　　图 2-3　　图 2-4

在拍摄界面的右上角包含了一列功能按钮，通过这些按钮可以对相机进行一系列设置，例如切换前置或后置摄像头、开启或关闭闪光灯、设置最大拍摄时长、设置是否使用音量键拍摄、选择是否开启网格、添加美颜、添加滤镜，以及设置镜头速度等。默认情况下这些按钮有部分被折叠，点击按钮，可以将所有按钮显示出来，如图2-5和图2-6所示。

图 2-5　　图 2-6

1. 翻转摄像头

现在的智能手机几乎都具有前后双摄像头功能，在拍摄视频时，点击右上角的按钮，可以翻转前后摄像头。

2. 闪光灯

闪光灯具有开启闪光灯、自动闪光灯、关闭闪光灯三种模式。

- **开启闪光灯：** 在开启闪光灯模式下，无论拍摄场景的光线强度如何，都会在拍摄时开启闪光灯进行闪光，该模式在拍摄背对光源的人物时可增加人物的亮度，但容易出现红眼。
- **自动闪光灯：** 在自动闪光灯模式下，相机会根据系统的预设值自动判断拍摄场景的光线是否充足，如果达不到预设值，就会在拍摄时打开闪光灯以弥补光线。
- **关闭闪光灯：** 关闭闪光灯模式下，无论何时拍摄照片都不会启动闪光灯。

3. 设置

点击按钮，屏幕下方会显示一个菜单，并提供最大拍摄时长、使用音量键拍摄、网格3种设置选项。

- **最大拍摄时长：** 抖音提供15秒、60秒、180秒三种最大拍摄时长，默认使用的最大拍摄时长为15秒，表示拍摄时若不手动停止拍摄，将在15秒时自动停止拍摄。用户可以根据需要更改最大拍摄时长，如图2-7所示。
- **使用音量键拍摄：** 开启“使用音量键拍摄”右侧的开关，可以使用音量键（增大音量或减小音量键均可）代替屏幕中的拍摄按钮，控制拍摄。
- **网格：** 开启“网格”右侧的开关，可以在拍摄时让镜头中显示网格线。打开网格线具有纠正画面倾斜、帮助摄影构图等作用，如图2-8所示。

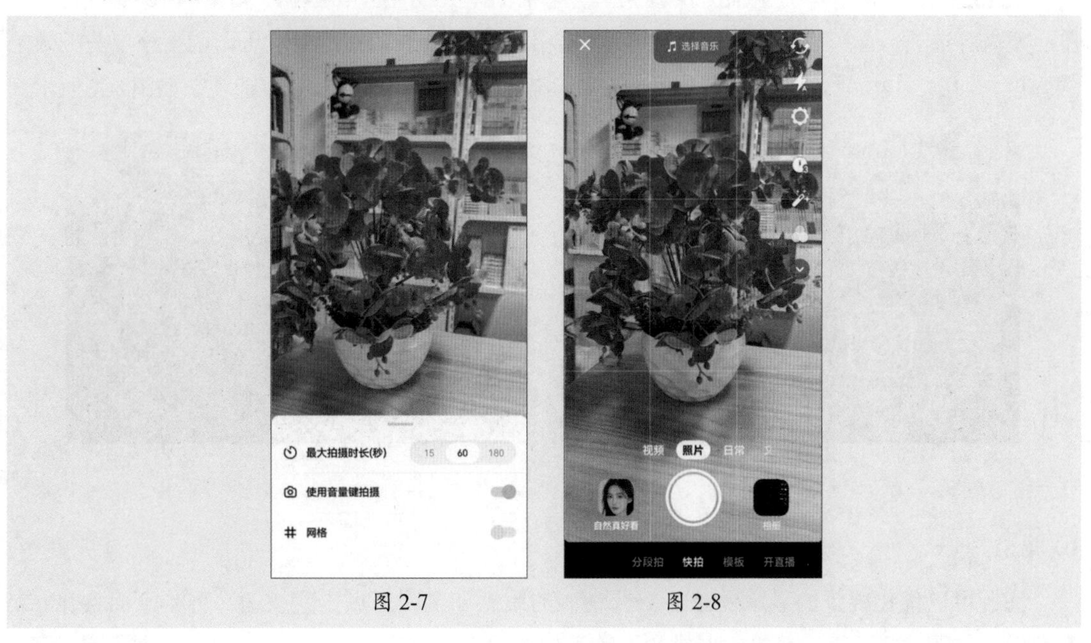

图 2-7　　图 2-8

4. 倒计时

点击按钮，屏幕下方会展开一个菜单，在该菜单中可以设置自动停止拍摄的时间以及开始拍摄的倒计时时长。最大倒计时时长为60s，拖动红色滑杆可以设置拍摄时长。在菜单右上角提供了3s和10s两种倒计时选项，用户可以根据需要进行选择，如图2-9所示。点击“开始拍摄”按钮，进入倒计时，如图2-10所示。倒计时结束后即可进入拍摄模式，拍摄时长达到设置的最大时长后会自动停止拍摄，如图2-11所示。

图 2-9　　图 2-10　　图 2-11

5. 美颜

点击按钮，屏幕下方会展开美颜菜单。菜单中提供了磨皮、瘦脸、大眼、清晰、美白、小脸、瘦鼻等选项，选择某种美颜选项，屏幕中会出现参数滑块，拖动滑块可以调整该项美颜效果的强度，如图2-12所示。在美颜菜单中向左滑动屏幕还可以看到更多美颜选项，如图2-13所示。

图 2-12　　图 2-13

6. 滤镜

滤镜可以优化视频的显示效果，提升视频的质感和氛围。点击按钮，屏幕下面会显示滤镜菜单，如图2-14所示。菜单中提供的滤镜类型包括人像、日常、复古、美食、风景、黑白等。在滤镜分类中选择一个滤镜选项，当前拍摄的画面即可应用该滤镜效果，如图2-15所示。选择某个滤镜后，菜单上方会提供滤镜参数滑块，拖曳滑块，还可以调整滤镜的强度，如图2-16所示。

图 2-14

图 2-15

图 2-16

7. 扫一扫

点击按钮，将摄像头对准要识别的物体，屏幕中会识别该物品并给出名称，如图2-17所示。点击屏幕下方的按钮，抖音随即会搜索出视频中物体的详细介绍，如图2-18所示。除了扫描物体，该功能也可以扫描二维码，进行加好友操作。需要说明的是，根据软件版本的不同，有些版本的拍摄模式中可能没有扫一扫功能。

8. 快慢速

设置快慢速可以调整视频的播放速度，从而改变视频的节奏和氛围，点击按钮，屏幕底部会出现视频速度选项，默认为“标准”速度，用户可以根据需要选择“极慢”“慢”“标准”“快”或“极快”选项，如图2-19所示。

图 2-17

图 2-18

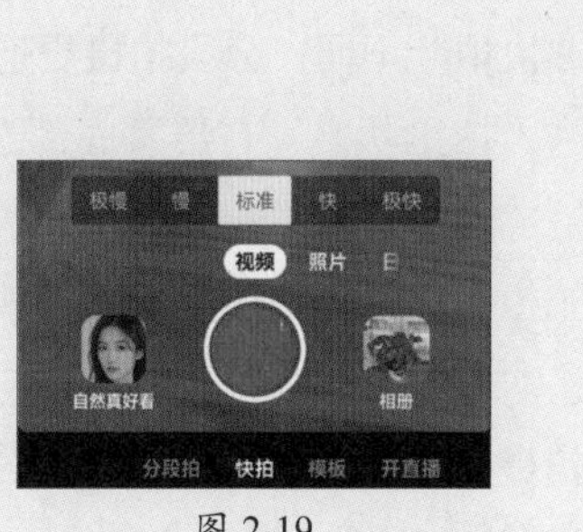

图 2-19

2.2.2 快速拍摄

“快拍”是一种快速拍摄的功能，无需过多的构思和编辑，拍摄完成后，可以在编辑界面添加各种特效、音乐、文字等元素，让视频更加生动有趣。

打开抖音，在首页底部点击按钮进入拍摄状态，默认为“快拍”模式。快拍包含照片、视频、日常和文字几种选项。此处以选择视频为例，点击拍摄按钮，进入拍摄状态，如图2-20所示。

默认的拍摄时长为15s，拍摄按钮中会提示当前的拍摄时长，拍摄时间达到15s后会自动结束拍摄。若要提前结束拍摄，可以点击拍摄按钮，如图2-21所示。

拍摄结束后，自动进入视频编辑模式，用户可以通过屏幕右侧的按钮对视频进行一系列编辑和美化，如图2-22所示。

图 2-20

图 2-21

图 2-22

2.2.3 分段拍摄

分段拍摄可以将一个长视频分成多个片段进行拍摄，以便更好地进行创作和剪辑。分段拍摄与“快拍”不同，分段拍摄更适用于制作较长的视频，快拍则适用于制作较短的视频。

进入拍摄状态，在屏幕底部选择“分段拍”选项，切换至分段拍模式，视频的总时长包括“15秒”“60秒”和“3分钟”三种选项。选择好视频时长，点击屏幕底部的红色圆形拍摄按钮，开始拍摄，如图2-23所示。一段视频拍摄完成后点击拍摄按钮，可以暂停拍摄，如图2-24所示。移动摄像头选择好拍摄场景，再次点击拍摄按钮，可以继续拍摄下一段视频，如图2-25所示。拍摄完成后分段拍摄的视频素材自动合成为一段视频，拍摄结束后，自动进入视频编辑模式，如图2-26所示。

图 2-23

图 2-24

图 2-25

图 2-26

动手练 使用特效拍摄视频

抖音提供了丰富的特效，并深受用户喜爱。这些特效主要分为四大类：装饰特效、互动特效、风格特效和场景特效。下面介绍如何在拍摄视频时使用特效。

步骤 01 进入抖音拍摄界面，选择好拍摄模式。此处选择“快拍”模式，并选择拍“视频”，点击屏幕左下方的“特效”按钮，如图2-27所示。

步骤 02 进入特效模式，视频随即自动应用抖音自动推荐的最新特效，如图2-28所示。

步骤 03 若要更换特效，可以向左滑动，选择其他特效，视频随即切换为所选特效。若要使用更多特效，可以点击屏幕右下角的按钮，如图2-29所示。

步骤 04 屏幕下方随即显示更多特效，并根据特效的类型进行了详细的分组，此处选择“AI绘画”分组下的“AI平行宇宙”特效，如图2-30所示。

图 2-27

图 2-28

图 2-29

图 2-30

步骤 05 点击屏幕开始自动生成，如图2-31所示。稍作等待后便可生成AI平行宇宙效果，如图2-32和图2-33所示。

步骤 06 长按拍摄键即可保存生成特效的结果，如图2-34所示。

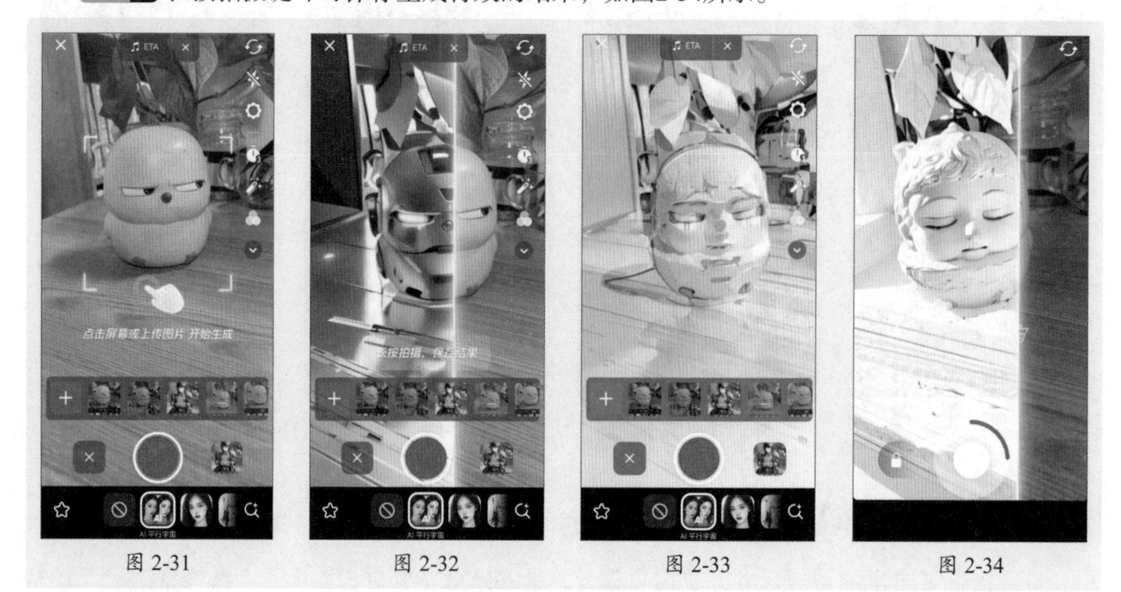

图 2-31　图 2-32　图 2-33　图 2-34

知识点拨

启动特效模式后默认使用前置摄像头，这是因为抖音中的大部分特效都是针对人脸来设计的，只有识别到人脸才能显示出效果。用户也可以根据需要点击界面右上角的“翻转”图标，切换摄像头。

2.3 使用抖音App剪辑视频

抖音具有边拍摄边剪辑的功能，其智能匹配音乐、一键卡点视频，以及海量的原创特效、滤镜、场景切换等功能可以将用户随手拍摄的视频轻松变大片。

2.3.1 使用模板一键成片

抖音提供了大量的模板，用户只需根据模板提示替换其中的视频或照片，即可快速制作出高质量的短视频，使用模板时还可以选择使用“一键成片”功能，根据素材匹配模板，或先选择模板再选择素材。下面介绍具体操作方法。

1. 一键成片

打开抖音，点击屏幕底部的拍摄按钮，进入拍摄界面。在该界面的底部选择“模板”选项，进入“模板”页面。点击“一键成片”按钮，如图2-35所示。打开手机相册，选择需要使用的视频或图片，点击屏幕右下角的“一键成片”按钮，如图2-36所示。系统随即根据所选素材自动推荐模板，如图2-37所示。

若对当前模板不满意，还可以从屏幕下方的“推荐模板”区域内选择其他模板，选择好后点击屏幕右上角的“保存”按钮，如图2-38所示。点击屏幕顶部的“选择音乐”按钮，如图2-39所示。在系统推荐的音乐中选择合适的音乐，如图2-40所示，随后点击音乐菜单之外的区域，隐藏音乐菜单，最后点击“下一步”按钮，便可进入发布页面，发布视频。

图 2-35　图 2-36　图 2-37

图 2-38　图 2-39　图 2-40

2. 根据模板添加素材

打开抖音，在首页点击屏幕底部的拍摄按钮，如图2-41所示。进入拍摄页面，随后在拍摄页面底部选择“模板”选项，进入“模板”页面。向左滑动屏幕，找到想要使用的模板类型，并选择一个合适的模板，如图2-42所示。打开模板后，点击屏幕右下角的“剪同款”按钮，如图2-43所示。

图 2-41　　图 2-42　　图 2-43

系统随即自动打开手机相册，此时，屏幕底部会显示该模板所需的素材数量以及每段素材的时长，如图2-44所示。从相册中选择好素材，点击屏幕右下角的“下一步”按钮，如图2-45所示。模板中的原始素材随即被所选素材替换，预览视频播放效果后点击屏幕右下角的“下一步”按钮，如图2-46所示，进入发布页面，经过简单设计即可发布视频。

图 2-44　　图 2-45　　图 2-46

2.3.2　导入短视频素材

抖音除了可以对直接拍摄的视频进行创作编辑，也可以导入手机相册中保存的素材进行创作。下面介绍具体操作方法。

打开抖音，点击屏幕底部的⊞按钮，进入拍摄页面。点击屏幕右下角的“相册”按钮，如图2-47所示。

系统随即打开手机相册，相册中包含“全部”“视频”“图片”三个选项卡，默认显示“全部”选项卡下的素材，即手机相册中的所有图片和视频，如图2-48所示。

为了快速找到想要使用的素材，可以先选择素材所在的文件夹。点击屏幕最上方的“所有照片”下拉按钮，在展开的下拉列表中包含了手机相册中的所有文件夹，如图2-49所示。

图 2-47　　图 2-48　　图 2-49

此处保持所选文件夹为默认，打开“视频”选项卡，随后点击屏幕右上角的“多选”按钮，如图2-50所示。

所有视频素材上方随即出现多选按钮，选择要导入的视频素材，点击“下一步”按钮，如图2-51所示。随即进入视频编辑页面，在该页面可以对视频进行进一步编辑，如图2-52所示。

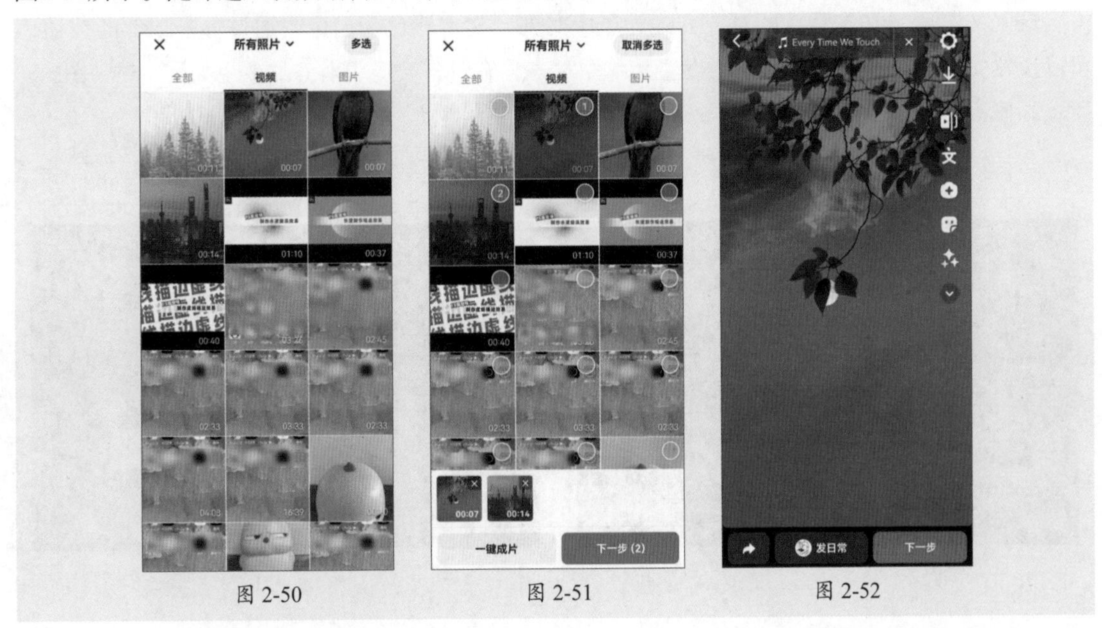

图 2-50　　图 2-51　　图 2-52

2.3.3 为短视频添加文字

在抖音中拍摄或导入视频后会自动进入视频编辑模式，在该模式下可以对视频进行剪辑和美化。下面介绍如何为视频添加文字。

1. 添加文字

在抖音中拍摄或导入视频后，进入编辑页面。点击屏幕右侧的文按钮（或点击屏幕空白处），如图2-53所示。进入文字编辑模式，如图2-54所示。在键盘上方选择合适的字体，随后输入文本内容，如图2-55所示。

图 2-53　　图 2-54　　图 2-55

2. 设置对齐方式和文本颜色

输入文本后，文本默认的对齐方式为居中对齐，文本颜色为白色。通过屏幕顶部的按钮，可以设置文本的对齐方式和颜色，设置文本左对齐、右对齐、居中对齐的效果如图2-56～图2-58所示。修改文本颜色的效果如图2-59所示。

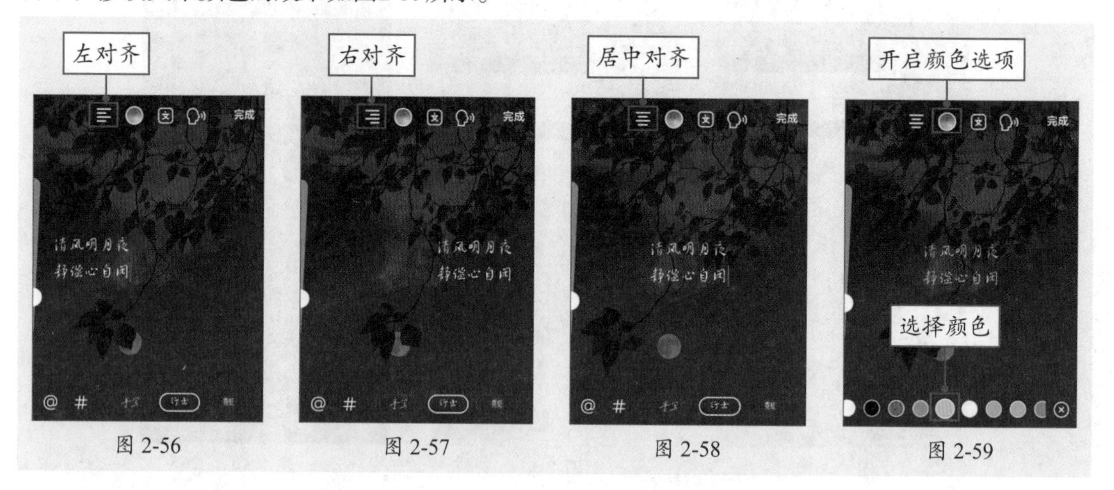

图 2-56　　图 2-57　　图 2-58　　图 2-59

3. 设置文字效果

保持文字为编辑状态，点击屏幕上方的文按钮，可以为文字添加描边、底纹等效果，点击一次按钮可以切换一种文字效果，一共包含4种文字效果，如图2-60～图2-63所示。

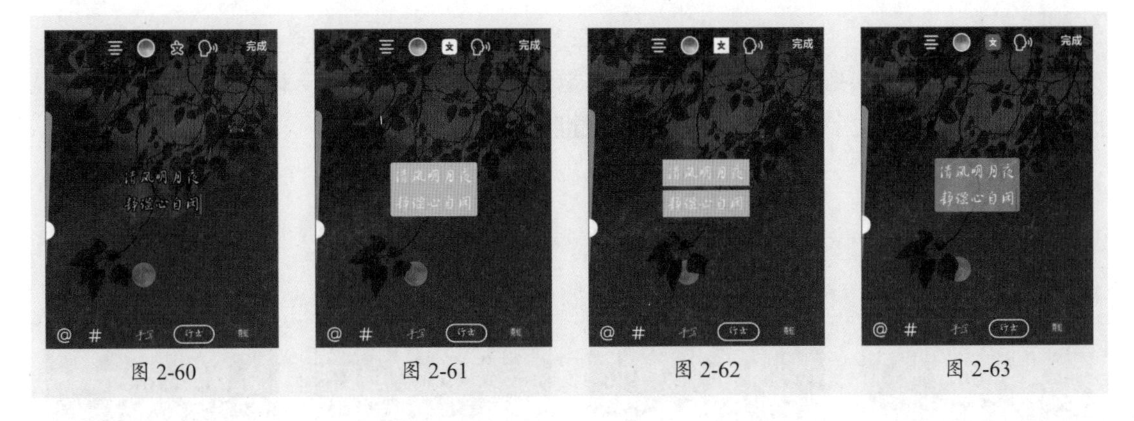

图 2-60　　图 2-61　　图 2-62　　图 2-63

4. 文本朗读

在视频中添加的文字内容还可以转换成语音。在文字编辑状下，点击屏幕顶部的按钮，进入文本朗读模式，在屏幕底部可以选择文本朗读的音色，选择好后点击“完成”按钮即可，如图2-64所示。

5. 设置文本时长

在视频中添加文字后，文字默认的时长与视频时长相同，用户可以根据需要修改文字的时长，即文字出现以及结束的时间。在屏幕空白处点击，先退出文本编辑模式，随后点击文字，文字上方随即出现一个菜单，在菜单中选择“设置时长”选项，如图2-65所示。在屏幕底部出现的菜单中即可调整文本的开始以及结束时间，如图2-66所示。

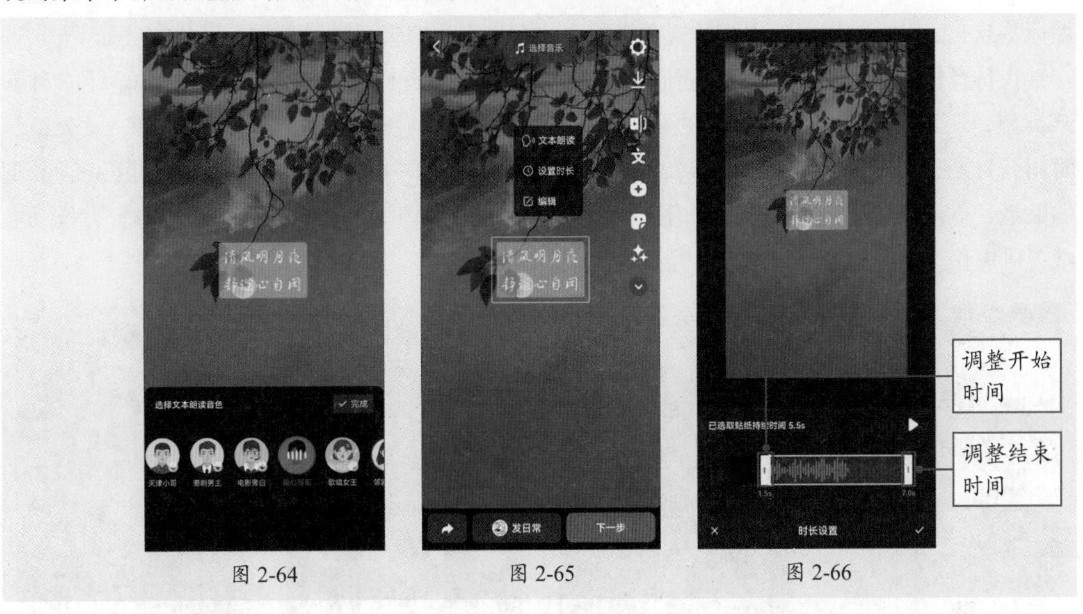

图 2-64　　图 2-65　　图 2-66

6. 设置大小和位置

在文本上方移动双指，可以控制文本的缩放，双指距离逐渐放大，则文字放大，双指距离缩小则文字缩小，如图2-67所示。双指按住文字，并旋转双指，可以旋转文本，如图2-68所示。长按文字进行拖动即可移动文本的位置，在移动文本时，屏幕中会出现蓝色的参考线，以便让文本在水平或垂直方向上对齐，如图2-69所示。

7. 删除文字

按住文字，将文字拖动到屏幕最下方的“拖到这里删除”区域，当该区域变为红色，并显示“松手即可删除”文字时，松手即可将文字删除，如图2-70所示。

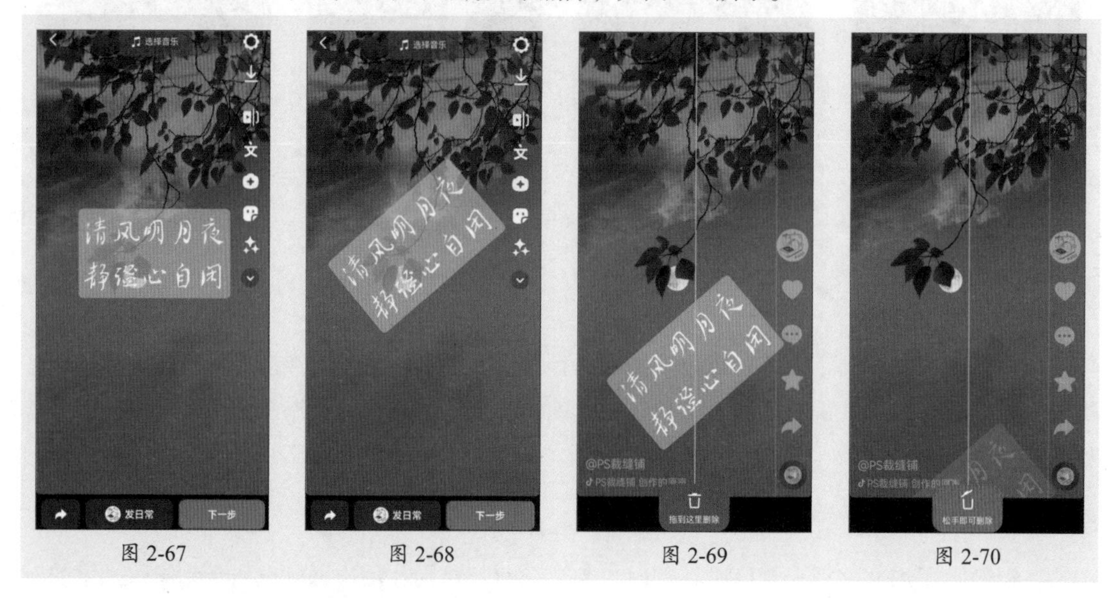

图 2-67　图 2-68　图 2-69　图 2-70

2.3.4 为短视频添加贴纸

贴纸在编辑视频时具有多种作用，可以增强视频的视觉效果、遮挡视频中的某些元素、添加标签或文字以及增强视频内容的视觉吸引力。在抖音中编辑视频时添加贴纸的方法如下。

在抖音视频编辑界面点击按钮，如图2-71所示。打开贴纸菜单，该菜单中包含了多种贴纸类型，用户可以通过默认打开的贴纸页面顶部的按钮，添加歌词、位置、投票、放大镜、时间、日期、温度等贴纸，如图2-72所示。在贴纸菜单中向左滑动屏幕可以切换到下一种类型的贴纸，点击需要使用的贴纸，如图2-73所示。视频中随即添加相应贴纸，在视频上方拖动贴纸，可以移动贴纸位置，如图2-74所示。

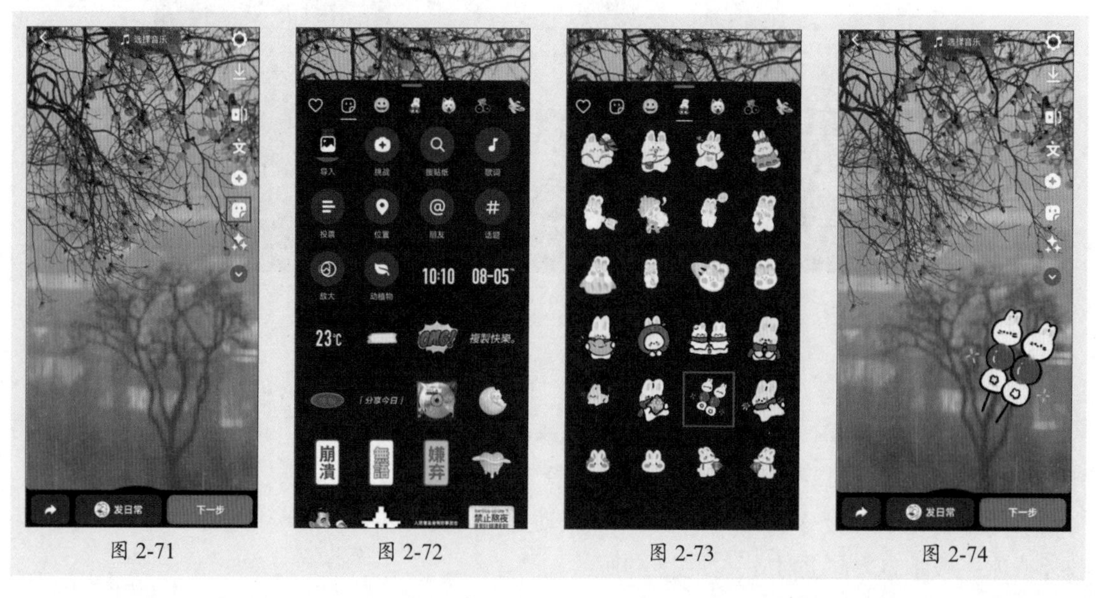

图 2-71　图 2-72　图 2-73　图 2-74

2.3.5 为短视频添加特效

抖音除了在拍摄时可以使用特效，也可以在编辑视频时使用特效，下面介绍具体操作方法。

在抖音的视频编辑页面点击按钮，如图2-75所示。进入特效页面，选择好视频位置，在屏幕底部按住指定的特效按钮，随着视频的播放即可自动添加所选特效，如图2-76所示。在一段视频中可以从不同的位置开始添加不同的特效，也可以叠加特效，如图2-77所示。

图 2-75　　图 2-76　　图 2-77

2.3.6 使用画笔绘制图形

抖音还支持使用画笔在视频中绘制图形。在抖音的视频编辑页面右侧点击按钮，如图2-78所示。展开折叠的功能按钮，点击“画笔”按钮，如图2-79所示。

进入画笔模式。通过屏幕顶部提供的按钮可以选择画笔的样式，在屏幕底部可以选择画笔的颜色。绘制图形的过程中，若有绘制不满意的地方，可以点击屏幕左上角的“撤销”按钮，撤销上一步操作，或使用“橡皮擦”按钮擦除不满意的地方，如图2-80所示。

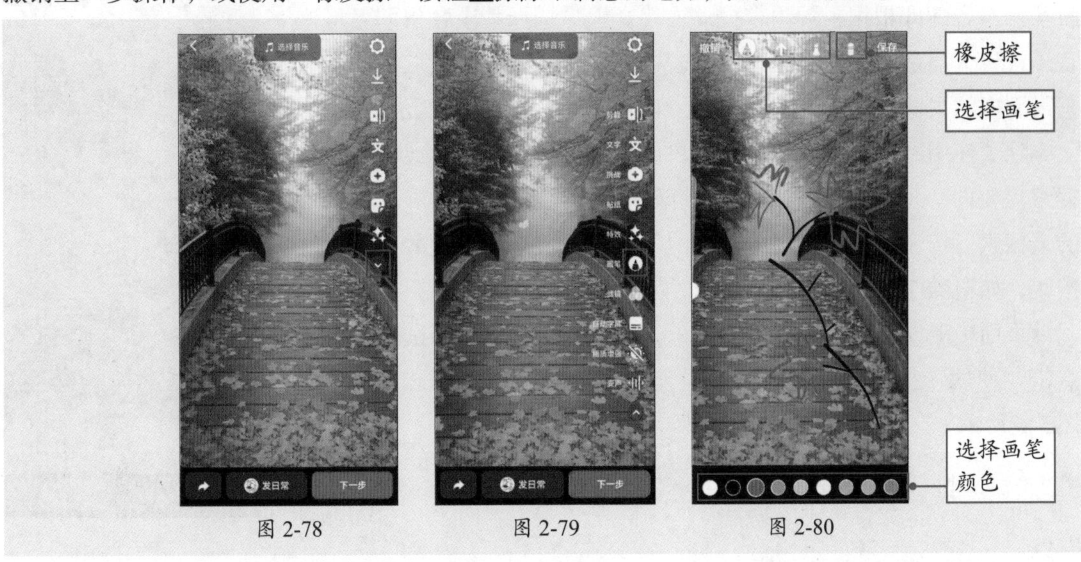

图 2-78　　图 2-79　　图 2-80

2.3.7 为短视频添加滤镜

前文介绍了如何在拍摄视频时添加滤镜，下面介绍如何在视频编辑页面添加滤镜。在视频编辑页面右侧展开所有折叠的功能按钮，点击“滤镜”按钮，如图2-81所示。进入滤镜模式，在屏幕底部选择一个滤镜，当前视频即可应用该滤镜，拖动强度滑块还可以设置滤镜的强度，如图2-82所示。

除此之外，用户也可以直接在视频编辑页面向左或向右滑动屏幕，快速为视频添加滤镜，如图2-83和图2-84所示。

图 2-81　图 2-82　图 2-83　图 2-84

2.3.8 为短视频添加背景音乐

为视频添加合适的背景音乐可以提升视频的整体质量。下面介绍为视频添加背景音乐的具体操作方法。

在视频编辑界面点击屏幕最上方的“选择音乐”按钮，如图2-85所示。抖音随即根据视频内容自动推荐音乐，选择某个音乐即可将该音乐设置为当前视频的背景音乐。若视频包含原声，可以取消选中屏幕最下方的“视频原声”单选按钮，关闭原声，如图2-86所示。

除了使用系统推荐的音乐，用户也可以根据歌曲名称或歌手姓名搜索需要的音乐，在图2-85所示的音乐推荐页面中，点击屏幕右上角的“搜索”按钮。在搜索框中输入内容，点击搜索框右侧的“搜索”按钮，如图2-87所示。

页面中随即显示出搜索到的音乐，点击音乐名称可以试听音乐，点击“使用”按钮，即可将该音乐设置为当前视频的背景音乐，如图2-88所示。

图 2-85

图 2-86

图 2-87

图 2-88

2.3.9 自动提取字幕

抖音和大多数专业视频剪辑软件一样，可以根据视频原声自动提取字幕。下面介绍具体操作方法。

1. 自动识别字幕

在视频编辑界面的右侧展开所有折叠的功能按钮，随后点击“自动字幕”按钮，如图2-89所示。系统随即开始识别字幕，如图2-90所示。识别完成后将自动生成字幕，每段字幕会与视频中对应的声音位置相匹配，如图2-91所示。

图 2-89

图 2-90

图 2-91

2. 编辑字幕

生成字幕后还可以对字幕进行编辑和美化。在图2-91所示的页面中点击按钮，在随后打开的页面中可以设置字体和字体颜色，设置完成后点击屏幕右下角的按钮，保存操作，如图2-92所示。

点击按钮，在打开的页面中可以对字幕进行修改或删除等操作，修改完成后点击屏幕右上角的按钮，保存操作，如图2-93所示。字幕效果设置完成后点击屏幕右上角的“保存”按钮，保存字幕效果，如图2-94所示。

长按字幕进行拖动可以调整字幕位置，在字幕上方使用双指滑动还可以调整字幕的大小，如图2-95所示。

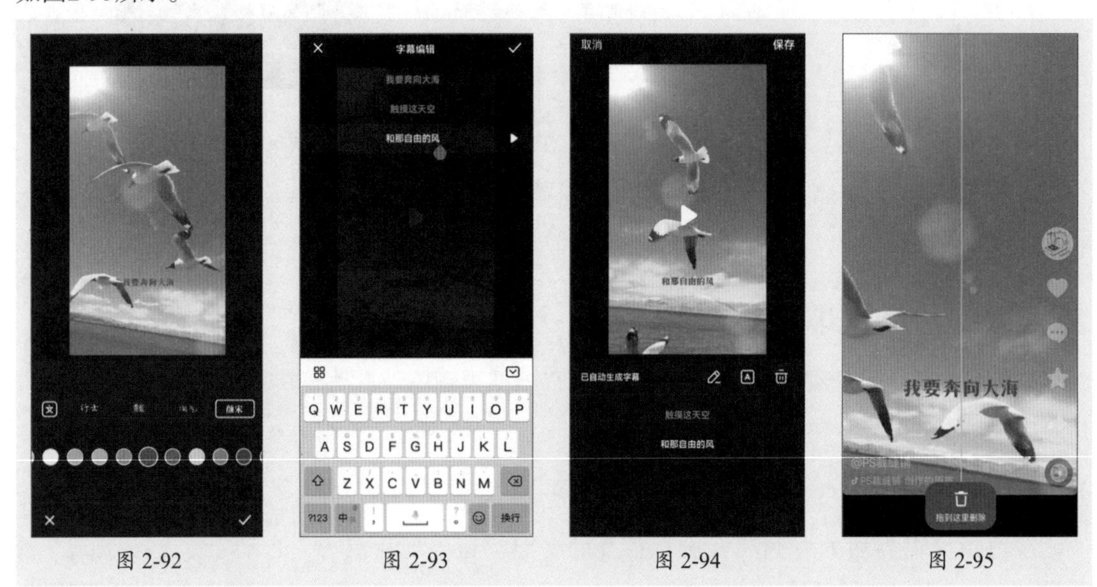

图 2-92　　图 2-93　　图 2-94　　图 2-95

动手练 剪辑我的第一个短视频

使用“剪裁”功能可以对短视频进行剪辑，包括裁剪视频、分割视频、设置变速、调整音量、关闭或删除原声、添加音频等。下面介绍具体操作方法。

步骤01 在抖音中导入视频，在视频编辑界面的右上角单击“剪裁”按钮，如图2-96所示。

步骤02 打开视频剪裁界面，在视频轨道中拖动左侧的按钮和右侧的按钮，可以裁剪视频，此处保留视频时长为10.0s，如图2-97和图2-98所示。

步骤03 点击视频轨道左侧的“开启原声”按钮，关闭视频原声，如图2-99所示。

步骤04 点击视频轨道下方的“添加音频”轨道，在打开的页面中选择一段合适的音乐，该音乐即可被设置为视频的背景音乐，如图2-100所示。

步骤05 保存音频轨道为选中状态，在底部工具栏中点击“淡化”按钮，展开“淡入淡出”菜单，设置“淡入”和“淡出”时长均为1.0s，单击菜单右上角的按钮，保存淡入淡出效果，如图2-101所示。最后点击屏幕右上角的“保存”按钮，可以保存所有操作并退出剪裁模式。

图 2-96　图 2-97　图 2-98

图 2-99　图 2-100　图 2-101

2.4 短视频封面的制作与发布

对视频进行简单编辑后便可以将视频发布到抖音。发布视频之前可以制作封面、添加位置、进行作品描述、添加话题等。

2.4.1 设置短视频封面

使用抖音提供的文字模板可以快速制作出优质的短视频封面。短视频封面需要在视频发布页面进行设置，下面介绍具体操作方法。

在抖音的视频编辑页面点击“下一步”按钮，如图2-102所示。进入视频发布页面，点击“选封面”按钮，如图2-103所示。

在随后打开的页面底部点击“选封面”按钮，如图2-104所示。在下一页面中选择一帧视频中的画面，随后点击页面右上角的“下一步”按钮，如图2-105所示。

图 2-102　图 2-103　图 2-104　图 2-105

接着，选择一个合适的封面模板，系统随即开始添加该模板，如图2-106和图2-107所示。在封面编辑区域选择文字，在文本框中修改文本内容，如图2-108和图2-109所示。

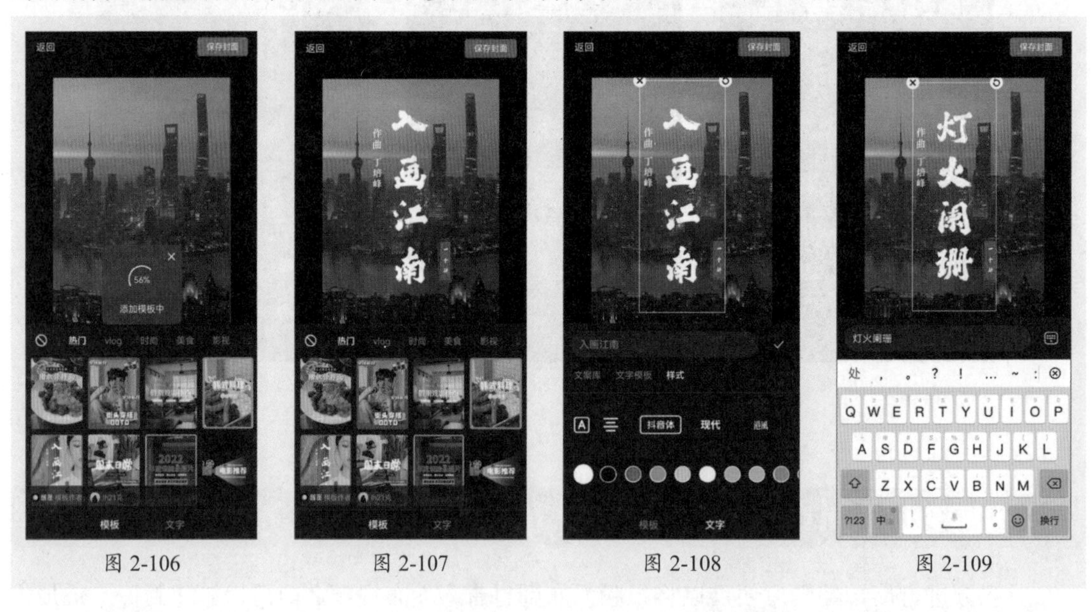

图 2-106　图 2-107　图 2-108　图 2-109

选中多余的文字，点击文本左上角的☒按钮将其删除，如图2-110和图2-111所示。接着继续修改其他文字内容，封面文字设置完成后点击屏幕右上角的“保存封面”按钮，如图2-112所示。此时会返回视频发布页面，“选封面”区域已经变为前面设置的封面，如图2-113所示。

图 2-110

图 2-111

图 2-112

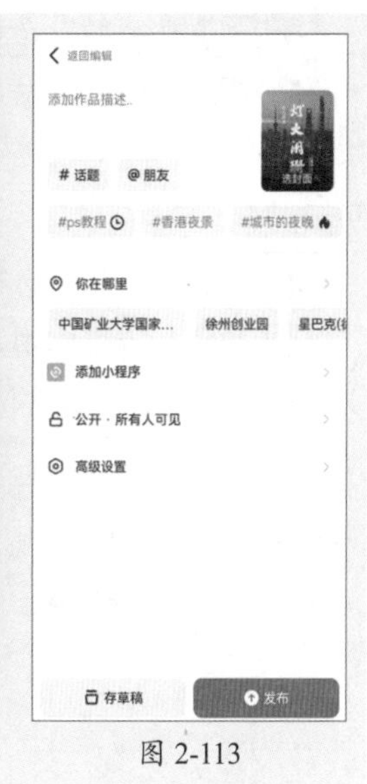
图 2-113

2.4.2 发布短视频

在短视频发布页面输入作品描述内容，如图2-114所示。在作品描述内容之后可以添加#话题以及@朋友，以便更多人能看到这条视频，如图2-115所示。点击“你在哪里”区域，打开“添加位置”页面，从该页面中选择一个位置，如图2-116所示。点击“高级设置”按钮，在展开的菜单中包含了“发布后保存至手机”“保存自己内容带水印”“高清发布”“允许下载”等选项，用户可以根据需要进行设置，如图2-117所示。设置完成后点击屏幕右下角的“发布”按钮，即可将视频发布至抖音。

图 2-114

图 2-115

图 2-116

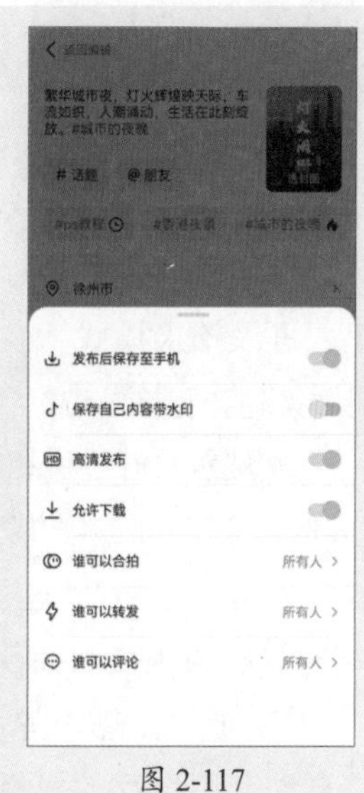
图 2-117

动手练 使用系统推荐的封面文字

使用抖音编辑视频封面时还可以使用系统推荐的模板和文案，下面介绍具体操作方法。

步骤01 在视频发布页面点击“选封面”按钮，如图2-118所示。

步骤02 参照2.4.1节的步骤选择视频封面。打开“模板”页面，在页面底部点击“文字”按钮，切换到“文字”页面，在“文字模板”选项卡中选择一个满意的文字模板，如图2-119所示。

步骤03 切换到“文案库”选项卡，选择一个系统推荐的文案，如图2-120所示。

步骤04 在屏幕中滑动双指，调整文字的大小，按住文字，将文字拖动到合适的位置，封面文字设置完成后点击“保存封面”按钮，如图2-121所示。

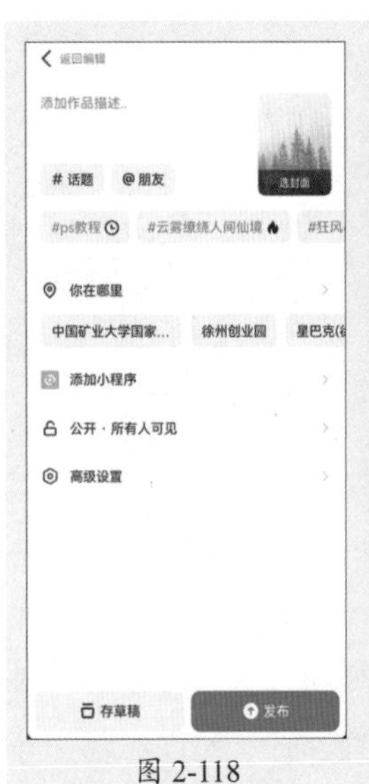

图 2-118

图 2-119

图 2-120

图 2-121

实战演练：风景视频快速出片

从手机相册中导入多段风景视频后，可以使用“一键成片”功能快速出片。下面介绍具体操作步骤。

步骤01 打开抖音，在首页底部点击⊞按钮，进入拍摄模式，在页面右下角点击“相册”按钮，如图2-122所示。

步骤02 打开手机相册，点击页面右上角的“多选”按钮开启多选模式，随后选中需要使用的多个视频素材，点击屏幕左下角的“一键成片”按钮，如图2-123所示。

步骤03 所选视频素材经过系统自动合成后被自动套用推荐的模板，点击“下一步”按钮，如图2-124所示。

步骤04 进入视频发布页面，点击“选封面”按钮，如图2-125所示。

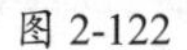

图 2-122

图 2-123

步骤 05 从视频中选择封面图片，并设置好图片的保留区域，点击“下一步”按钮，如图2-126所示。

图 2-124　　图 2-125　　图 2-126

步骤 06 切换到“文字”页面，在“文字模板”选项卡中选择一个合适的文字模板，如图2-127所示。

步骤 07 修改模板中的文字，如图2-128所示。切换到“样式”选项卡，选择合适的字体颜色，如图2-129所示。

图 2-127　　图 2-128　　图 2-129

步骤 08 在封面中选中文字，使用双指放大文字，如图2-130所示。随后将文字拖动到合适的位置，封面设置完成后点击“保存封面”按钮，如图2-131所示。

步骤 09 返回视频发布页面，输入文案、话题，设置好位置，点击“发布”按钮，如图2-132所示。

步骤 10 视频随即被发布，如图2-133所示。

图 2-130　　图 2-131　　图 2-132　　图 2-133

步骤 11 发布视频后查看视频效果，如图2-134～图2-137所示。

图 2-134　　图 2-135　　图 2-136　　图 2-137

新手答疑

1. Q：编辑好的视频暂时不发布，应该如何保存？

A：可以保存到“草稿”。将视频保存到“草稿”有多种方法，在视频编辑页面点击左上角的<按钮，在展开的菜单中选择“存草稿”选项，即可将当前视频保存到“草稿”，如图2-138所示。除此之外，也可以在视频发布页面点击页面左下角的“存草稿”按钮，将视频保存到“草稿”，如图2-139所示。

图 2-138

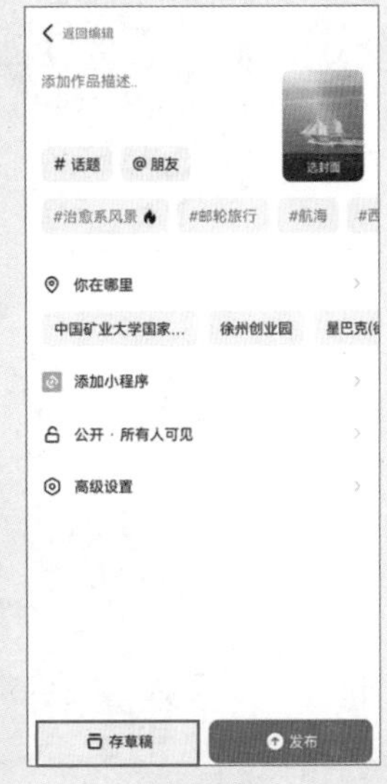

图 2-139

2. Q：如何设置只允许粉丝可以评论作品？

A：在视频发布页面点击“高级设置”选项，在弹出的菜单中选择“谁可以评论”选项，如图2-140所示。在下级菜单中勾选“仅粉丝”选项即可，如图2-141所示。

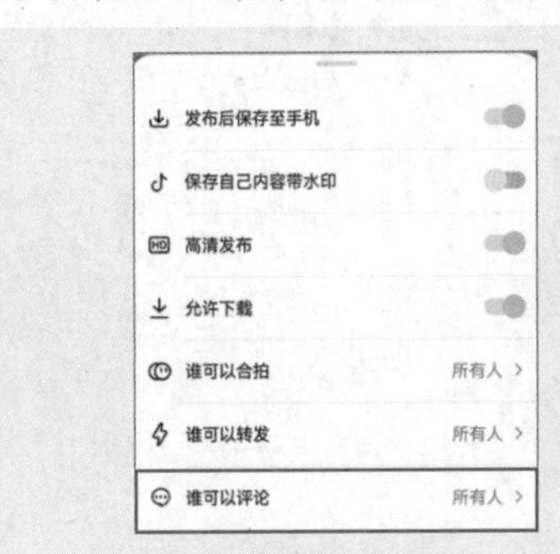

图 2-140

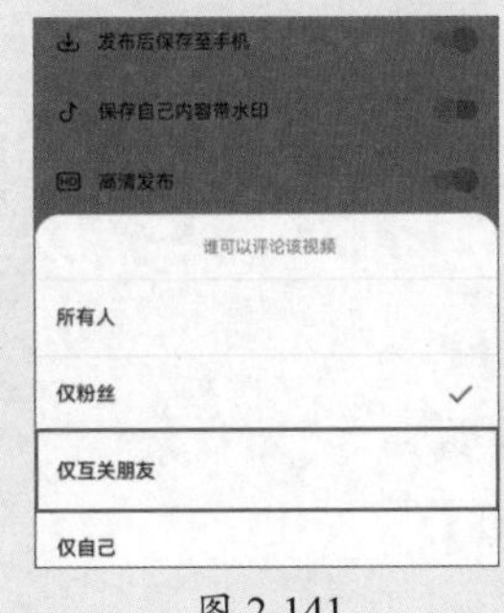

图 2-141

3. Q：如何对视频原声设置变声效果？

A：在视频编辑页面的左侧展开所有功能按钮，点击底部的“变声”按钮，如图2-142所示。在屏幕底部的菜单中选择一个声音效果，即可完成变声，如图2-143所示。

图 2-142

图 2-143

第3章

新手上路：剪映编辑短视频技巧

剪映是一款专业的短视频剪辑软件，具备全面的剪辑功能和丰富的素材库，让用户可以轻松地制作出高质量的视频作品。目前，剪映支持在手机移动端、iPad端、macOS计算机端、Windows计算机全终端使用。本章将对剪映的界面、基本操作方法等进行详细介绍。

3.1 剪映功能及界面速览

剪映具有功能全面、界面简洁、易于操作等特点。目前剪映支持在手机移动端、iPad端、macOS计算机端、Windows计算机全终端使用，方便用户随时随地进行视频编辑。下面对剪映的特点、主要功能以及工作界面进行简单介绍。

3.1.1 剪映功能介绍

剪映不仅提供了全面的剪辑功能，还具有丰富的素材库和强大的特效工具，让用户可以轻松地制作出高质量的视频作品。主要的功能如下。

- **剪辑功能：**剪映提供了基础的剪辑功能，包括切割、合并、变速、旋转、倒放等，可以满足用户对视频的基本剪辑需求。
- **音频功能：**剪映内置了多种音乐素材，用户可以选择合适的音乐添加到视频中，还可以进行录音和提取音乐。
- **文本功能：**剪映内置了丰富的文本样式和动画，用户可以轻松添加字幕和文字特效。
- **滤镜功能：**剪映内置了多种滤镜，可以调整视频的色彩、亮度、对比度等参数，满足用户对视频色调的需求。
- **特效功能：**剪映还内置了多种特效，包括转场、动画、背景等，可以让视频更加生动、有趣。
- **比例功能：**剪映可以直接调整视频比例及视频在屏幕中的大小，方便用户进行视频的布局和调整。
- **调节功能：**用户可以通过调节亮度、对比度、饱和度、锐化、高光、阴影、色温、色调等参数来剪辑视频，实现精细的色彩和明暗调节。

3.1.2 剪映手机版与剪映专业版

剪映分为剪映手机版和剪映专业版。下面对这两个版本的界面和操作上的区别进行详细介绍。

1. 剪映手机版

剪映最早推出的是剪映手机版，支持在移动设备上进行视频剪辑。剪映手机版的界面设计简洁直观，通过直接触摸屏幕可以选中和拖曳视频素材，调整剪辑片段的顺序和长度。另外剪映手机版还提供一些独特而实用的功能，如一键成片、视频修复、智能配乐等，使用户能够快速创作出令人印象深刻的视频作品。

剪映手机版包含3个主要界面，分别为初始界面、素材界面以及编辑界面，下面对这三个主要界面进行详细介绍。

（1）初始界面

打开剪映手机版，首先会进入初始界面，初始界面中包括智能操作区、创作入口、试试看、本地草稿、功能菜单等几大板块，如图3-1所示。每个板块的作用如下。

- **智能操作区：** 智能操作区位于初始界面的顶部，默认为折叠状态，点击右侧的“展开”按钮（或向下滑动屏幕），可以展开该区域。该区域提供各种智能工具，使用这些功能可以提升视频剪辑的效果。
- **创作入口：** 点击“开始创作”按钮可以打开素材界面，用户需要在该界面中选择素材继而打开编辑界面，对所选素材进行剪辑。
- **试试看：** 该区域提供大量特效、滤镜、文本、动画、贴纸、音乐等类型的素材模板，以便用户更快地找到自己喜欢的素材效果。
- **本地草稿：** 在剪映中编辑过的视频会自动保存到“本地草稿”，该区域中包含“剪辑”“模板”“图文”“脚本”“最近删除”5个选项卡。
- **功能菜单：** 该区域中包含“剪辑”“剪同款”“创作课堂”“我的”4个选项卡。启动剪映后默认显示“剪辑”选项卡中的内容（即初始界面）。

（2）素材界面

在初始界面点击“开始创作”按钮，会先进入到素材界面，该界面包括“照片视频”“剪映云”“素材库”3个选项卡。用户可以根据需要从不同的选项卡中选择制作视频所需的原始素材，选择好之后，点击“添加”按钮，即可打开编辑界面，如图3-2所示。

- **照片视频：**“照片视频”选项卡中显示当前手机中的照片和视频，是打开素材界面后默认显示的页面。
- **剪映云：** 剪映云类似于百度云，用于上传数据并在云端存储。用户在任何设备登录自己的账号，都可下载云端备份视频。
- **素材库：** 素材库中包含剪映提供的各种素材，素材的类型包括片头、片尾、热梗、情绪、萌宠表情包背景、转场、故障动画、科技、空镜、氛围、绿幕等。

图 3-1　　图 3-2

AI素材

剪映在不断地升级，新的剪映手机版结合了新兴的AI技术，并在素材界面提供“AI素材”选项卡，用户可以在“AI素材”选项卡中输入关键词快速生成AI素材。

（3）编辑界面

编辑界面主要包含预览区域、时间线区域、工具栏等几个主要区域，对视频的剪辑主要在该界面完成，如图3-3所示。

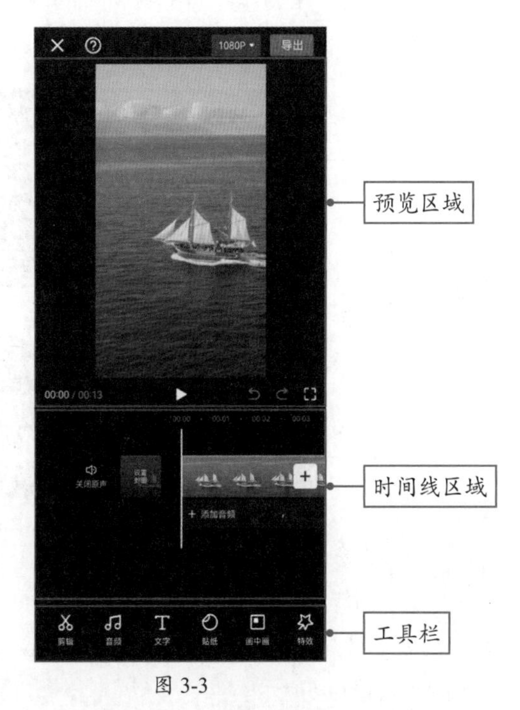

图 3-3

- **预览区域：**预览区域用于显示和预览视频画面。当在时间线窗口中移动时间轴时，预览区域会显示时间轴所在位置的那一帧画面。在视频剪辑过程中，需要时刻通过预览区域观察操作效果。
- **时间线区域：**时间线区域包含轨道、时间刻度以及时间轴三大主要元素。不同类型的素材会在不同的轨道中显示，当时间线中被添加了多个轨道时，例如添加了音频、贴纸、特效等素材，默认只显示视频和音频轨道，没有执行操作的轨道会被折叠。
- **工具栏：**工具栏中包含用于编辑视频的工具，在不选中任何轨道的情况下，显示的是一级工具栏，在一级工具栏中选择某个工具后，会切换到与该工具栏相关的二级工具栏。

2. 剪映专业版

剪映专业版（计算机版）延续了手机版全能易用的风格，与手机版相比，专业版拥有更大、更清晰的操作面板，操作界面变大了，用起来也更加方便，更加得心应手。

专业版和手机版除了操作面板的布局和功能按钮的保存位置有所区别，整体操作的底层逻辑基本是相同的。所以，只要熟悉了按钮的位置并且掌握了各种功能的用法，不管是使用专业版还是使用手机版都可以轻松操作。剪映专业版的工作界面包括“初始界面”和“创作界面”。下面对这两个界面进行详细介绍。

（1）初始界面

启动剪映专业版以后，会先打开初始界面，初始界面由个人中心、导航栏、创作区、草稿区4大主要板块组成，如图3-4所示。

初始界面各区域的作用说明如下。

- **个人中心：**登录账号后，个人中心会显示账号的头像和名称以及版本信息等。单击账号名称右侧的⇄按钮，通过下拉列表中提供的选项，可以执行打开个人主页窗口、绑定企业身份、退出登录等操作。

- **导航栏：** 导航栏位于界面左侧，“个人中心”下方。包含“首页”“模板”“我的云空间”“小组云空间”“热门活动”5个选项卡。启动剪映专业版以后，默认显示“首页”界面，该界面包含创作区和草稿区两大区域。
- **创作区：** 创作区包含创作入口和智能操作按钮两部分。单击“开始创作”按钮，可以打开创作界面。通过“开始创作”下方的“创作脚本”“一起拍”“智能转比例”以及“文字成片”按钮可以执行相应的智能操作。
- **草稿区：** 在创作界面中编辑过的内容，在退出创作时会自动保存为草稿。在草稿区中单击指定的视频，即可打开创作界面，对该视频继续进行编辑。

图 3-4

（2）创作界面

剪映专业版的创作界面由媒体素材区、播放器窗口、属性调节区以及时间线窗口4个主要部分组成，如图3-5所示。

图 3-5

创作界面中各区域的作用说明如下。

- **媒体素材区：** 媒体素材区中包括“媒体”“音频”“文本”“贴纸”“特效”“转场”“滤镜”“调节”“模板”9个选项卡。可以为视频添加相应的素材或效果。
- **播放器窗口：** 专业版的播放器窗口与手机版的预览区域在外观上基本相同。作用是预览视频、显示视频时长、调整视频比例等。

- **属性调节区：** 当对不同类型的素材执行操作时，属性调节区中会提供与所选内容相关的选项卡以及各种功能按钮、参数、选项等，以便对所选素材的效果进行编辑。
- **时间线窗口：** 时间线窗口包含工具栏、时间刻度、素材轨道、时间轴等元素，如图3-6所示。

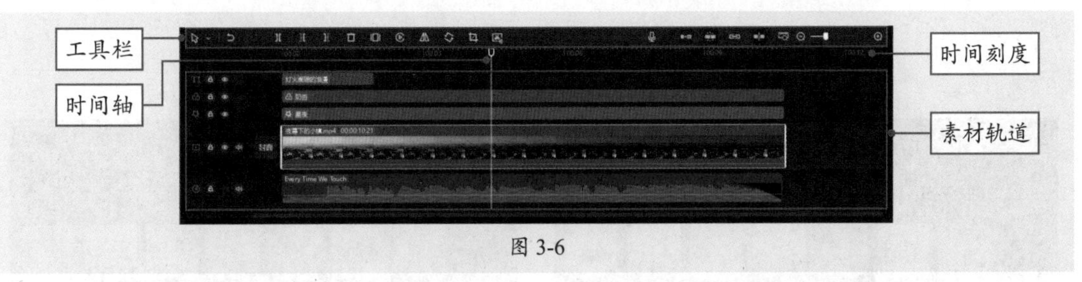

图 3-6

时间线窗口的各组成部分的详细说明如下。

- **工具栏：** 工具栏左侧提供了一些快捷操作工具，例如分割、删除、定格、倒放、镜像、旋转、裁剪等。工具栏右侧包含了一些效率工具，例如打开或关闭主轴磁吸、打开或关闭自动吸附、打开或关闭联动、打开或关闭预览轴、快速缩放素材轨道等。
- **时间刻度：** 时间刻度用于测量视频的时长，或精确控制指定素材的开始和结束时间点。
- **时间轴：** 播放器窗口中会显示时间轴所在位置的画面，因此可以用时间轴精确定位执行操作的时间点。例如，用时间轴定位视频的分割点或裁剪点、从时间轴位置添加音乐或文字等。
- **素材轨道：** 剪映专业版的轨道不会因为素材的增加而被折叠，所有轨道都可以清楚地显示，而且可以通过鼠标拖曳的方式快速移动轨道中素材的位置、叠放次序等，操作起来非常方便。通过各轨道左侧的按钮可以锁定当前轨道，通过按钮则可以隐藏当前轨道。

剪辑视频时，所有素材都需要先添加到时间线窗口的对应轨道内才能进行编辑，因此，熟悉时间线窗口的结构，以及各组成部分的作用，有助于快速掌握剪映的操作技巧。

动手练 创作界面的布局

使用剪映专业版剪辑视频时，为了让播放器窗口中的预览画面获得更大的展示空间，可以将指定区域从界面中分离出来。下面介绍具体操作方法。

步骤 01 在剪映创作界面的左上角单击“菜单”按钮，在下拉列表中选择“布局模式”选项，在其下级列表中选择“媒体素材优先”选项，如图3-7所示。

图 3-7

步骤 02 媒体素材区随即从创作界面中分离出来，形成一个单独的窗口，用户可以根据需要调整该窗口的大小和位置，如图3-8所示。

步骤 03 将光标移动到被分离出来的媒体素材区顶部 ··· 按钮上方，此时会显示"还原""全屏""最小化"三个按钮，单击"还原"按钮，可以将该区域还原至创作页面中，如图3-9所示。

图 3-8

图 3-9

3.2 短视频剪辑的基础操作

了解了剪映的工作界面之后，下面对短视频剪辑的基础操作进行详细介绍，包括如何导入素材、设置视频比例、裁剪视频、添加视频背景、分割与删除视频素材、复制与移动视频素材等。

3.2.1 导入素材

对原始视频进行剪辑创作的前提是将素材导入剪映。向剪映中导入素材的方法非常简单，下面介绍具体步骤。

步骤 01 启动剪映专业版，在初始界面单击"开始创作"按钮。进入创作界面，在媒体素材区中单击"导入"按钮，如图3-10所示。

步骤 02 在随后打开的对话框中选择要使用的素材，单击"打开"按钮，即可将该素材导入剪映本地素材库，如图3-11所示。

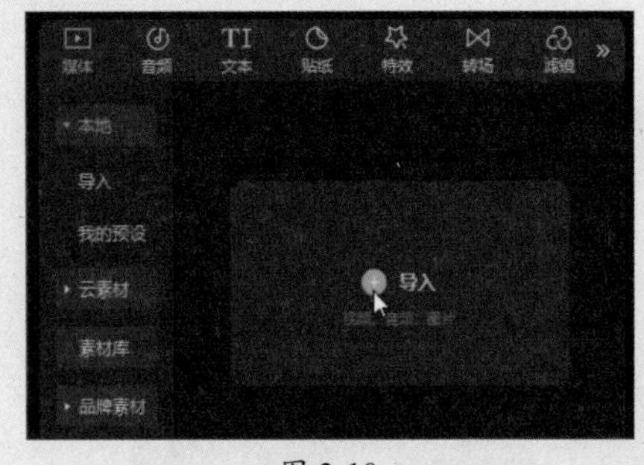

图 3-10

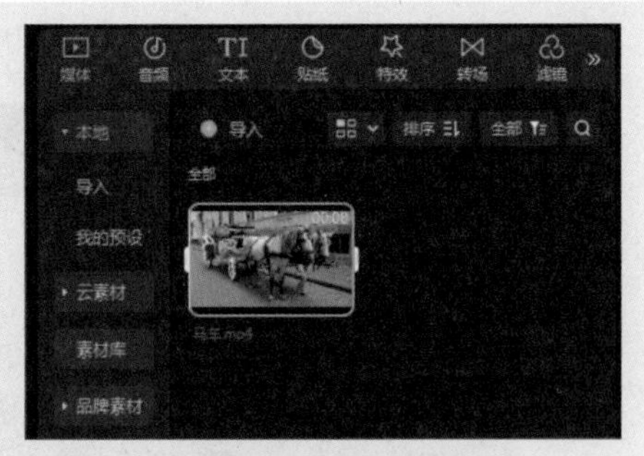

图 3-11

步骤 03 将光标移动到导入的素材上方，单击素材右下角的 按钮，即可将该素添加到时间线窗口的轨道内，如图3-12所示。

图 3-12

除了先将素材添加到本地素材库，再添加到轨道，用户也可以直接将素材拖动到时间线窗口中，如图3-13所示。这样，素材被导入到本地素材库的同时，也会同时被添加到轨道中，如图3-14所示。

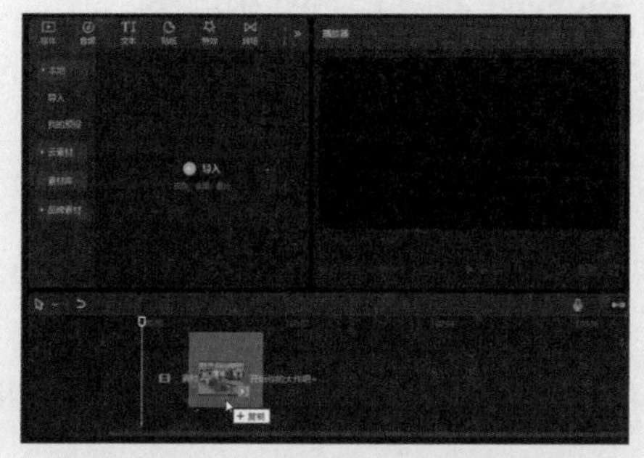

图 3-13

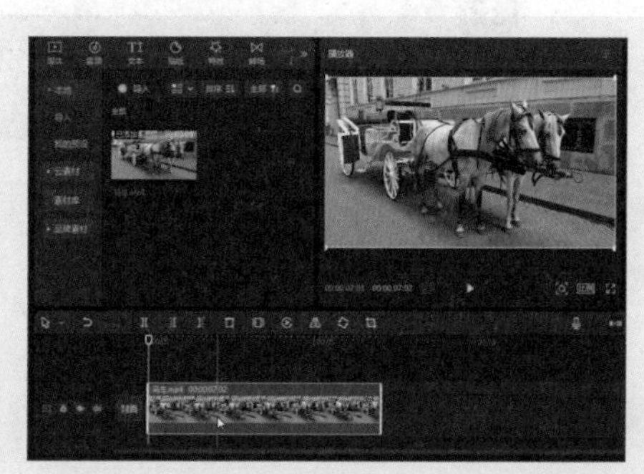

图 3-14

3.2.2 设置视频比例

视频导入剪映后默认以原始比例显示，用户可以根据需要重新设置视频的比例。剪映提供了多种视频比例的选项，包括常见的16：9、9：16、4：3、3：4、2：1等。下面介绍具体操作方法。

步骤 01 单击“播放器”窗口右下角的“比例”按钮，在展开的列表中选择需要的比例，如图3-15所示。

步骤 02 视频的比例随即发生相应变化，效果如图3-16所示。

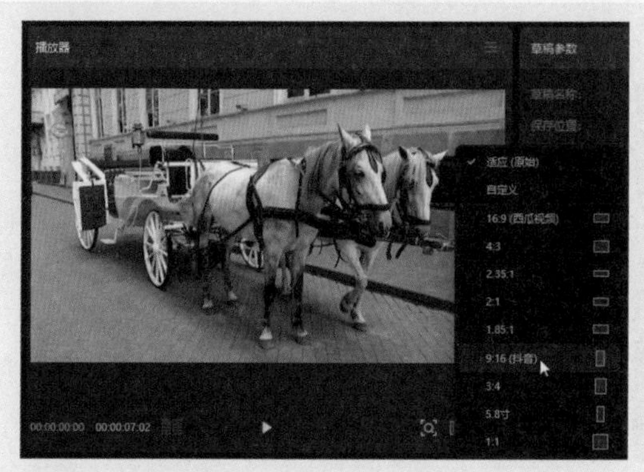

图 3-15

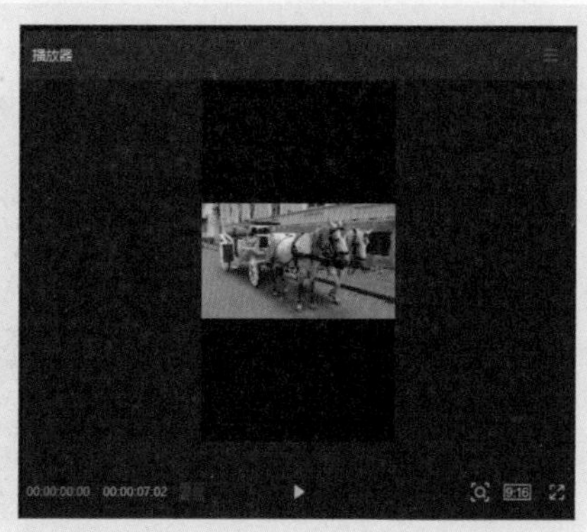

图 3-16

3.2.3 裁剪视频并重新构图

在剪映中可以根据视频中要保留的主体对画面进行裁剪，并调整视频画面的角度。例如，纠正由于拍摄角度造成的建筑物倾斜，并裁剪画面进行重新构图。下面介绍具体操作方法。

步骤 01 在剪映中导入视频，并将视频添加到视频轨道。保持视频素材为选中状态，在时间线窗口的工具栏中单击“裁剪”按钮，如图3-17所示。

图 3-17

步骤 02 打开“裁剪”对话框，调整“旋转角度”值，此处设置为-6°，使画面中的建筑垂直显示，如图3-18所示。

步骤 03 单击“裁剪比例”右侧按钮，在展开的列表中选择“4：3”选项，如图3-19所示。

图 3-18

图 3-19

步骤 04 画面中随即出现相应比例的裁剪框，如图3-20所示。拖动裁剪框，选择要保留的画面，单击“确定”按钮，如图3-21所示。

图 3-20

图 3-21

步骤 05 视频画面随即被裁剪为相应比例，并被旋转指定角度，如图3-22所示。

图 3-22

步骤 06 对视频进行裁剪并设置旋转角度的前后对比效果如图3-23和图3-24所示。

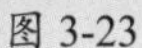

图 3-23

图 3-24

3.2.4 添加视频背景

剪映支持多种类型的背景填充，包括模糊背景填充、颜色背景填充、样式（图片或视频）背景填充等。下面介绍如何为视频设置模糊背景。

步骤 01 在时间轴中选择视频素材，在属性调节区中的“画面”面板中打开“基础”选项卡，勾选“背景填充”复选框，单击其下方的“无”下拉按钮，在下拉列表中选择“模糊”选项，如图3-25所示。

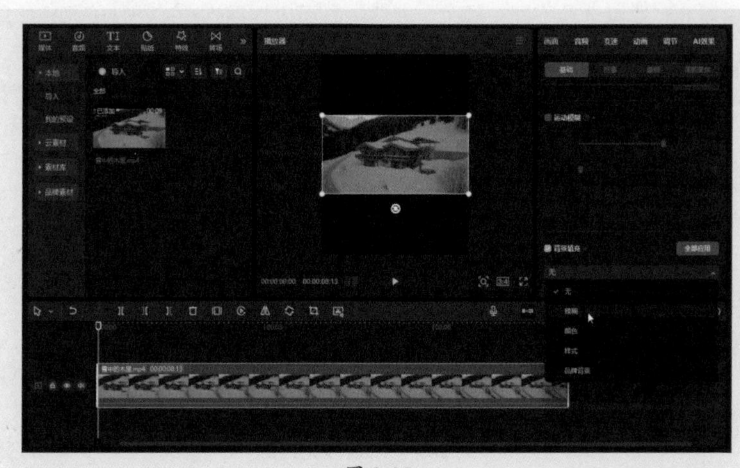

图 3-25

步骤 02 剪映提供了4种不同模糊程度的背景，选择一个合适的模糊背景，即可将当前视频进行模糊处理，并设置为视频的背景，如图3-26所示。

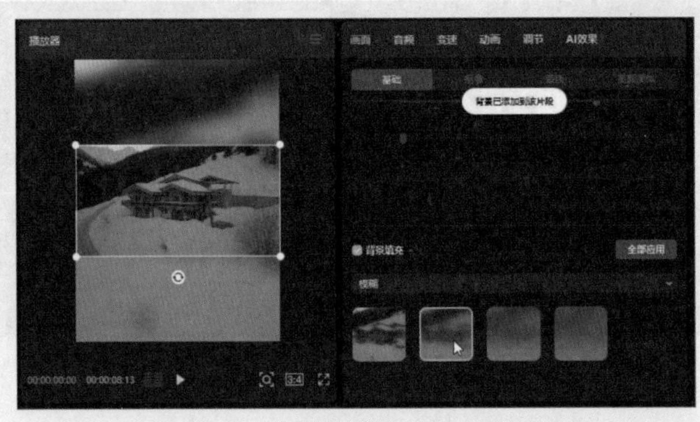

图 3-26

步骤 03 我视频设置模糊背景的前后对比效果如图3-27和图3-28所示。

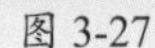

图 3-27　　图 3-28

知识点拨

不同背景填充效果的区别

- **模糊背景填充：** 可以使视频变得模糊，作为背景使用，从而突出前景中的主体。
- **颜色背景填充：** 可以选择不同的颜色作为背景，可以根据视频或图片的风格和色调来选择合适的颜色。
- **图片或视频背景填充：** 可使用另一张图片或视频作为背景，可增加视频的层次感和丰富度。
- **品牌背景填充：** “品牌背景”主要是指将视频背景设置为与品牌相关的元素，这样可以加强视频的品牌识别度。用户可以在媒体素材区中的“品牌素材”页面中设置。

3.2.5　分割与删除视频素材

使用“分割”功能可以将视频分割成多段，分割后的每段视频可以单独编辑或删除。具体操作步骤如下。

步骤 01 导入视频，并将视频添加到轨道中。保持视频素材为选中状态，拖动时间轴，定位好需要分割的位置，在工具栏中单击“分割”按钮，如图3-29所示。

图 3-29

步骤 02 视频随即从时间轴位置被分割。选中被分割后的右侧视频片段，按Delete键，即可将该视频片段删除，如图3-30所示。

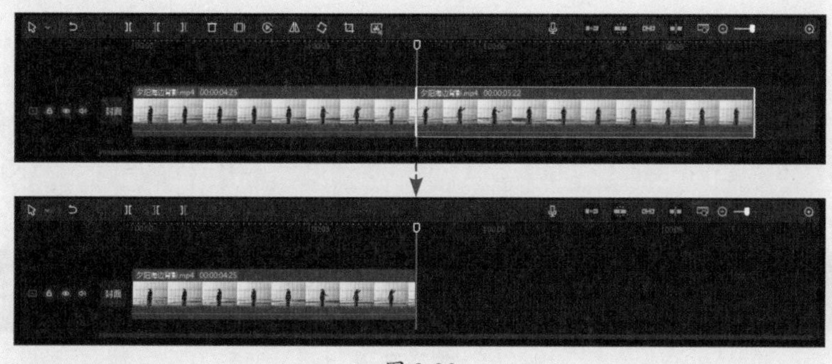

图 3-30

3.2.6 复制与移动视频素材

在剪辑视频的过程中，经常需要复制素材，以便制作各种高级的视频效果。下面介绍如何复制与移动视频素材。

1. 复制视频素材

在轨道中选择要复制的视频素材，按Ctrl+C组合键复制素材。移动时间轴，按Ctrl+V组合键，复制的素材随即被粘贴到上方轨道中，并从时间轴所在位置开始，如图3-31所示。

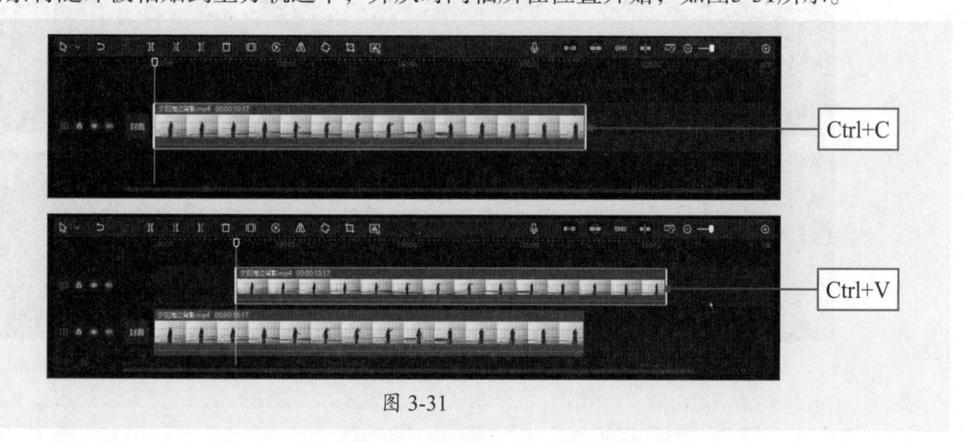

图 3-31

2. 移动素材

将光标移动到轨道中的素材上方，按住鼠标左键进行左右拖动，可以调整素材在当前轨道中的位置，如图3-32所示。

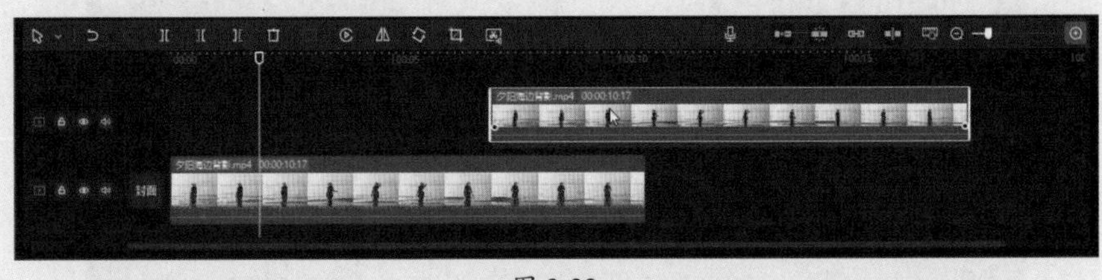

图 3-32

除了在当前轨道中移动素材，也可以将素材移动到其他轨道。将素材选中，按住鼠标左键向目标轨道拖动，松开鼠标左键后即可完成素材的移动。

知识点拨

主轴磁吸功能的使用

在打开“主轴磁吸”的状态下，主视频轨道中的素材会自动首尾吸附。若主轨道中只有一段素材，则该素材在主轨道中不能被移动位置。在时间线窗口中的工具栏右侧单击“打开主轴磁吸”按钮，当该按钮变为蓝色时说明该功能被打开，如图3-33所示。

图 3-33

在主轴磁吸功能开启的情况下，若主轨道中包含多段素材，可以选中其中一段素材，向其他两段素材之间拖动，从而快速调整素材的播放顺序，如图3-34所示。

图 3-34

动手练 快速设置素材时长

将素材向左裁剪或向右裁剪，可以从两端删除视频的多余内容，从而达到设置视频总时长的目的。

步骤 01 将视频素材导入剪映，并添加到轨道中。保持轨道中的素材为选中状态，移动时间轴定位好要裁剪的位置，在工具栏中单击“向左裁剪”按钮，时间轴左侧的视频内容随即被裁剪掉，如图3-35所示。

图 3-35

步骤 02 重新移动时间轴，选择好时间点，在工具栏中单击“向右裁剪”按钮，如图3-36所示。

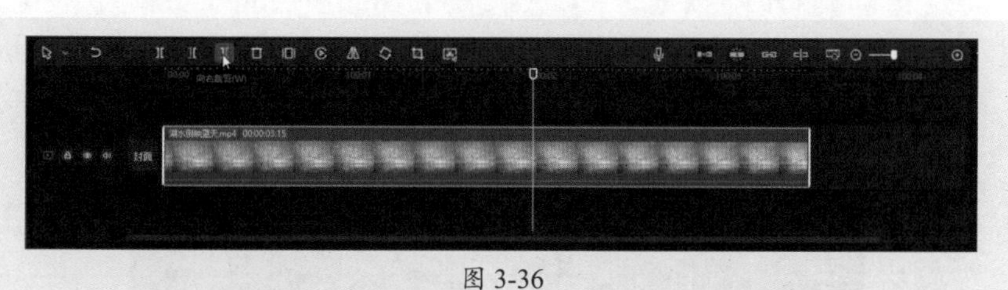

图 3-36

步骤 03 时间轴右侧的视频内容即可被删除，如图3-37所示。

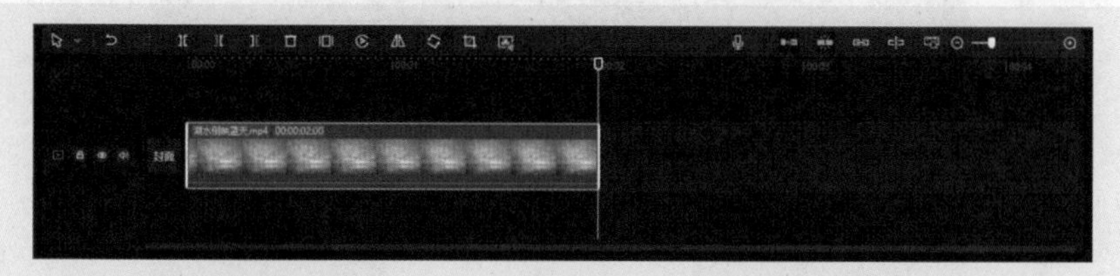

图 3-37

知识点拨

快速裁剪素材

除了使用裁剪工具向左或向右裁剪视频，还可以使用鼠标拖动快速裁剪视频。在时间线窗口中，将光标移动到视频素材的最左侧或最右侧边缘，光标变成形状时，按住鼠标左键进行拖动，便可快速裁剪掉视频开始位置或结束位置的内容，如图3-38所示。

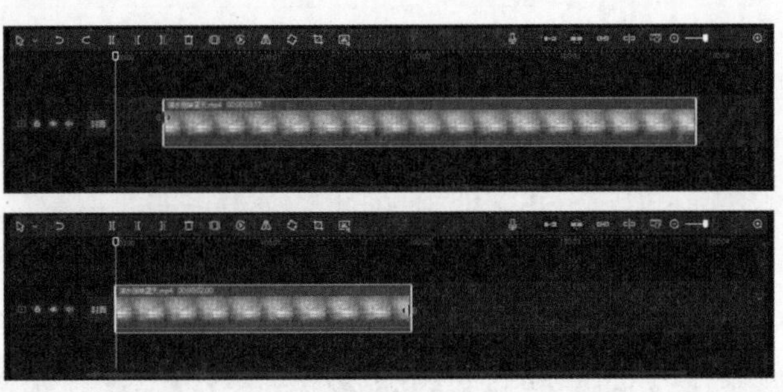

图 3-38

3.3 提高视频质量的剪辑技巧

剪映提供了很多便捷的视频剪辑工具，例如倒放、变速、定格、镜像等。这些工具的使用方法通常很简单，下面进行详细介绍。

3.3.1 视频倒放

使用“倒放”工具，可以将原本正常播放的视频从后往前播放。倒放是很常见的视频剪辑技巧，通常用来表现时间倒转。例如一段日落视频画面，设置倒放后变为日出画面。

将视频导入剪映，并添加到轨道中。选中视频，在工具栏中单击“倒放”按钮，如图3-39所示。视频随即进行倒放处理，处理完成后，视频中的所有帧会被倒序编码，从而实现倒放效果，如图3-40所示。

图 3-39

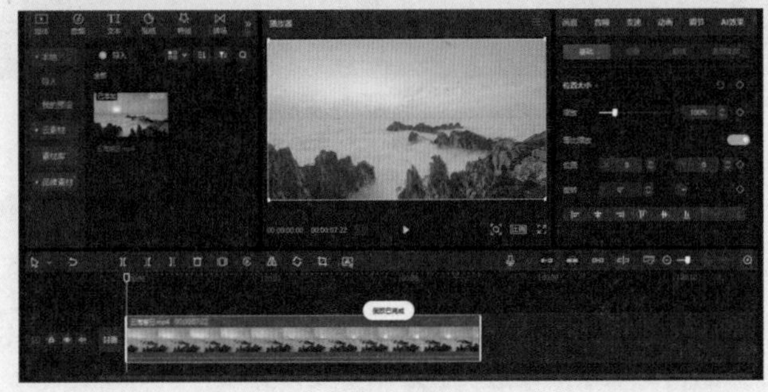

图 3-40

为视频设置倒放前后的对比效果如图3-41和图3-42所示。

图 3-41

图 3-42

3.3.2 视频变速

视频是由一帧一帧的静态图像组成的，在视频播放过程中，每秒展示的静态图像帧数决定了视频的播放速度。提高视频的速度时，每秒钟显示的视频帧数就会增加，相反，如果降低视频速度，每秒显示的视频帧数就会减少，这便是视频变速的基本原理。剪映提供了“常规变速”和“曲线变速”两种变速模式。

1. 常规变速

在轨道中选择要变速的视频素材。在属性调节区中打开“变速”面板，默认打开的是“常规变速”选项卡。拖动“倍数”滑块便可设置视频变速，变速后视频的总时长会随之发生变化，如图3-43所示。

图 3-43

2. 曲线变速

在“变速”面板中打开“曲线变速”选项卡。该选项卡中包含了自定义、蒙太奇、英雄时刻、子弹时间、跳接、闪进与闪出7种变速选项。此处选择“蒙太奇”选项，所选视频片段随即应用该变速效果。

选择某种曲线变速后，选项卡中会出现一条曲线，这条曲线代表了速度随着时间的变化而变化的关系。在这条曲线上，横轴代表时间，纵轴代表速度。用户可以在当前变速的基础上，使用光标上、下、左、右拖动曲线点，重新调整曲线的形状。向上拖动是加速，向下拖动是减速，左右拖动是控制变速的位置，如图3-44所示。

图 3-44

3.3.3 画面定格

定格表示让视频中的某一帧成为静止画面，在视频剪辑中十分常用，例如为了突出某个场景或人物，而将画面定格。定格画面后还可以设置定格的时长。下面介绍具体操作方法。

步骤 01 在剪映中导入视频，并将视频添加到轨道中。移动时间轴选择需要定格的画面，在工具栏中单击“定格”按钮，如图3-45所示。

图 3-45

步骤 02 时间轴所指位置的画面随即被定格。默认的定格时长为3s，如图3-46所示。

图 3-46

步骤 03 将光标移动到定格素材的右侧边缘，光标变为⬌形状时按住鼠标左键进行拖动，可以调整定格的时长，如图3-47所示。

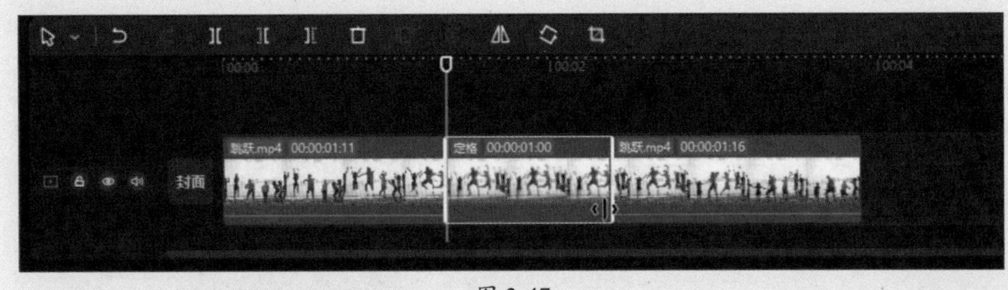

图 3-47

3.3.4　视频防抖处理

若拍摄的视频素材存在画面抖动的情况，可以使用“视频防抖”功能进行处理，以提高视频的稳定性。下面介绍视频防抖的操作方法。

在轨道中选择需要进行防抖处理的视频片段，在属性调节区中的“画面”面板中打开“基础”选项卡，勾选“视频防抖”复选框，剪映随即对所选视频片段进行防抖处理，播放器窗口的左上角以及“视频防抖”选项的右侧会显示处理进度，如图3-48所示。处理完成后轨道中会出现“视频防抖已完成”的文字提示。

图 3-48

3.3.5　替换视频素材

对视频素材进行了一些设置后，例如设置了视频时长、调整了画面亮度和色彩、添加了转场等。若更换素材，可以使用“替换片段”功能进行替换，这样可以保留原视频的效果。下面介绍具体操作方法。

步骤 01 在轨道中右击要替换的素材，在弹出的快捷菜单中选择“替换片段”选项，打开“请选择媒体资源”对话框，选择要使用的素材，单击“打开”按钮，如图3-49所示。

步骤 02 打开“替换”对话框，在轨道中移动高亮区域，选择要使用的片段，勾选“复用原视频效果”复选框，单击“替换片段”按钮，如图3-50所示。

图 3-49

图 3-50

步骤 03 所选素材随即被新素材替换，视频效果会被保留，如图3-51所示。

图 3-51

3.3.6 设置不透明度

当在多个轨道中添加视频素材时，画面中会显示上方轨道中的视频内容，此时为上方轨道中的视频设置不透明度，可以设置出画面重叠的画中画效果。

步骤 01 在剪映中导入两段视频并将视频添加到轨道中。随后将两段视频并排在两个轨道中显示，如图3-52所示。

图 3-52

步骤 02 选择上方轨道中的视频，在属性调节窗口中的“画面”面板中打开“基础”选项卡，勾选“混合”复选框，拖动“不透明度”滑块，设置“不透明度”为50%，上方轨道中的视频画面随即变为半透明状态，如图3-53所示。

图 3-53

3.3.7 处理视频原声

视频原声指的是视频中的原始声音，包括人声、环境声、背景音乐等。在视频编辑中，原声通常被保留，以保持视频的真实感和完整性。但有时为了达到特定的效果或满足特定的需求，可能需要去除或修改视频的原声。

1. 关闭原声

单击视频轨道左侧的“关闭原声”按钮，当前轨道随即被设置为静音状态，轨道中所有视频的原声即可被关闭，如图3-54所示。

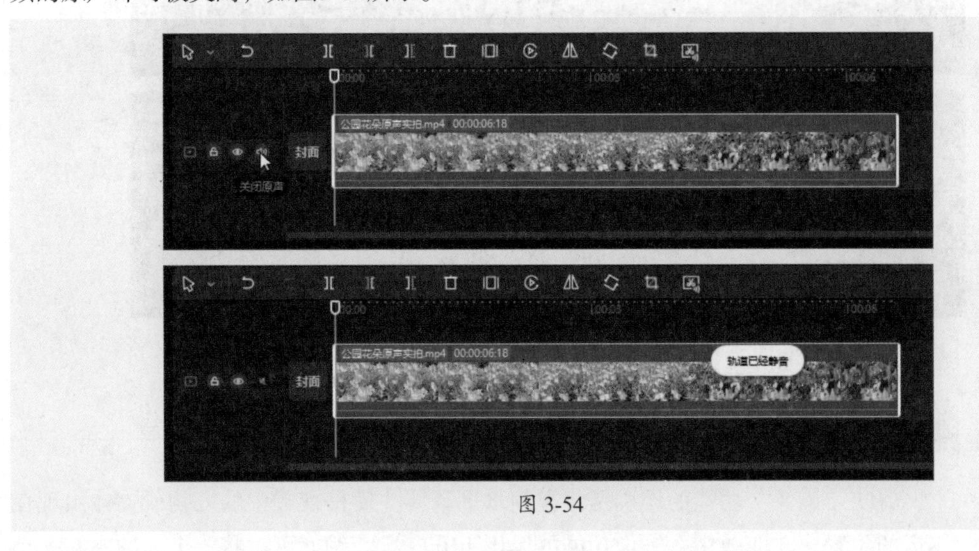

图 3-54

2. 音频降噪

在拍摄视频时，由于环境、设备等因素的影响，很容易出现噪声和杂音，使视频的观感受到影响。剪映的“音频降噪”功能可以有效地去除这些噪声和杂音，提高音质，让观看体验更加舒适。

在轨道中选择要降噪的视频素材，在属性调节区中打开“音频”面板，勾选“音频降噪”复选框，即可对所选音频进行降噪处理，如图3-55所示。

图 3-55

3. 音画分离

视频中的声音可以被分离出来，分离音频后，可以对视频或音频进行单独编辑。在轨道中右击视频素材，在弹出的快捷菜单中选择“分离音频”选项，所选视频中的音频随即被自动分离到音频轨道中，如图3-56所示。

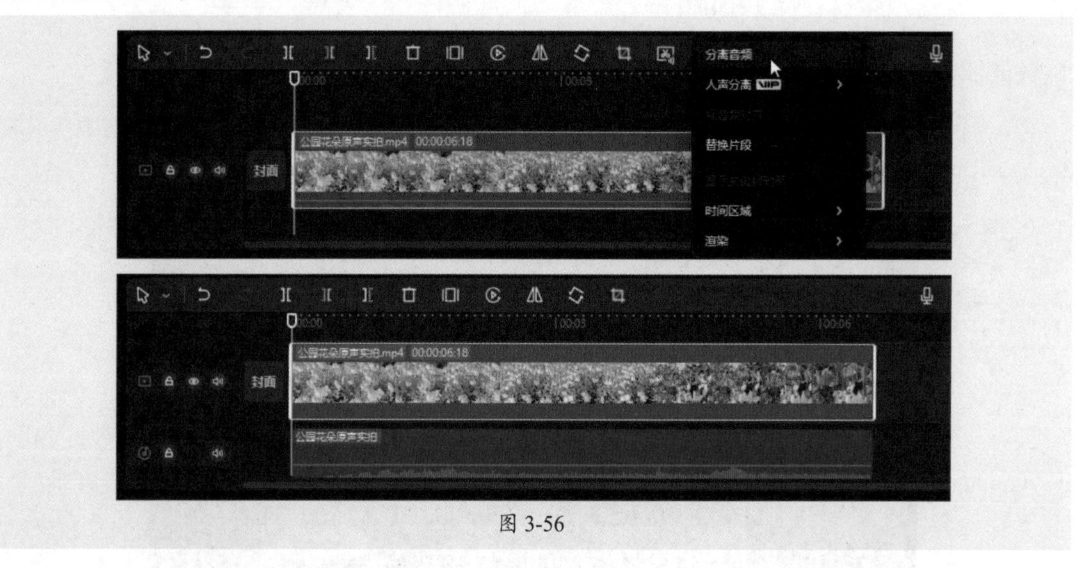

图 3-56

动手练 设置镜像效果

剪映“镜像”功能的作用是将视频水平翻转，使得视频中的人物或物体出现在相反的位置。在剪映中，镜像功能的运用十分广泛，例如可以将一个人的左右手动作调换位置，或者将一个场景的左右镜像拼接在一起，从而达到更好的视觉效果。下面介绍如何设置镜像效果。

步骤 01 将视频导入剪映，并添加到视频轨道。保持视频素材为选中状态，在工具栏中单击“镜像”按钮，如图3-57所示。

图 3-57

步骤 02 视频随即被设置为镜像显示，视频中所有物体的位置发生水平翻转，如图3-58所示。

图 3-58

步骤 03 预览视频，为视频设置镜像的前后对比效果如图3-59所示。

图 3-59

实战演练：使用模板快速制作风景短片

剪映提供了海量的视频模板，这些模板包含了不同的视频片段、特效、转场和音乐等元素。使用模板可以帮助用户节省大量的时间和精力。因为模板已经包含了大部分的编辑工作，用户只需要将自己的素材替换到模板中，便可快速生成一个高质量的视频。下面介绍剪映模板的具体使用方法。

步骤 01 启动剪映，在初始界面单击“开始创作”按钮，如图3-60所示。

步骤 02 打开创作界面，在媒体素材区中打开“模板”面板，如图3-61所示。

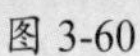

图 3-60

图 3-61

步骤 03 在打开的面板顶部设置“画幅比例”为“竖屏”、“片段数量”为“5-10”、模板时长为“0-15秒”，随后在面板左侧导航栏中选择“风格大片”模板类型。面板中随即显示所有符合条件的模板，单击模板可以对该模板进行预览，如图3-62所示。

图 3-62

步骤 04 通过预览选定要使用的模板后，单击模板上方的按钮，将模板添加到轨道中。添加模板后，需要更换模板中的素材。在轨道中的模板素材上单击按钮，如图3-63所示。

步骤 05 打开模板编辑界面。在媒体素材区中单击“导入”按钮，如图3-64所示。

图 3-63

图 3-64

步骤 06 打开“请选择媒体资源”对话框，打开素材所在文件夹，选择“风景1.mp4”视频片段，随后按Ctrl+A组合键，选中该文件夹中的所有视频，单击“打开”按钮，如图3-65所示。

步骤 07 文件夹中的视频随即被批量添加到剪映的本地素材库，保持所有素材为选中状态，单击“风景1.mp4”素材上方的按钮，如图3-66所示。

图 3-65

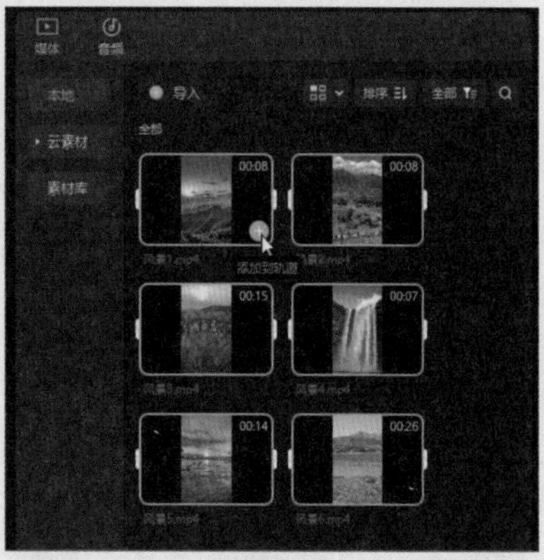

图 3-66

步骤 08 模板中的素材随即被自动替换为新导入的素材，在界面右侧的“文本”面板中修改模板中的文本，修改完成后单击“完成”按钮，如图3-67所示。

步骤 09 返回上一级界面，单击“导出”按钮，如图3-68所示。打开“导出”对话框，设置标题、导出位置、分辨率等参数，即可将视频导出。

图 3-67

图 3-68

步骤 10 预览视频，查看使用模板快速制作风景短片的效果，如图3-69所示。

图 3-69

新手答疑

1. Q：如何旋转视频，使视频画面改变角度？

A：在轨道中选择视频素材，在工具栏中单击“旋转”按钮，即可旋转视频画面，每单击一次“旋转”按钮可旋转90°，如图3-70所示。另外，用户也可以在“播放器”窗口拖动视频下方的◎按钮，将画面旋转任意角度，如图3-71所示。

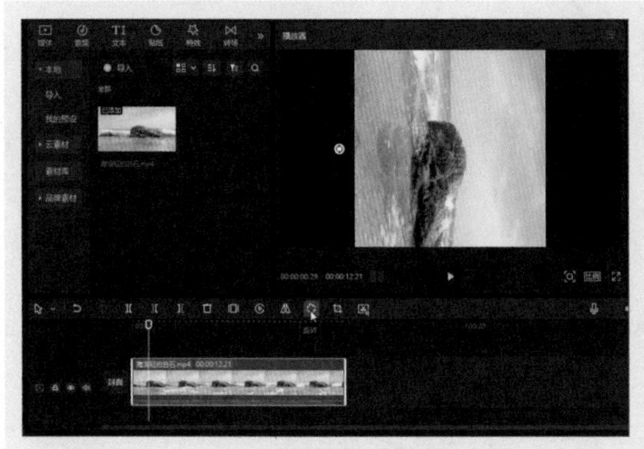

图 3-70

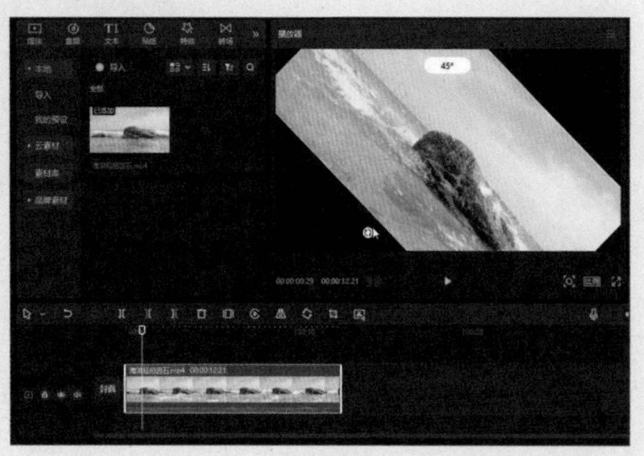

图 3-71

2. Q：如何为视频添加封面？

A：单击主视频轨道左侧的“封面”按钮，如图3-72所示。在打开的对话框中选择一帧画面作为视频封面，然后单击“去编辑”按钮，打开“封面设计”对话框，在该对话框中可以使用系统提供的文字模板，或自行创建封面文字。

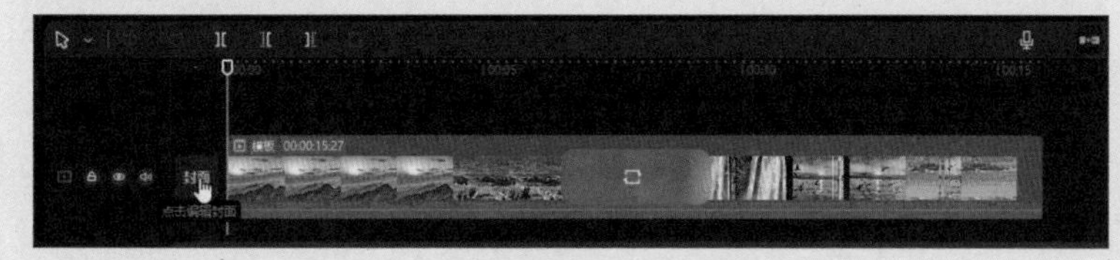

图 3-72

3. Q：导出视频时如何设置各项参数？

A：视频制作完成后单击界面右上角的“导出”按钮，会打开“导出”对话框，在该对话框中可以为视频设置标题、选择导出位置，以及设置分辨率、码率、格式、帧数等参数。若想要将视频中的音频单独导出成一个文件，可以勾选“音频导出”复选框。默认导出的音频格式为MP3格式，用户还可以根据需要更改音频的格式，如图3-73所示。

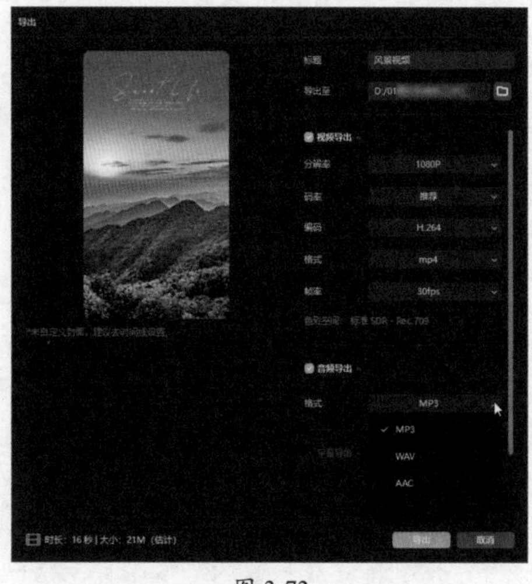

图 3-73

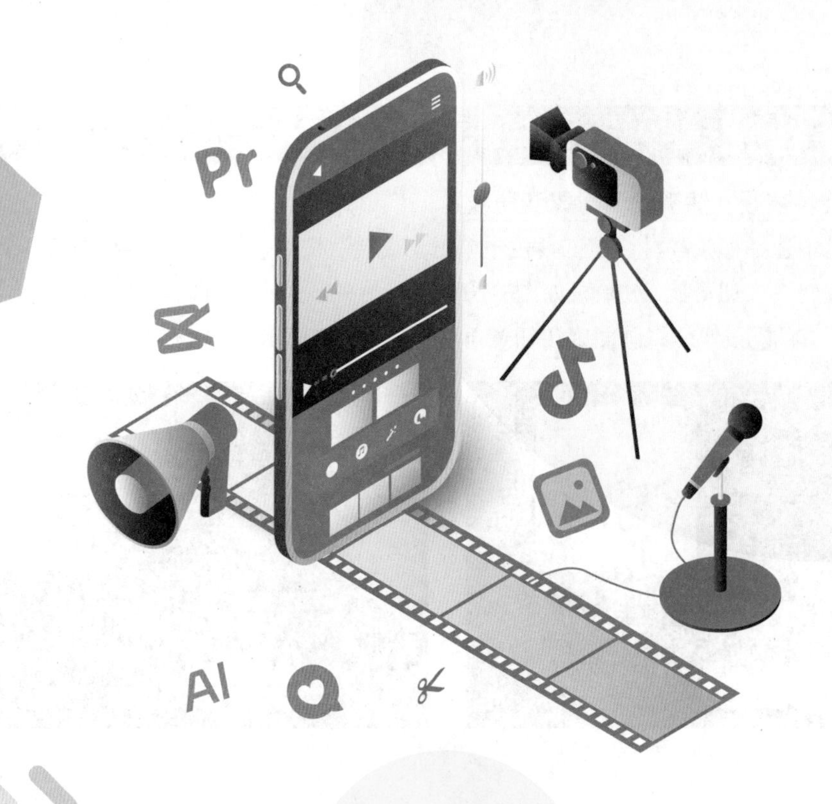

第4章

剪辑神器：剪映短视频精剪方法

在短视频的剪辑过程中，可以运用各种技巧来提高视频的观赏性。例如，为视频添加字幕和音效，使视频内容更饱满；使用蒙版、混合模式、关键帧、智能抠像等工具制作丰富的视觉效果。本章将对精剪短视频的常用技巧进行详细介绍。

4.1 字幕的添加和编辑

短视频的字幕可以将视频中的对话、音乐、环境声音以及一些关键的信息等转换为文字，具有提高视频的可读性、辅助理解、传递重要信息、增强观看体验、增加交互性和文化交流等作用。

4.1.1 字幕的添加与编辑

剪映提供了多种添加字幕的途径，用户可以新建文本，然后输入内容创建基础字幕。添加字幕后还可以对字幕的样式进行设置。

1. 添加字幕

用户可以使用默认文本素材为视频添加字幕，下面介绍具体操作方法。

步骤 01 在时间线窗口将时间轴移动到需要添加字幕的时间点，在媒体素材区中打开“文本”面板，在“新建文本”界面单击“默认文本”上方的按钮，时间线窗口随即自动添加文本轨道，并在时间轴所在位置插入文本素材，如图4-1所示。

图 4-1

步骤 02 保持文本素材为选中状态，在属性调节区打开“文本”面板，在“基础”选项卡顶部的文本框中修改文本内容，如图4-2所示。

图 4-2

2. 编辑字幕

添加字幕后，可以通过“文本”面板中的“基础”选项卡内提供的各项参数对文本的字体、字号、样式、颜色、字间距、行间距、对齐方式等进行设置，并适当调整字幕的大小和位置。

步骤 01 在“文本”面板中的“基础”选项卡内设置字体为“抖音美好体”，设置颜色为“#ffde00”，设置“字间距”为1，如图4-3所示。

图 4-3

步骤 02 保持文本素材为选中状态，在“播放器”窗口中将光标移动到字幕文本框的任意一个边角位置的控制点上，光标变成双向箭头时，如图4-4所示，按住鼠标左键进行拖动，缩放字幕，如图4-5所示。

步骤 03 将光标移动到字幕文本上方，按住鼠标左键进行拖动，可以将字幕移动到合适的位置，如图4-6所示。

图 4-4

图 4-5

图 4-6

步骤 04 在时间线窗口中，将光标移动到文本素材的右侧边缘位置，光标变为形状时按住鼠标左键进行拖动，调整字幕的时长，如图4-7所示。

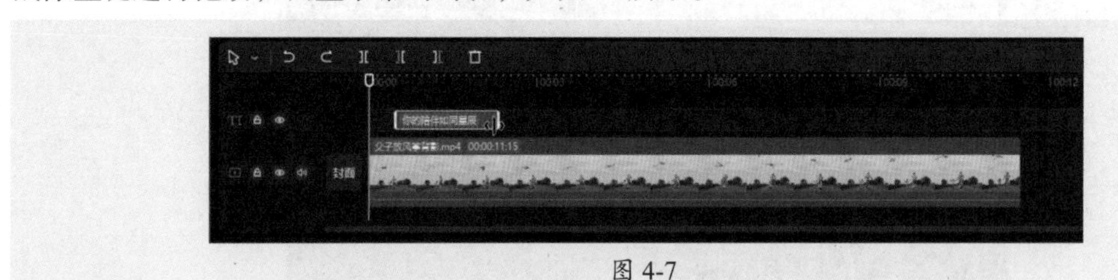

图 4-7

3. 复制字幕

制作好一段字幕后可以复制字幕并修改文字，以生成更多的字幕。在时间线窗口的文本轨道中选择第一段字幕，按Ctrl+C组合键进行复制，随后移动时间轴确定好下一段字幕的开始时间，按Ctrl+V组合键进行粘贴，字幕随即被粘贴到时间轴位置，如图4-8所示。

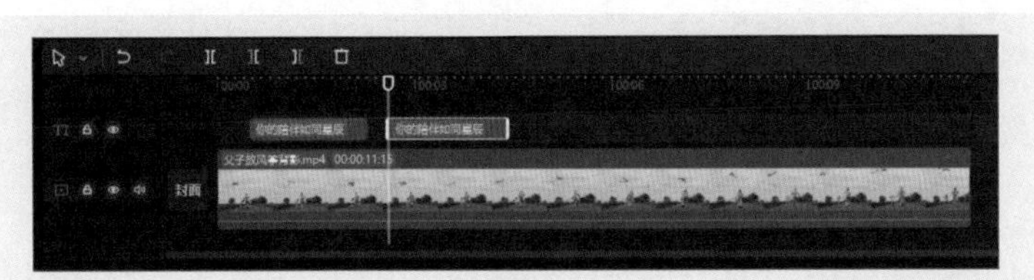

图 4-8

选中第2段字幕素材，在属性调节区中打开“文本”面板，在“基础”选项卡中的文本框内修改字幕内容。随后参照上述方法继续复制并修改文本内容，便可制作出更多字幕，如图4-9所示。

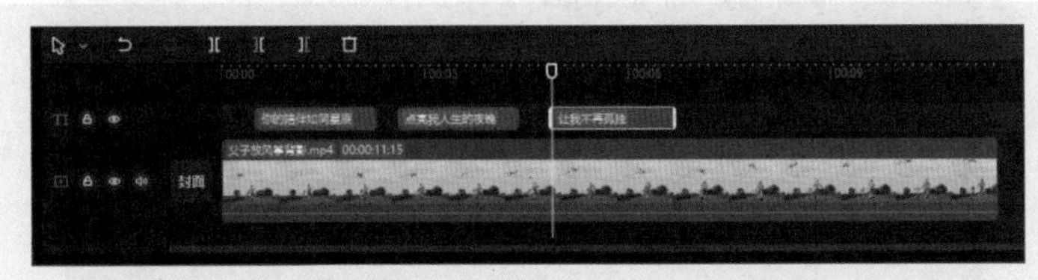

图 4-9

字幕制作完成后，预览视频，查看字幕效果，如图4-10所示。

图 4-10

知识点拨

为字幕使用预设样式

用户可以使用预设样式快速改变字幕的颜色、为文字添加描边或为文本框添加背景等。

在属性调节区的“文本”面板中打开“基础”选项卡，找到“预设样式”组，单击其下方的“展开”按钮，展开所有预设样式。单击某个预设样式按钮，所选字幕即可应用该样式，如图4-11所示。

图 4-11

4.1.2 使用花字创建字幕

花字是一种文字特效，通过使用花字，可以增强视频的视觉效果和吸引力。剪映中的花字效果非常丰富，用户可以根据不同的需求选择不同的花字样式，让文字更加醒目、生动、有趣。

步骤 01 在时间线窗口中定位好时间轴（此处保持时间轴在轨道的最左侧），在媒体素材区中打开“文本”面板，在左侧导航栏中单击“花字”按钮，面板中随即显示各种样式的花字，在需要使用的花字上方单击⊕按钮，即可将该花字素材添加到文本轨道中，如图4-12所示。

图 4-12

步骤 02 保持花字素材为选中状态，在属性调节区中的“文本”面板中打开“基础”选项卡，输入文本内容，如图4-13所示。

图 4-13

步骤 03 在“文本”面板中的“基础”选项卡中可以对花字的“字体”“字号”“样式”“颜色”等进行设置。此处设置字体为“蝶汐体”，如图4-14所示。

图 4-14

步骤 04 保持花字素材为选中状态，在“文本”面板中打开“花字”选项卡，单击指定花字，可以快速更改花字样式，如图4-15所示。

图 4-15

4.1.3 使用文字模板创建

剪映提供了大量的文字模板，文字模板预设了文本的字体、大小、颜色、排列方式、动画等效果。用户可以根据需要选择合适的文字模板，并修改模板中的文本内容，以便快速获得高质量的字幕。

步骤 01 在时间线窗口中定位好光标，在媒体素材区中打开“文本”面板，单击“文字模板”按钮，展开所有文字模板分类，如图4-16所示。

步骤 02 根据需要选择模板类型，此处选择“手写字”类型，在打开的界面中找到想要使用的文字模板，单击 按钮，将其添加到文本轨道中，如图4-17所示。

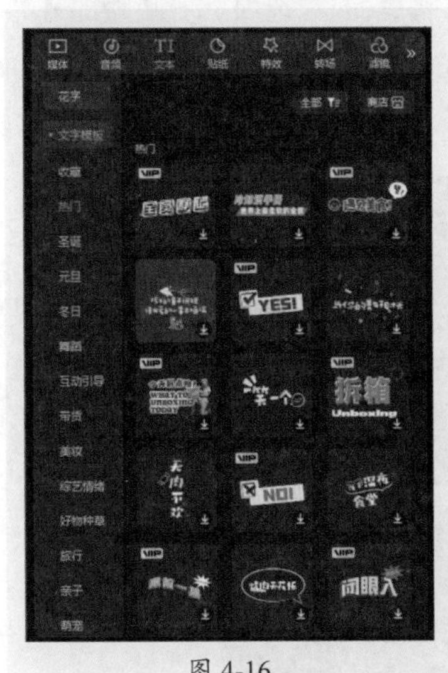

图 4-16

图 4-17

步骤 03 保持文字模板素材为选中状态，在属性调节区中打开“文本”面板，在“基础”选项卡中可以修改文本内容，并设置“缩放”值以及“位置”参数，如图4-18所示。

图 4-18

步骤 04 预览视频，查看文字模板的应用效果，如图4-19所示。

图 4-19

4.1.4　自动识别字幕与歌词

剪映的"识别字幕/歌词"功能可以识别视频中的人声，并自动生成字幕，下面介绍具体操作方法。

在轨道中右击视频片段，在弹出的快捷菜单中选择"识别字幕/歌词"选项。剪映随即开始识别所选视频中的人声，识别完成后会自动生成字幕，字幕的位置将与声音的位置相匹配，如图4-20所示。

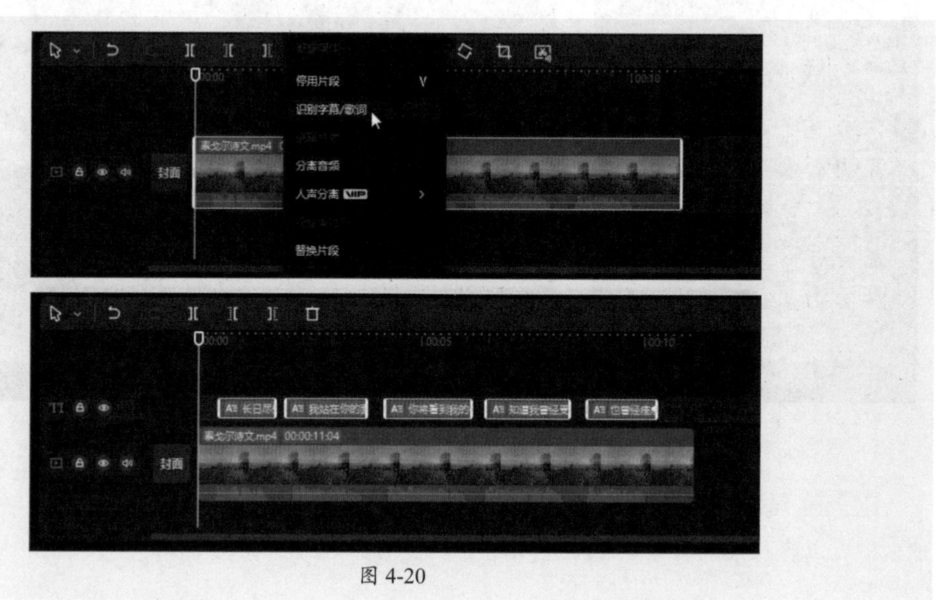

图 4-20

预览视频，查看自动识别字幕的效果，如图4-21所示。

图 4-21

动手练 将歌词制作成动态字幕

动态字幕可以增加视频的观赏性，更容易吸引观众的注意力。下面介绍动态字幕的制作方法。

步骤 01 在轨道中右击视频片段，在弹出的快捷菜单中选择“识别字幕/歌词”选项，识别出视频背景音乐的歌词，如图4-22所示。

步骤 02 在文本轨道中选择任意一段字幕，在属性调节区中打开“文本”面板，在“基础”选项卡中设置“字体”“字号”，随后单击“对齐方式”右侧的按钮，将字幕设置为竖排显示，如图4-23所示。

图 4-22

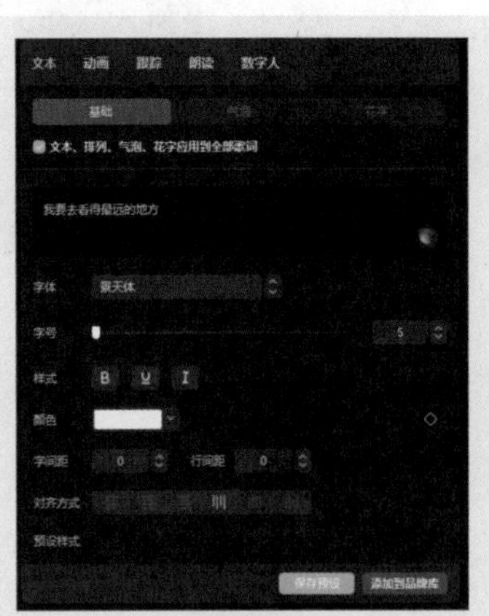

图 4-23

步骤 03 继续在“基础”选项卡中设置字幕的“缩放”比例以及“位置”参数（也可直接在播放器窗口中使用光标进行操作），将字幕移动到合适的位置，如图4-24所示。

图 4-24

步骤 04 保持选中任意一段字幕，在属性调节区中打开“动画”面板，在“入场”选项卡中选择“打字机Ⅱ”动画，在面板下方拖动“动画时长”滑块，设置入场动画的持续时间为3.0s，如图4-25所示。

图 4-25

步骤 05 切换到“出场”选项卡，选择“向上溶解”动画，拖动“动画时长”轨道上的右侧滑块，设置出场“动画时长”为1.0s，如图4-26所示。

图 4-26

步骤 06 参照上述方法继续为其他字幕添加动画。动画时长可以根据字幕的总时长适当修改。最后预览视频，查看为歌词字幕添加动画的效果，如图4-27所示。

图 4-27

知识点拨

一组字幕的设置

自动识别的字幕默认为一个字幕组，对其中一段字幕设置样式或改变位置和大小时，其他字幕会自动被设置相同样式以及改变位置和大小。

4.2 音频的添加和编辑

短视频中的音频具有增强情感表达、引导观众注意力、传递信息、营造氛围、增加趣味性以及强化品牌形象等关键作用。在制作短视频时，应充分重视音频的选择和处理，以提高视频的观看体验和传播效果。

4.2.1 添加背景音乐

剪映的音乐素材库为视频创作者提供了丰富的免费音乐资源，并根据音乐的特点进行了详细的分类，例如纯音乐、卡点、VLOG、旅行、悬疑、浪漫、轻快等。下面介绍如何为视频添加背景音乐。

步骤 01 在剪映的媒体素材区中打开“音频”面板，单击“音乐素材”按钮，在展开的分组中选择“纯音乐”类型，在音乐选项上方单击可以试听音乐，确定使用某个音乐时，单击该音乐上方的+按钮，即可将音乐添加到音频轨道中，如图4-28所示。

图 4-28

步骤 02 在时间线窗口中选择音频素材，将时间轴移动到视频的结束位置，在工具栏中单击“向右裁剪”按钮，即可删除时间轴右侧的音频内容，如图4-29所示。

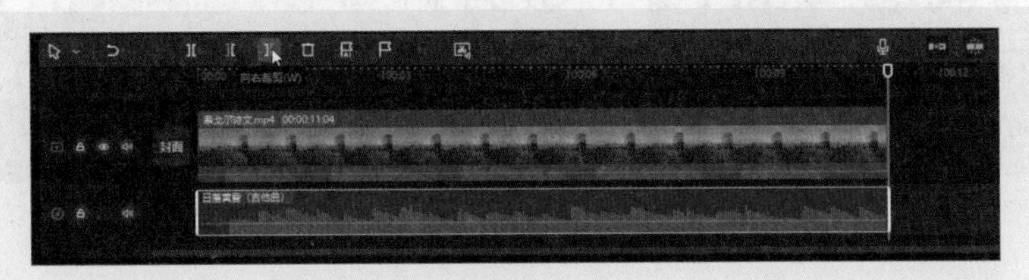

图 4-29

知识点拨

搜索音乐素材

也可以根据歌曲名称或歌手姓名等关键词查找自己需要的音乐素材。在媒体素材区中的“音频”面板中单击“音乐素材”按钮，随后在右侧界面顶部的文本框中输入关键词，如图4-30所示。按Enter键即可搜索到相关音乐，如图4-31所示。

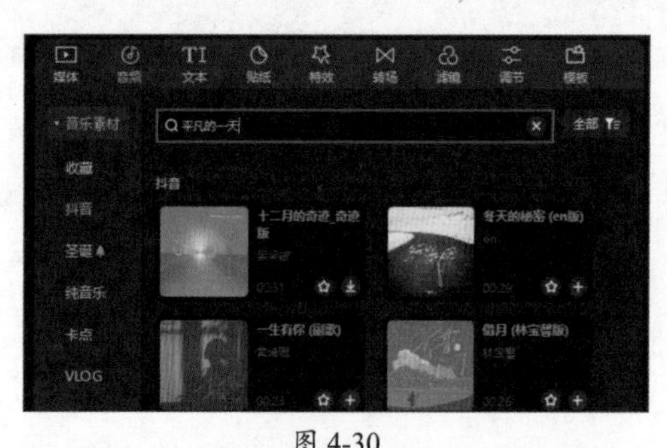

图 4-30

图 4-31

4.2.2 添加音效

在视频创作中，音效的添加能够起到增强现场感、渲染场景的气氛、描述人物的内心感受等作用。剪映为用户提供了大量免费的音效素材，包括笑声、综艺、机械、悬疑、BGM、人声、转场、游戏、魔法、打斗等类型。用户可以根据类型选择音效，也可以输入关键词更精确地搜索音效。

步骤 01 在媒体素材区中打开“音频”面板，单击“音效素材”按钮，此时在面板左侧可看到所有音效类型，在面板顶部的文本框中输入关键词“海浪”，随后按Enter键，如图4-32所示。

步骤 02 面板中随即显示搜索到的相关音效素材，试听确定要使用的素材后，单击素材上方的按钮，即可将音效添加到音频轨道中，如图4-33所示。

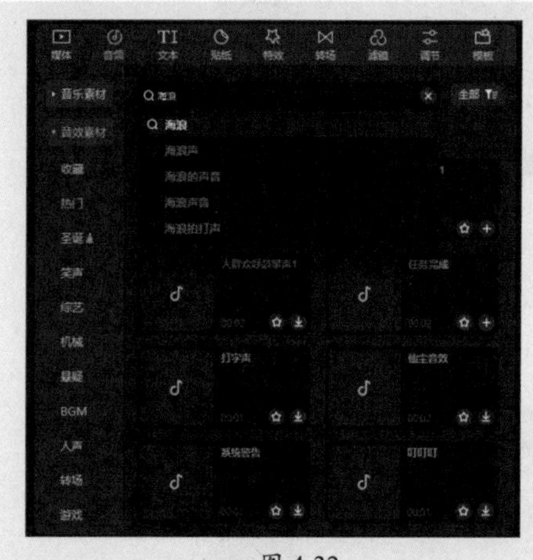

图 4-32

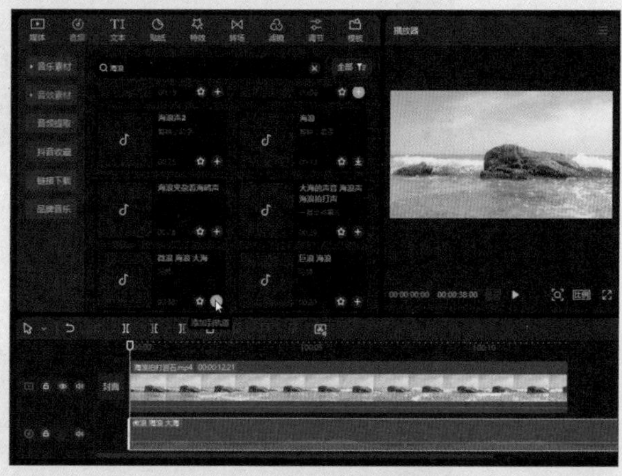

图 4-33

步骤 03 对音频进行裁剪，使音效与视频画面更匹配，且音频时长与视频时长相同即可，如图4-34所示。

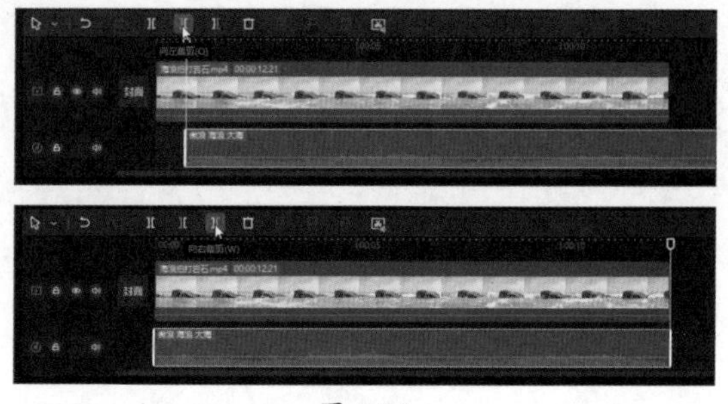

图 4-34

4.2.3　朗读字幕

剪映的文本朗读功能可以将字幕以不同效果的人声朗读出来，用户可以根据需求选择合适的声音来为字幕配音。下面介绍具体操作方法。

步骤 01 在剪映中制作好字幕后，在轨道中选择第一段字幕素材，在属性调节区中打开“朗读”面板，在不同声音选项上单击可以试听声音效果，此处选择“心灵鸡汤”选项，随后单击“开始朗读”按钮，如图4-35所示。

图 4-35

步骤 02 所选字幕随即被朗读，时间线窗口中自动生成音频文件，音频的开始位置与字幕的开始位置相对齐，如图4-36所示。

图 4-36

知识点拨

批量朗读字幕

在时间线窗口中拖动光标框选需要朗读的多段字幕素材，在“朗读”面板中选择一个声音选项，单击“开始朗读”按钮，即可批量朗读字幕素材，并生成对应的音频素材。

4.2.4　录制声音

剪映的“录音”功能允许用户在剪辑视频的过程中录制自己的声音，为视频内容提供更多的创作空间。下面介绍具体操作方法。

步骤 01 在时间线窗口中，将时间轴移动到开始录制声音的时间点，在工具栏中单击“录音”按钮，如图4-37所示。

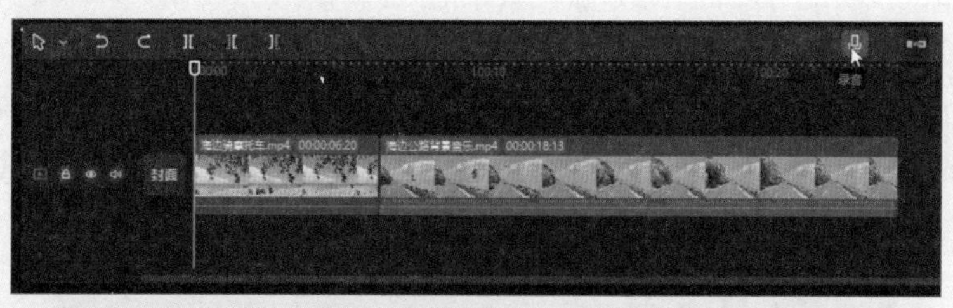

图 4-37

步骤 02 弹出“录音”对话框，勾选“回声消除”和“草稿静音”复选框，单击“点击开始录制”按钮，如图4-38所示。

步骤 03 播放器窗口随即出现3秒倒计时，随后进入录音模式，如图4-39所示。

图 4-38

图 4-39

步骤 04 录音过程中，音频轨道内会自动显示录制的音频素材，音频素材的时长随着录制的时长自动变化，在“录音”对话框中单击“点击结束录制”按钮■，可以结束录制，如图4-40所示。

图 4-40

4.2.5 调节声音

对视频中的声音进行音量调节，并设置淡入或淡出时长，可以让视频呈现更佳的视听效果。下面介绍具体操作方法。

在时间线窗口选择音频素材（或包含音频的视频素材），在属性调节区中打开“音频”面板，在“基础”选项卡中拖动“音量”滑块可以调节音量的大小，向左拖动滑块为减小音量，向右拖动滑块为增大音量，如图4-41所示。

淡入可以让声音从无逐渐到有，淡出则可以让声音从有逐渐到无，拖动“淡入时长”和“淡出时长”滑块，设置好时间参数，即可为音频添加淡入和淡出效果，如图4-42所示。

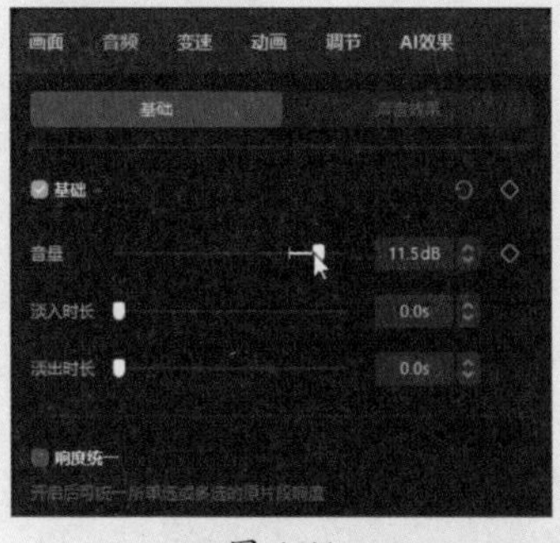

图 4-41

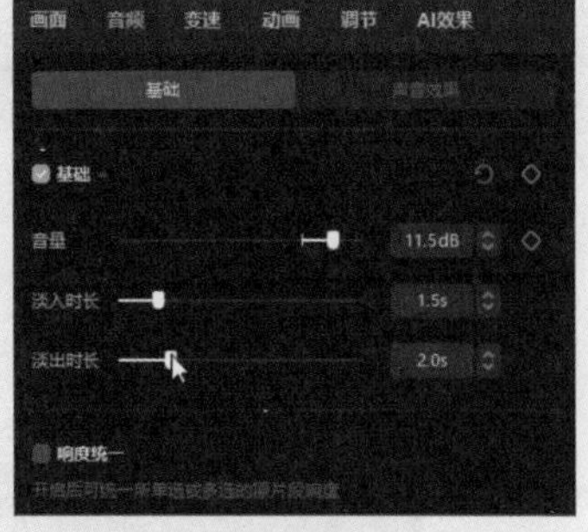

图 4-42

4.2.6 设置声音效果

新版本的剪映支持对音频设置声音效果，以改变声音的音调和音色。在时间线窗口选择音频或包含声音的视频文件，在属性调节区中打开“音频”面板。该面板中包含“音色”“场景音”以及“声音成曲”三个选项卡，用户可以在这三个选项卡中选择合适的声音效果。另外，大部分声音还支持对“音调”和“音色”进行设置，如图4-43～图4-45所示。

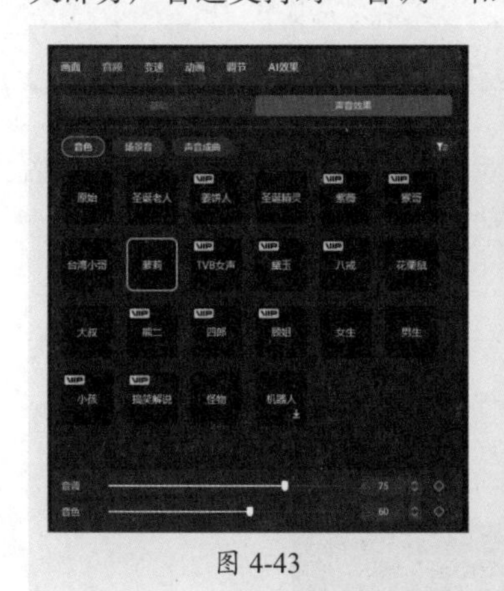

图 4-43

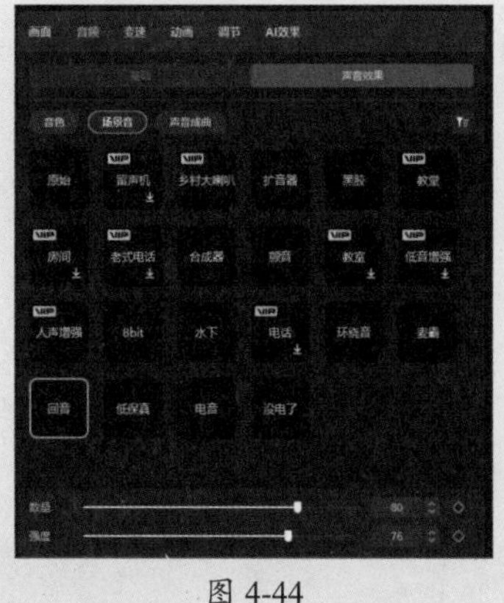

图 4-44

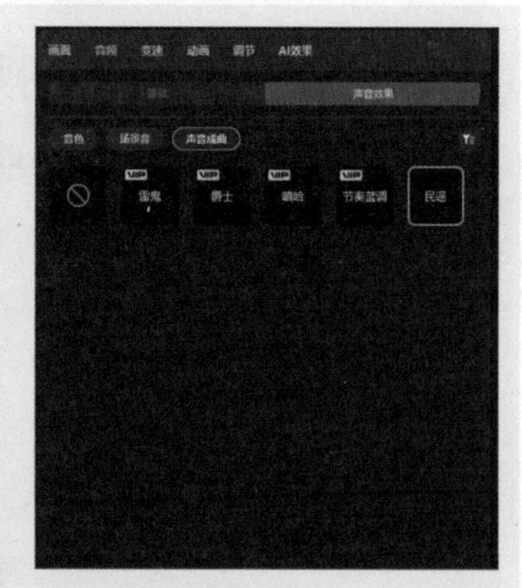

图 4-45

4.2.7 提取视频中的音乐

如果想使用某段视频中的背景音乐，可以使用剪映的“音频提取”功能提取出该视频中的音乐，下面介绍具体操作方法。

步骤 01 在媒体素材区中打开“音频”面板，在左侧导航栏中单击“音频提取”按钮，在面板中单击“导入”按钮，如图4-46所示。

步骤 02 打开“请选择媒体资源”对话框，选择要提取其音频的视频文件，单击“打开”按钮，如图4-47所示。

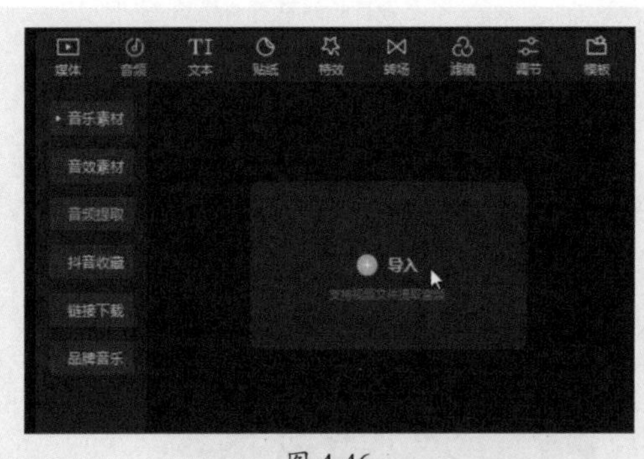

图 4-46

图 4-47

步骤 03 所选视频文件中的音频随即被导入剪映，单击该音频上方的按钮，即可将其添加到轨道中，如图4-48所示。

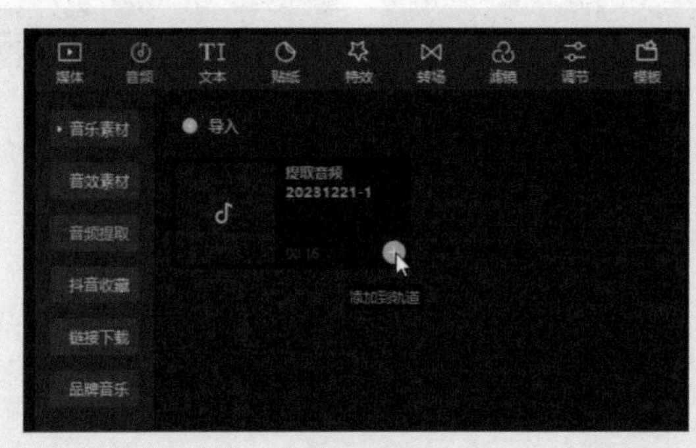

图 4-48

动手练 制作音乐踩点视频

音频踩点是指根据音乐的节奏、旋律、节拍等对音频素材添加标记点。在短视频剪辑过程中让视频画面按照音乐的节奏进行切换或添加效果等，以达到画面与音乐完美同步的效果。

步骤 01 在媒体素材库中打开“音频”面板，单击“音乐素材”按钮，在打开的界面中输入音乐名称，按Enter键，搜索到相关音乐。随后将光标移动到要使用的音乐选项上方，单击按钮，将音乐素材添加到音频轨道中，如图4-49所示。

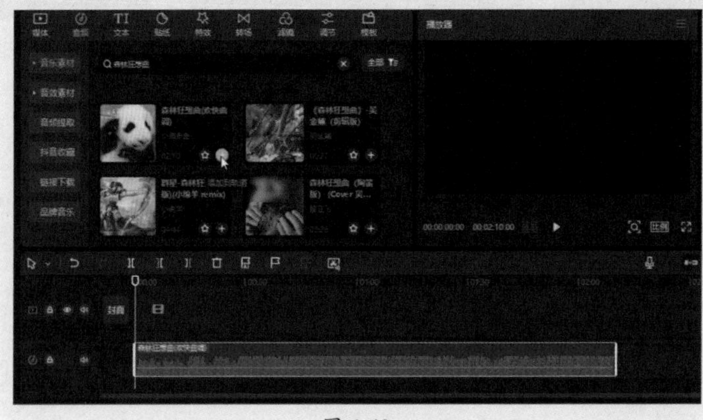
图 4-49

步骤 02 保持音乐素材为选中状态，在工具栏中单击“自动踩点”按钮，在展开的列表中选择“踩节拍1”选项，如图4-50所示。音频素材中随即根据音乐节拍自动添加标记点，如图4-51所示。

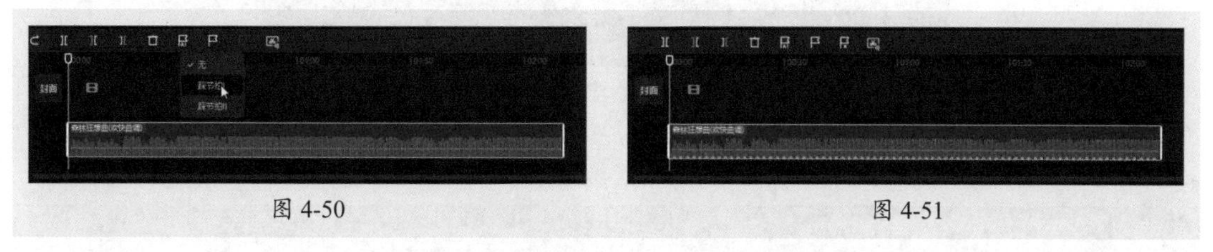

图 4-50　　图 4-51

步骤 03 移动时间轴，并通过工具栏中的“向右裁剪”按钮和“向左裁剪”按钮，对音频进行裁剪，保留需要的音乐片段，裁剪完成后将音频拖动到轨道的最左侧，如图4-52和图4-53所示。

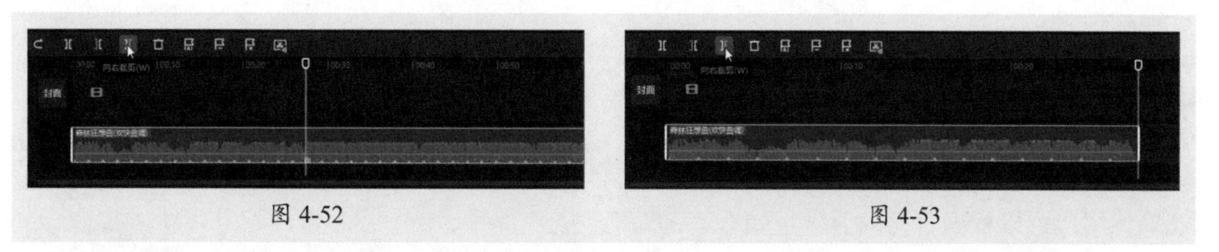

图 4-52　　图 4-53

步骤 04 打开“媒体”面板，在“本地”界面中批量导入视频素材，随后将素材全部添加到视频轨道，如图4-54所示。

图 4-54

步骤 05 将光标移动到第一段视频素材的右侧边缘，按住鼠标左键进行拖动，使其结束位置与音频素材中的第二个踩点标记对齐，如图4-55所示。

步骤 06 参照上一步骤，继续调整其他视频素材的时长，使每段视频素材的开始位置与结束位置均与视频素材上的踩点标记对齐，如图4-56所示。

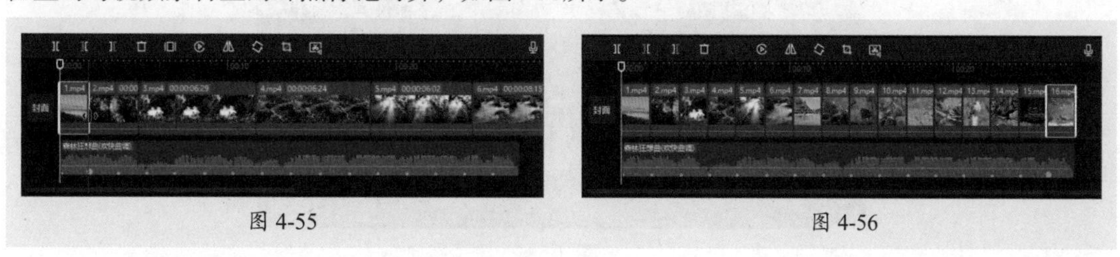

图 4-55　　图 4-56

步骤 07 最后可以适当调整视频素材的位置，使视频画面和音乐更加匹配，如图4-57所示。

图 4-57

4.3 蒙版的应用

蒙版可以在视频或者图片上形成遮罩，遮住或者隐藏一部分画面，从而制作出更加独特的视频效果。例如，在视频上创建一个圆形蒙版，使视频变为圆形。下面对蒙版的使用方法进行详细介绍。

4.3.1 为视频添加蒙版

剪映中的蒙版包括线性、镜面、圆形、矩形、爱心以及星形6种类型。不同蒙版有着不同的效果，用户可以根据自己的需求选择合适的蒙版。

步骤 01 在剪映中导入两段视频素材，并将素材添加到轨道中，让“草地背影”视频素材在上方轨道中显示，并裁剪视频，使两段素材的时长相同，如图4-58所示。

图 4-58

步骤 02 选择上方轨道中的视频素材，在属性调节区中的“画面”面板中打开“蒙版”选项卡，单击“线性”按钮，所选视频素材随即应用该蒙版，如图4-59所示。

图 4-59

4.3.2 编辑蒙版

添加蒙版后可以对蒙版的大小、位置、旋转角度等进行设置，以达到理想的效果。不同类型的蒙版，编辑的方法略有不同，下面以线性蒙版为例进行介绍。

步骤 01 在播放器窗口中拖动线性蒙版的白色水平线（或在“蒙版”面板中设置“位置”参数），可以控制蒙版遮罩的区域，以便显示更多或更少画面，如图4-60所示。

图 4-60

步骤 02 在播放器窗口中拖动◎图标（或在“蒙版”面板中设置“旋转”参数），可以旋转蒙版，如图4-61所示。

图 4-61

4.3.3 设置蒙版羽化

为蒙版设置羽化效果可以让蒙版边缘逐渐模糊淡出，避免了突兀的画面转换，使画面过渡更加柔和自然，从而提升视频的整体质量。添加蒙版后，在播放器窗口中拖动⊠按钮（或在“蒙版”面板中设置“羽化”参数）即可设置羽化效果，如图4-62所示。

图 4-62

4.3.4 反转蒙版

反转蒙版可以将蒙版的遮罩效果反转，使原本被遮罩隐藏的部分显示出来，原本显示的部分则被隐藏。

在剪映中导入视频，并将视频素材添加到上下两个轨道中，选择上方轨道中的视频素材，在属性调节区中的“画面”面板中打开“蒙版”选项卡。单击“镜面”按钮，为所选视频添加相应蒙版，如图4-63所示。在“蒙版”面板中单击“反转”按钮，即可反转蒙版，如图4-64所示。

图 4-63

图 4-64

动手练 用蒙版合成画中画效果

蒙版功能常被用来合成画面，下面使用圆形蒙版制作出父子在樱花树下奔跑的画中画效果。

步骤 01 在剪映中导入视频素材，随后将两段素材添加到上下两个轨道中，并裁剪视频，使两段视频时长相同，选择上方轨道中的视频，如图4-65所示。

图 4-65

步骤 02 在属性调节区中的“画面”面板中打开“蒙版”选项卡，单击“圆形”按钮，为所选视频素材添加圆形蒙版，如图4-66所示。

图 4-66

步骤 03 在播放器窗口中拖动圆形蒙版，移动蒙版位置，使画面中的人物显示出来，如图4-67所示。拖动蒙版任意边角位置的圆形控制点，适当缩放蒙版，如图4-68所示。拖动按钮，设置蒙版羽化效果，如图4-69所示。

图 4-67

图 4-68

图 4-69

步骤 04 预览视频，查看画面合成效果，如图4-70所示。

图 4-70

4.4 混合模式的应用

剪映包含11种类型的混合模式，分别为正常、变亮、滤色、变暗、叠加、强光、柔光、颜色加深、线性加深、颜色减淡和正片叠底。设置混合模式可以改变图像的亮度、对比度、颜色和不透明度等特性，从而创作出不同的视觉效果。

4.4.1 设置“滤色”混合模式

“滤色”混合模式可以过滤掉较暗的像素，保留较亮的像素，并将这些像素的颜色值与底层的颜色值进行混合，得到更亮的结果。下面使用“滤色”混合模式将白色飞鸟剪影合成到风景视频画面中。具体操作方法如下。

步骤 01 在剪映中导入“云雾山林”和“白色飞鸟剪影”两段视频素材，并将素材添加到轨道中，将“白色飞鸟剪影”素材拖动到上方轨道中显示，并保持该素材为选中状态。

步骤 02 随后在属性调节区中的“画面”面板中打开“基础”选项卡，勾选“混合”复选框，单击“混合模式”下拉按钮，在展开的下拉列表中选择“滤色”选项，如图4-71所示。

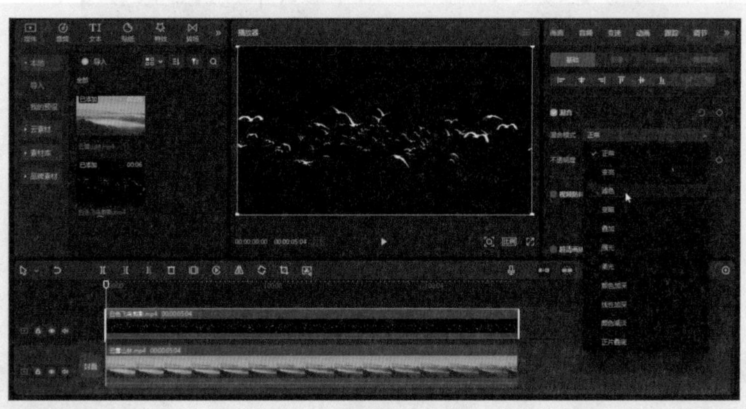

图 4-71

步骤 03 视频画面中的黑色背景随即变透明，白色飞鸟随即与下方轨道中的视频画面合成到一起，如图4-72所示。

步骤 04 在播放器窗口中拖动画面，适当移动飞鸟的位置，使画面的合成效果更自然，如图4-73所示。

图 4-72

图 4-73

步骤 05 预览视频，查看视频合成效果，如图4-74所示。

图 4-74

4.4.2 设置“正片叠底”混合模式

“正片叠底”混合模式可以将上层图像与底层图像进行混合，使图像颜色更深暗。由于正片叠底模式的效果是使颜色更深暗，因此在剪映中常被用来抠除白底的图像，或者将图像中较亮的部分变透明。

在剪映中导入视频素材并将素材添加到上下两个轨道中，选择上方轨道中的素材。在属性调节区中的“画面”面板中打开“基础”选项卡，单击“混合模式”下拉按钮，在下拉列表中选择“正片叠底”选项，如图4-75所示。所选素材随即应用相应混合模式，效果如图4-76所示。

图 4-75

图 4-76

4.4.3 调整混合模式的“不透明度”

设置混合模式后，还可以适当调整“不透明度”，以便获得更理想的效果。下面介绍具体操作方法。

选择任意一种混合模式，默认的“不透明度”均为100%，在“混合模式”选项下方拖动“不透明度”滑块，即可设置“不透明度”的参数值，“不透明度”值越低，画面越透明，如图4-77所示。

图 4-77

动手练 使用多种混合模式制作透明人物剪影

剪映支持对视频设置多种混合模式。下面介绍使用多种混合模式制作透明人物剪影。具体操作方法如下。

步骤 01 在剪映中导入“小镇夜景”“粉色渐变背景”以及“人物剪影”三段视频素材，并将所有素材添加到轨道中，如图4-78所示。

图 4-78

步骤 02 将“人物剪影”素材拖动到上方轨道中，使其在“粉色渐变背景”素材上方显示，保持“人物剪影”素材为选中状态，在属性调节区中打开“画面”面板，在“基础”选项卡中设置“混合模式”为“变暗”，如图4-79所示。

图 4-79

步骤 03 保持“人物剪影”素材为选中状态，按住Ctrl键单击“粉色渐变背景”素材，将这两个素材同时选中，随后右击所选素材，在弹出的快捷菜单中选择“新建复合片段”选项，所选素材随即被创建为复合片段，如图4-80所示。

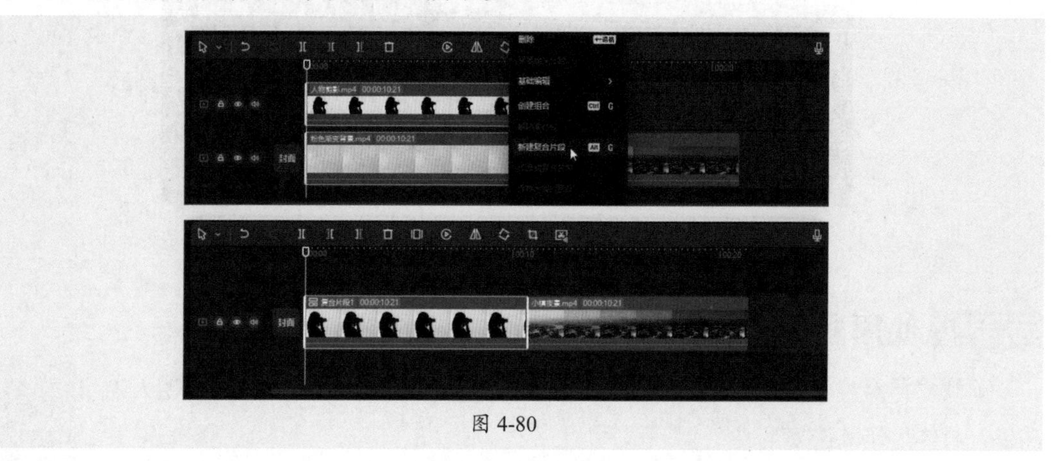

图 4-80

步骤 04 将复合片段拖动到上方轨道中，使其与“小镇夜景”素材重叠，保持复合片段为选中状态，设置其“混合模式”为“变亮”，如图4-81所示。

图 4-81

步骤 05 预览视频，查看多种混合模式制作透明人物剪影的效果，如图4-82所示。

图 4-82

4.5 关键帧的应用

“关键帧”是在视频编辑中用来控制运动轨迹、动画效果、音频和音效等参数变化的帧。用户可以为视频、文字、音频、特效等各种素材添加关键帧。

4.5.1 用关键帧让图片动起来

使用关键帧可以将一张静态的图片制作成动态视频的效果。下面介绍具体操作方法。

步骤 01 在剪映中导入图片素材，随后将图片添加到轨道中。选中素材，保持时间轴定位于图片素材的最左侧，在属性调节区中打开“画面”面板，在“基础”选项卡中的“缩放”和“位置”参数右侧单击“关键帧”按钮，使其变为形状，如图4-83所示。

步骤 02 适当调整缩放比例和位置参数，此处设置“缩放”值为170%、“位置”的X值为1344，如图4-84所示。

步骤 03 将时间轴移动到素材的最右侧，在“画面”面板中的“基础”选项卡中再次单击“缩放”和“位置”右侧的关键帧按钮，并设置“缩放”值为100%、“位置”的X值为0，至此完成设置，如图4-85所示。

图 4-83

图 4-84

图 4-85

步骤 04 预览视频，查看将静态图片设置为动态视频的效果，如图4-86所示。

图 4-86

4.5.2 用关键帧制作文字渐显效果

为文字添加关键帧可以制作出各种文字动画效果。下面为“不透明度”参数设置关键帧，制作文字渐显效果。

步骤 01 添加字幕，选中字幕素材，将时间轴移动到字幕最左侧，在属性调节区中打开“文本”面板，在“基础”选项卡中单击“不透明度”参数右侧的关键帧◆，如图4-87所示。设置“不透明度”为0%，如图4-88所示。

图 4-87

图 4-88

步骤 02 在时间线窗口中适当向右移动时间轴，并保持文本素材为选中状态，再次为“不透明度”添加关键帧，如图4-89所示。

图 4-89

步骤 03 设置“不透明度”参数为100%，如图4-90所示。

图 4-90

步骤 04 预览视频，查看使用关键帧制作的渐显文字效果，如图4-91所示。

图 4-91

动手练 用关键帧制作圆形放大转场效果

为蒙版添加关键帧可以制作出各种转场效果。例如各种角度的开屏转场，或圆形、矩形、爱心以及星形转场等。下面为圆形蒙版添加关键帧制作圆形放大转场效果。

步骤 01 在剪映中导入“金色田野远山”和“海边晚霞”视频素材，将素材添加到两个轨道中，并调整好素材位置。选择上方轨道中的视频素材，将时间轴移动到该素材的开始位置，在属性调节区中的“画面”面板中打开“蒙版”选项卡，选择“圆形”蒙版，随后单击“大小”右侧的关键帧按钮，如图4-92所示。

图 4-92

步骤 02 在“播放器”窗口中拖动圆形蒙版四个边角的任意一个圆形控制点，将蒙版缩放至最小，如图4-93所示。

图 4-93

步骤 03 将时间轴移动到下方轨道中的视频素材的最右侧，保持上方轨道中的素材为选中状态，在“蒙版”选项卡中再次单击“大小”关键帧◆，如图4-94所示。

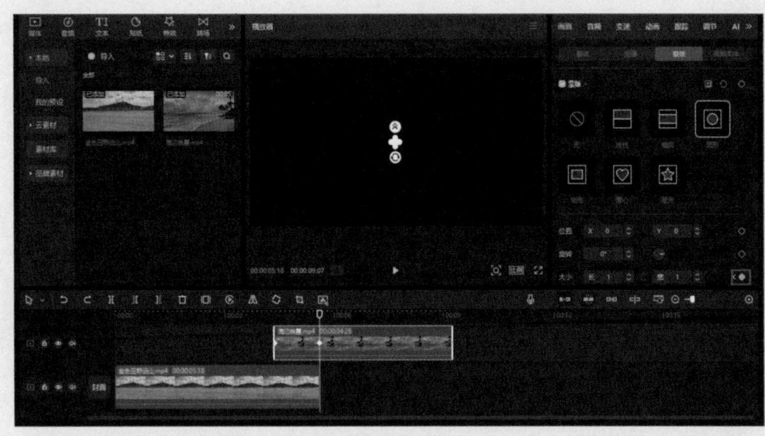

图 4-94

步骤 04 此时圆形蒙版被缩放到了最小状态，为了便于操作，可以先在面板中设置“大小”参数，将蒙版适当放大，随后再拖动蒙版边角处的任意一个圆形控制点，如图4-95所示。直到将控制点拖动到画面之外，视频画面能够完整显示为止，如图4-96所示。

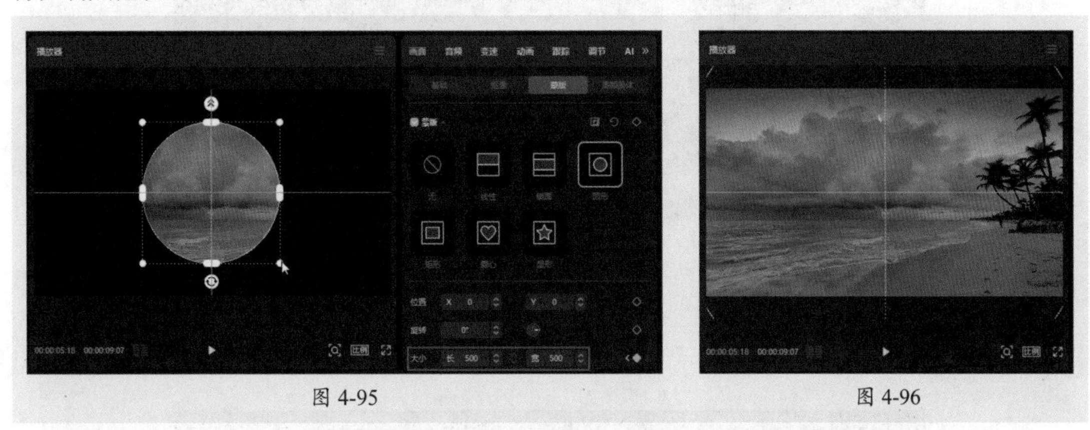

图 4-95　　图 4-96

步骤 05 预览视频，查看用关键帧制作的圆形放大转场效果，如图4-97所示。

图 4-97

4.6 抠像功能的应用

剪映专业版提供了多种抠像工具，包括色度抠图、自定义抠像以及智能抠像，这三种抠像工具各有特点，用户可以根据视频的具体情况选择合适的抠像工具。

4.6.1 色度抠图

色度抠图通过分析视频画面的颜色信息，根据颜色相似度进行分割和抠出，适合处理背景颜色较为单一或与主体颜色差异较大的视频，常用于绿幕抠图以及背景替换等。

步骤 01 在剪映中导入素材，并将素材添加到轨道中，让“绿幕老鹰”素材在上方轨道中显示。保持“绿幕老鹰”素材为选中状态，在属性调节区中的“画面”面板中打开“抠像”选项，勾选“色度抠图”复选框，如图4-98所示。

图 4-98

步骤 02 单击“取色器”按钮，将光标移动到播放器窗口中，在绿色背景上单击，进行取色，如图4-99所示。

图 4-99

步骤 03 拖动“强度”和“阴影”滑块，通过观察“播放器”窗口中的抠图效果设置合适的参数，如图4-100所示。抠图完成后可以适当调整上层画面的位置，使合成效果更加自然。

图 4-100

步骤 04 预览视频，查看色度抠图的效果，如图4-101所示。

图 4-101

4.6.2　自定义抠像

使用自定义抠像功能只要用画笔工具在物体上简单涂抹，就能快速智能抠出该物体。下面介绍自定义抠像的具体操作方法。

步骤 01 在剪映中导入需要抠像的视频素材，并添加到轨道中，选中素材，在属性调节区中打开“画面”面板，切换到“抠像”选项卡，勾选“自定义抠像”复选框，随后单击“智能画笔”按钮，如图4-102所示。

图 4-102

步骤 02 将光标移动至“播放器”窗口中，按住鼠标左键在需要保留的物体上进行涂抹，系统会根据涂抹的范围自动识别要抠出的主体，如图4-103所示。

图 4-103

步骤 03 抠细微处时，可以在面板中拖动“大小”滑块，将画笔调小再进行涂抹，主体被全部识别出来以后单击“应用效果”按钮，如图4-104所示。

图 4-104

步骤 04 “播放器”窗口随即会显示抠像效果，如图4-105所示。抠出的图像可以与其他素材进行拼接，合成需要的效果。

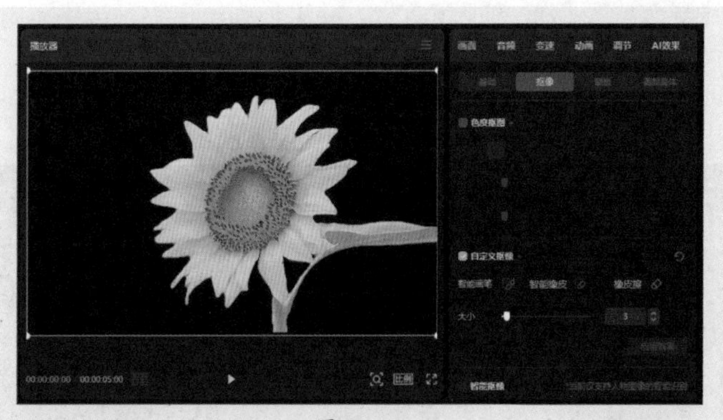

图 4-105

知识点拨

擦除多余部分

使用“自定义抠像”工具时，若又识别了多余的部分，可以使用“智能橡皮”或“橡皮擦”工具进行擦除。

动手练 智能抠像

智能抠像功能，通过对视频图像的色彩、纹理和形状等信息进行分析，自动识别出主体图像。需要注意的是，目前剪映仅支持人物图像的智能识别。下面介绍具体操作方法。

步骤 01 将要抠像的视频素材导入剪映，并添加到轨道中，保持素材为选中状态，在属性调节区中的“动画”面板中打开“抠像”选项卡，勾选“智能抠像”复选框，系统随即开始自动处理图像，如图4-106所示。

图 4-106

步骤 02 智能抠像处理完成后，“播放器”窗口会显示抠像结果，此时画面的背景已经被去除，只保留了人像，如图4-107所示。

图 4-107

步骤 03 抠出的人像可以合成到其他视频背景中，效果如图4-108所示。

图 4-108

步骤 04 预览视频，抠像替换背景的前后对比效果如图4-109、图4-110所示。

图 4-109

图 4-110

实战演练：制作鲸鱼在天空中游动的效果

使用自定义抠像、关键帧、混合模式等技巧可以制作出鲸鱼在天空中游动的效果，下面介绍具体操作步骤。

步骤 01 在剪映中导入“鲸鱼”“天空和山”“阳光穿透水面”3段视频素材，先将前两个视频素材添加到轨道中，移动素材位置，使鲸鱼素材在上方轨道中显示，裁剪视频，使两段视频素材的时长均为15s，如图4-111所示。

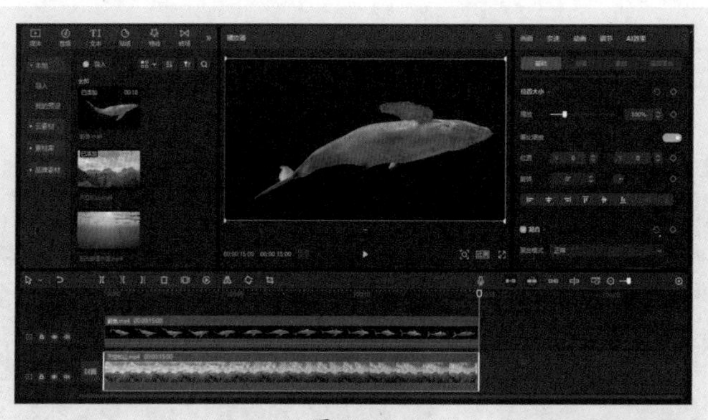

图 4-111

步骤 02 选中“鲸鱼”素材，在属性调节区中的“画面”面板中选择“抠像”选项卡，勾选“自定义抠像”复选框，单击“智能画笔”按钮，随后在“播放器”窗口的鲸鱼上方涂抹，系统随即自动识别鲸鱼并进行图像处理，如图4-112所示。

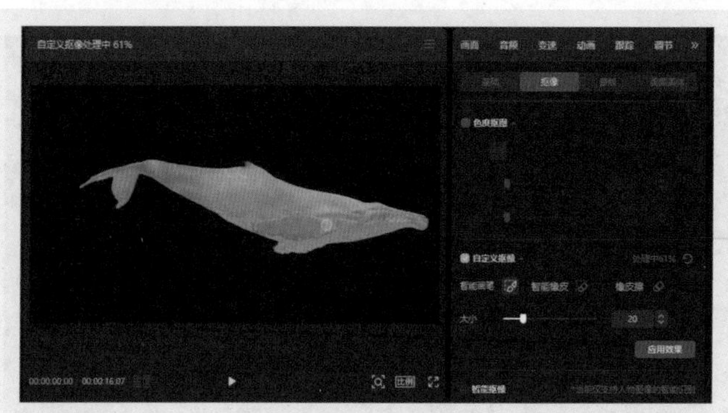

图 4-112

步骤 03 图像处理完成后单击“应用效果”按钮，完成抠图，如图4-113所示。

图 4-113

步骤 04 保持“鲸鱼”素材为选中状态，时间轴定位于“鲸鱼”素材的开始位置。打开“画面”面板，在“基础”选项卡中设置“缩放”值为90%，为“位置”添加关键帧，并设置“位置”的X值为-2775、Y值为450，如图4-114所示。

图 4-114

步骤 05 将时间轴移动到“鲸鱼”素材的结束位置，为“位置”添加关键帧，修改“位置”的X值为2775，其他参数保持不变，如图4-115所示。

图 4-115

步骤 06 将“阳光穿透水面”素材添加到轨道中，并将该素材移动到最上方轨道中显示，如图4-116所示。

图 4-116

步骤 07 保持“阳光穿透水面”素材为选中状态，在“画面”面板中的“基础”选项卡中设置其“缩放”值为150%、“位置”的X值为-175、Y值为300，设置“混合模式”为“滤色”、“不透明度”为50%，如图4-117所示。最后为视频添加合适的音效和背景音乐即可完成制作。

图 4-117

步骤 08 预览视频，查看鲸鱼在天空中游动的效果，如图4-118所示。

图 4-118

新手答疑

1. Q：如何在时间线窗口中快速设置音频的音量和淡入淡出效果？

A： 在时间线窗口中选择音频素材，可以看到素材上方有一条白色的横线，将光标移动到该横线上方，光标变成双向箭头时按住鼠标左键进行拖动即可快速调整音量。向上拖动为增大音量，向下拖动为减小音量，如图4-119所示。

图 4-119

将光标移动到素材的开始或结束位置的圆形控制点上方，光标变成双向箭头时按住鼠标左键进行拖动，可以设置音频的淡入或淡出效果，如图4-120所示。

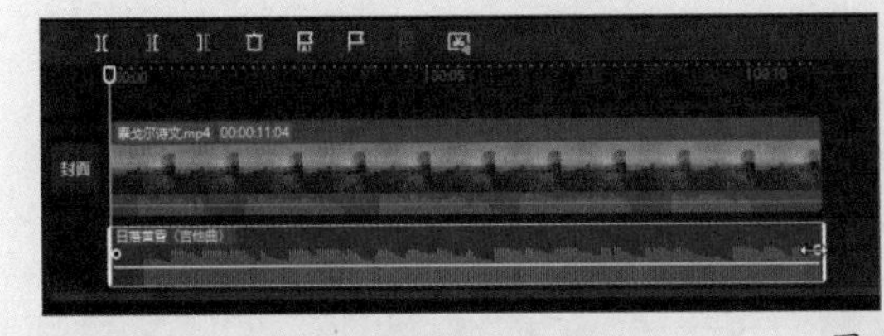

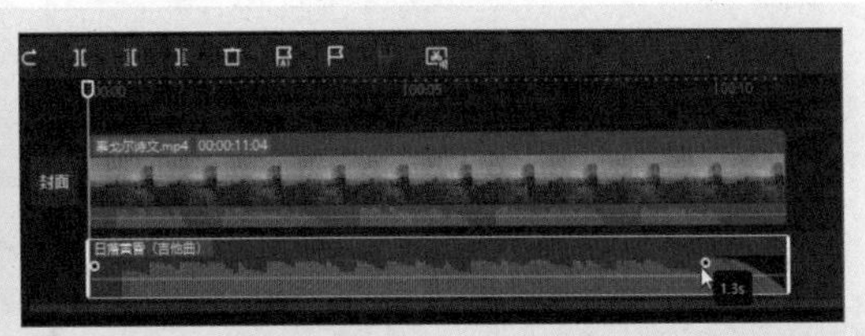

图 4-120

2. Q：如何手动为音频设置踩点？

A： 在时间线窗口中选择音频素材，拖动时间轴定位好时间点，在工具栏中单击“自动踩点”按钮，即可在时间轴位置添加踩点标记，如图4-121所示。若要删除踩点标记，可以将时间轴拖动到标记上方，在工具栏中单击按钮，删除单个标记，或单击按钮，删除所有标记。

图 4-121

3. Q：如何从视频的某一帧画面导出成图片？

A： 拖动时间轴选择好要导出成图片的那一帧画面，在播放器窗口的右上角单击按钮，在展开的列表中选择“导出静帧画面”选项，如图4-122所示。在随后弹出的对话框中设置各项参数，最后单击“导出”按钮即可。

图 4-122

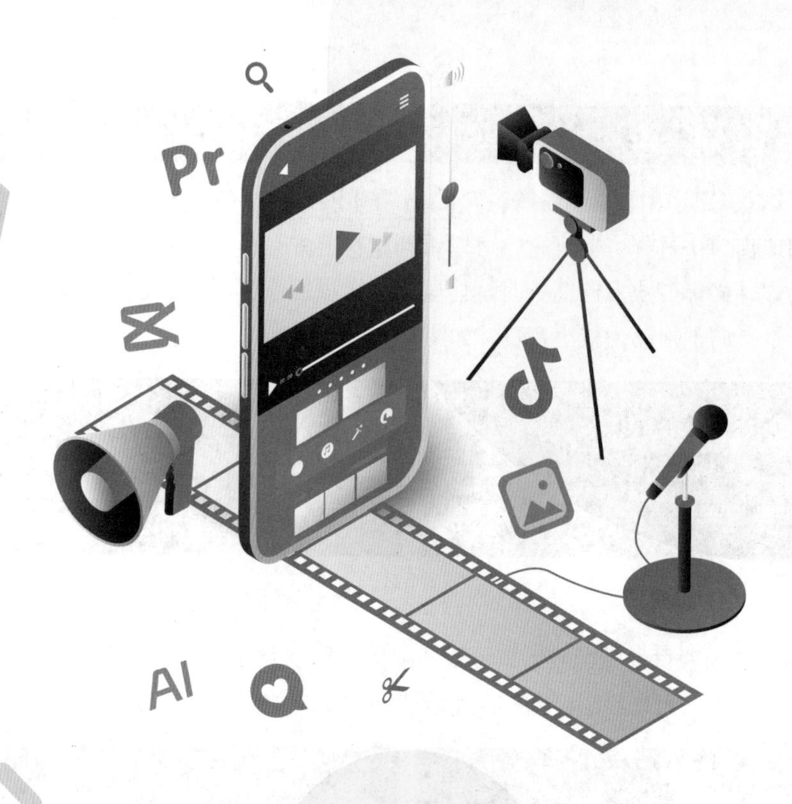

第5章

完美呈现：利用剪映对短视频进行优化

剪映是一款功能强大的视频编辑工具，提供了丰富的视频优化功能，包括滤镜、特效、美颜、贴纸、转场等。使用这些功能可以快速改变视频的色调，平滑过渡镜头，增添视频趣味性。本章将对这些常用的短视频优化工具进行详细介绍。

5.1 优化视频效果

为视频添加滤镜、调节色彩或明度等可以改变视频的色调和整体质感，让视频更具高级感。另外，视频创作者还可以使用美颜美体功能快速美化视频中的人像。

5.1.1 为视频添加滤镜

剪映提供了多种风格的滤镜，如风景、美食、夜景、风格化、复古胶片、户外、室内、黑白等。用户可以根据需要选择合适的滤镜对短视频进行优化。为视频添加滤镜前后的对比效果如图5-1和图5-2所示。

图 5-1

图 5-2

添加滤镜的方法：在剪映中导入视频素材，并将素材添加到轨道中。将时间轴定位于视频素材的开始位置，在媒体素材区中打开“滤镜”面板，在“滤镜库”组中选择“影视级”选项，在“即刻春光”滤镜上方单击按钮，即可将该滤镜添加到轨道中，如图5-3所示。随后将光标移动到滤镜素材的右侧边缘处，按住鼠标左键进行拖动，调整滤镜时长，如图5-4所示。最后预览效果即可。

图 5-3

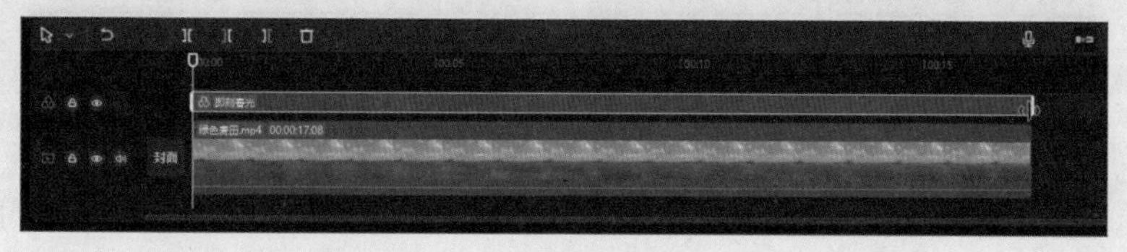

图 5-4

5.1.2 调节视频效果

使用“调节”功能可以对视频的色彩、亮度、对比度、饱和度等进行调整，以达到增强视频的视觉冲击力、提升质感、传达情感的目的。剪映包含“基础”、HSL、“曲线”以及“色轮”4种调色工具。下面对这4种工具进行详细介绍。

1. 基础调节

在属性调节区中打开“调节”面板，在“基础”选项卡中的“调节”组内，包含“色彩”“明度”以及“效果”三种类型的参数，如图5-5～图5-7所示。通过调节这些参数可以对视频的色彩、亮度以及画面效果进行细致的调整。

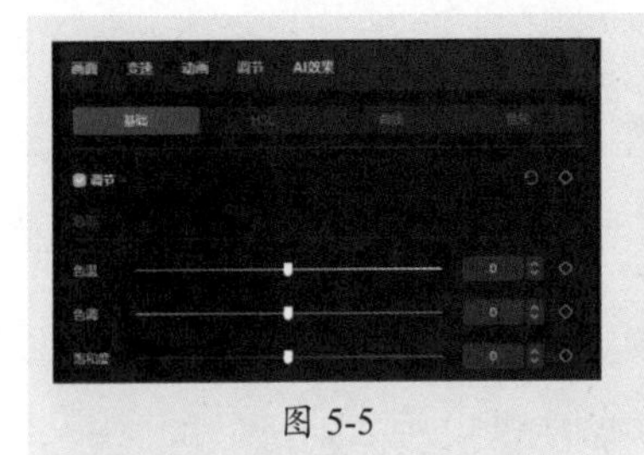

图 5-5

图 5-6

图 5-7

例如，在剪映中导入视频素材，随后将素材添加到轨道中，并保持素材为选中状态。打开“调节”面板，在“基础”选项卡中勾选“调节”复选框，适当设置“色温”“色调”“饱和度”“亮度”“对比度”参数，可以使视频画面变得更加通透明亮，如图5-8所示。

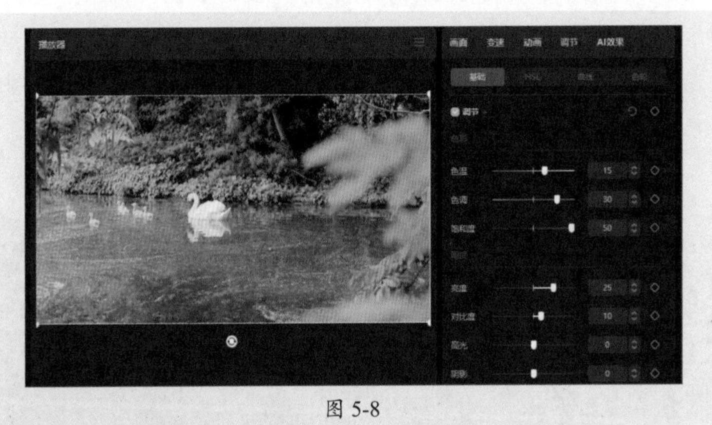

图 5-8

调节视频的前后对比效果如图5-9和图5-10所示。

图 5-9

图 5-10

2. HSL 调节

剪映中的HSL可以用来单独控制画面中的某一个颜色，包含红、橙、黄、绿、浅绿、蓝、紫和品红8种基本色系。每种颜色可以独立调整“色相”“饱和度”和“亮度”，如图5-11所示。

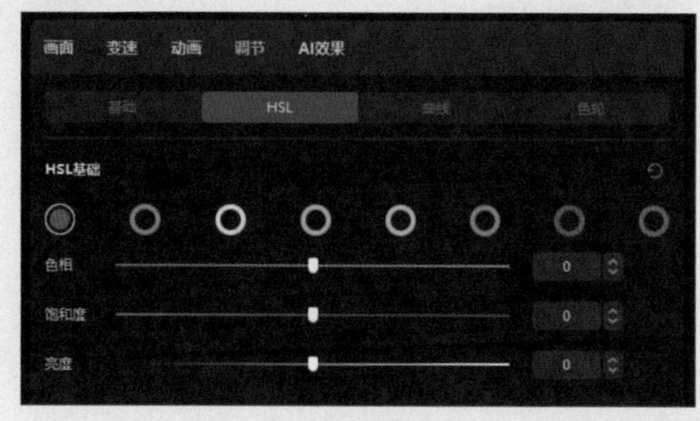

图 5-11

例如，使用HSL调节功能改变画面中天空的颜色。在时间线窗口中选择视频素材，在属性调节区中打开“调节”面板，切换到HSL选项卡，如图5-12所示。

图 5-12

选择浅绿色系，将“色相”和“饱和度”参数设置为最大，将“亮度”参数适当降低，画面中的相应颜色随即发生变化，如图5-13所示。

图 5-13

使用HSL调节功能改变天空颜色的前后对比效果如图5-14和图5-15所示。

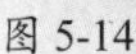

图 5-14

图 5-15

3. 曲线调节

“曲线”通过调整曲线的形状来改变图像的色彩和明暗。剪映的“曲线”调节由“亮度”“红色通道”“绿色通道”以及“蓝色通道”4条曲线组成。“亮度”曲线用于调整画面的亮度；“红、绿、蓝色通道”曲线则用于调整图像或视频的颜色，在属性调节区中的“调节”面板中打开“曲线”选项卡，可以看到这4条曲线，如图5-16所示。

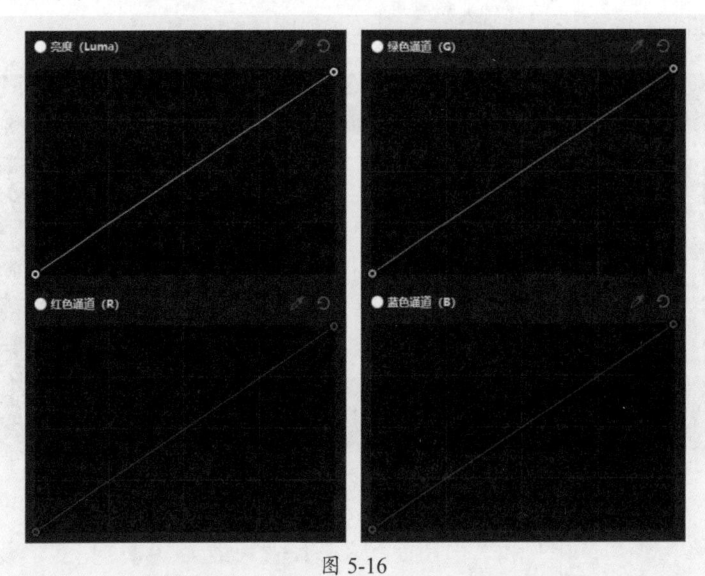

图 5-16

在“曲线”调节中，每个通道中的线条表示该通道颜色的亮度分布。线条上的点可以用来调整该通道颜色的亮度、对比度和饱和度等参数。通过调整线条上的点，可以改变图像或视频的色彩和明暗分布。例如，通过调整“红色通道”曲线上的点，可以增大或减小“红色通道”的亮度，从而改变图像或视频的红色分布，如图5-17所示。

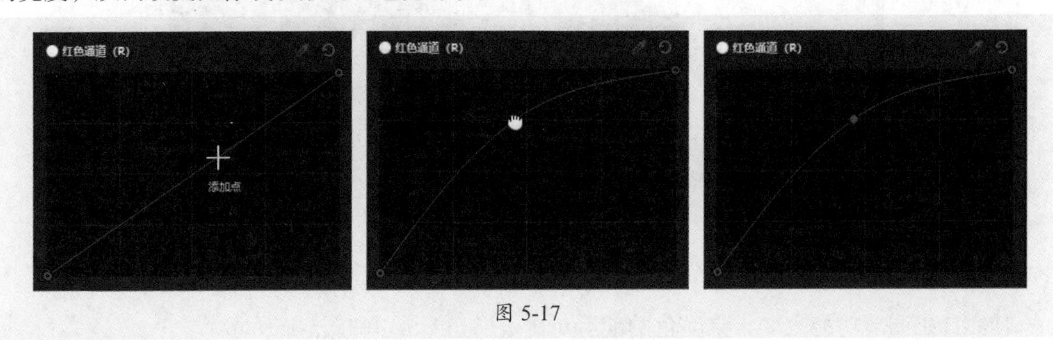

图 5-17

4. 色轮调节

“色轮”主要通过对色调、饱和度和亮度等参数进行调整，改变视频的颜色。剪映的“色轮”工具提供了“暗部”“中灰”“亮部”“偏移”4个色轮，如图5-18所示。

图 5-18

每个色轮均由颜色光圈、色阶滑块、饱和度光圈、亮度滑块以及颜色参数5个主要部分组成，如图5-19所示。拖动色轮中的各滑块或手动输入数值，可以让视频的色彩更加均衡、饱满，让画面更加美观。

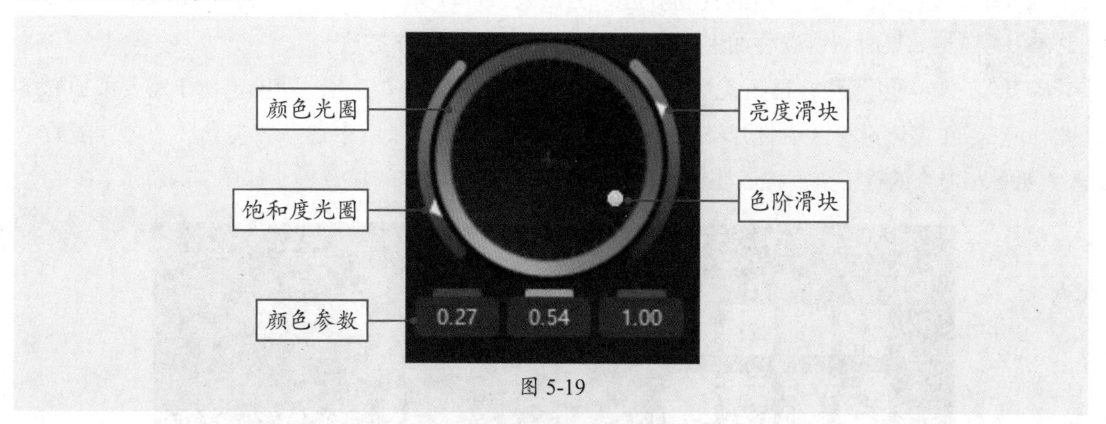

图 5-19

5.1.3 使用美颜美体功能

剪映专业版提供了丰富的美颜美体功能，通过调整皮肤质量、美白、瘦脸、大眼等功能美化人脸部的外貌，通过瘦身、宽肩、长腿、瘦腰等功能，调整身体比例和肌肉线条改变身体的外观。

在轨道中选择包含人像的视频片段，在属性调节区中的“画面”面板中打开“美颜美体”选项卡，可以看到其中包含的所有美颜美体工具，这些工具根据类型被分为美颜、美型、手动瘦脸、美妆以及美体5个功能组，如图5-20～图5-23所示。用户可以根据需要设置相关参数。

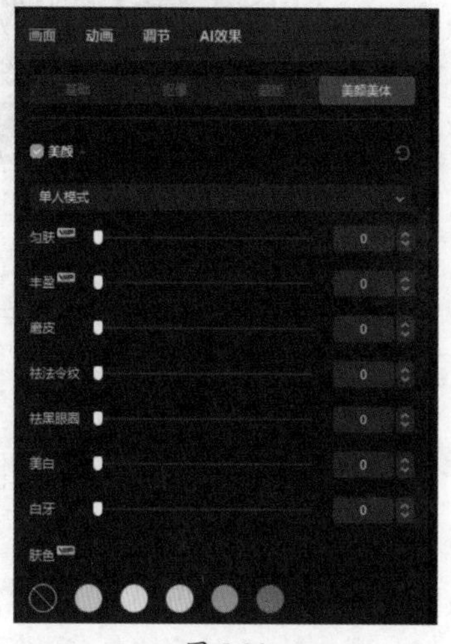

图 5-20

图 5-21

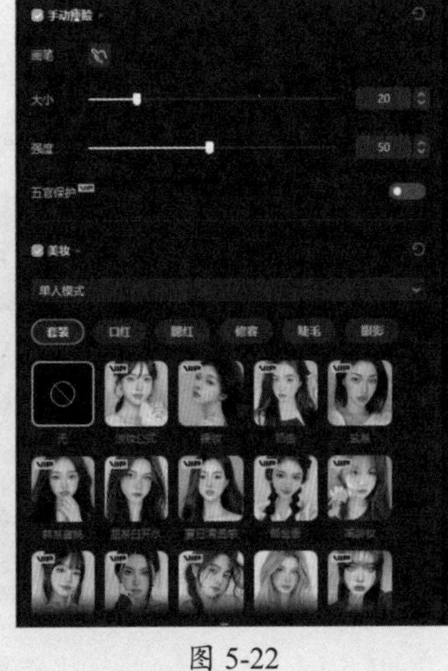

图 5-22

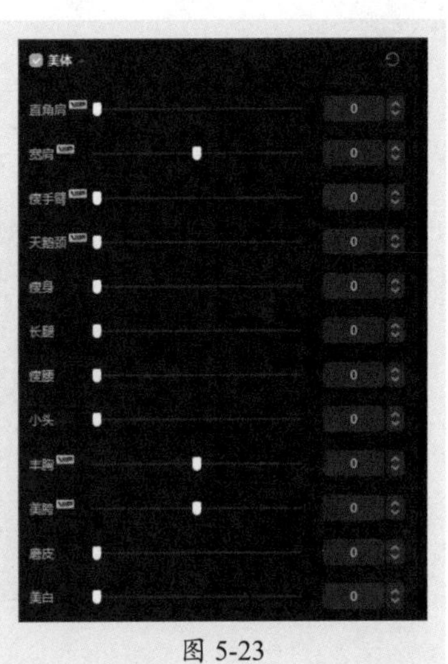

图 5-23

动手练 添加多种美食滤镜

为了让视频中的食物看起来更诱人，可以为其添加滤镜，当一个滤镜达不到理想效果时，可以叠加多个滤镜。下面介绍具体操作方法。

步骤 01 将视频素材导入剪映，并添加到轨道中。将时间轴定位于需要添加滤镜的时间点。在媒体素材区中打开“滤镜”面板，在“滤镜库”组中选择“美食”选项，随后单击“西餐”上方的按钮，将该滤镜添加到轨道中，增加面包的焦黄感，如图5-24所示。

图 5-24

步骤 02 随后继续添加“轻食”滤镜，增加画面亮度和暖色调，突出食物的温馨感觉，如图5-25所示。

步骤 03 在时间线窗口中，将光标移动到滤镜素材的右侧边缘处，按住鼠标左键进行拖动，可以调整滤镜的时长。此处将两个滤镜的结束位置均调整为与下方视频结束位置相同，如图5-26所示。

步骤 04 在时间线窗口中选择“西餐”滤镜素材，在属性调节区中的“滤镜”面板内拖动“强度”滑块，适当降低该滤镜的强度，如图5-27所示。

图 5-25

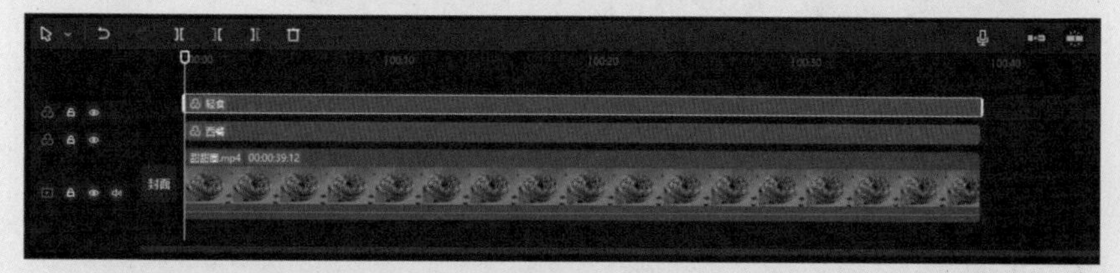

图 5-26

图 5-27

步骤 05 预览视频，查看为食物视频添加滤镜前后的对比效果，如图5-28和图5-29所示。

图 5-28

图 5-29

5.2 用贴纸美化视频

贴纸是一种装饰元素。在剪映中剪辑视频时，可以将贴纸放置在视频画面的指定位置，增强视频的趣味性和可读性。

5.2.1 添加贴纸

剪映素材库中提供了丰富的贴纸类型，包括互动、指示、情绪、萌宠、美食、科技、旅行、遮挡、复古、边框、爱心等。另外剪映还会根据季节、节日、时事热点等实时更新贴纸素材。

在媒体素材区中打开“贴纸”面板，在面板左侧导航栏中选择好贴纸的类型，在想要使用的贴纸上方单击按钮，即可将该贴纸添加到轨道中，如图5-30所示。

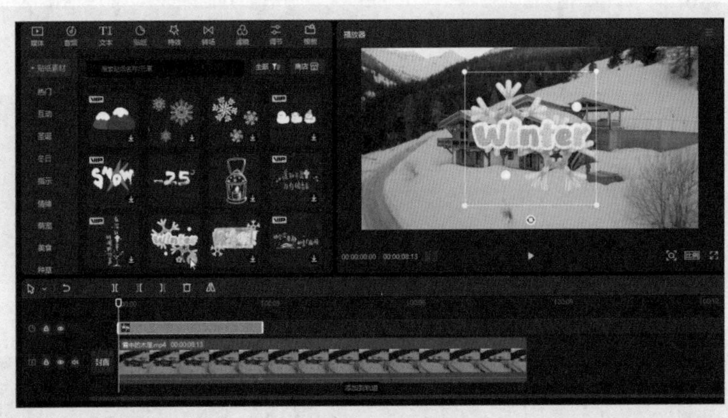

图 5-30

5.2.2 编辑贴纸

添加贴纸后，在属性调节区中的“贴纸”面板中可以对贴纸的缩放比例、位置以及旋转角度等进行设置。除此之外，也可以直接在“播放器”窗口通过鼠标拖曳的方式快速调节贴纸的大小、位置以及角度，如图5-31所示。

图 5-31

5.2.3 设置运动跟踪

视频创作者可以对贴纸设置运动跟踪，让贴纸跟踪视频中的某个物体进行移动。下面介绍具体操作方法。

步骤 01 在时间线窗口设置好贴纸的时长，保持贴纸素材为选中状态，在属性调节区的“贴纸”面板中，打开“跟踪”选项卡，单击“运动跟踪”按钮，如图5-32所示。

图 5-32

步骤 02 在“播放器”窗口调整黄色跟踪框的大小和位置，让跟踪框选中要跟踪的物体，单击“开始跟踪”按钮，如图5-33所示。

图 5-33

步骤 03 系统随即对贴纸的运动轨迹进行处理。处理完毕后，预览视频，查看运动跟踪的效果，如图5-34所示。

图 5-34

动手练 使用贴纸遮挡人脸

在视频创作过程中，贴纸也常被用来遮挡指定物体。下面使用贴纸遮挡人脸，并设置运动跟踪，让贴纸始终跟随人物一起运动。

步骤 01 在剪映中导入视频素材，并将素材添加到轨道中，保持时间轴在素材的最左侧。在媒体素材区中打开“贴纸”面板，在“贴纸素材”组中选择“遮挡”选项，随后选择一个合适的遮挡素材并将其添加到贴纸轨道中，如图5-35所示。

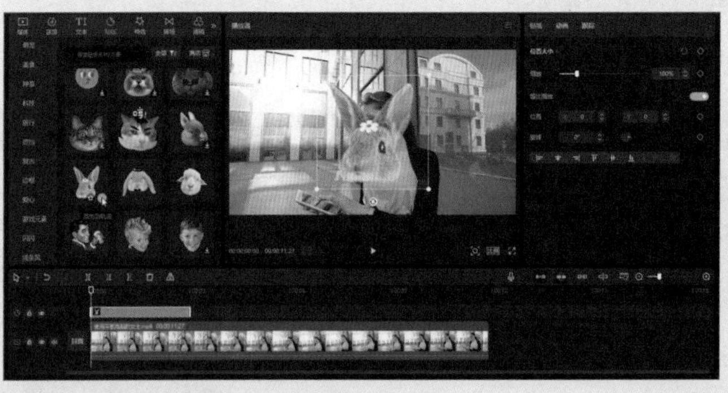

图 5-35

步骤 02 调整贴纸的大小和位置，并适当旋转贴纸，使贴纸遮挡住人物面部，如图5-36所示。

图 5-36

步骤 03 在属性调节区中打开“跟踪”面板，单击“运动跟踪”按钮，在“播放器”窗口调整跟踪框的大小和位置，设置完成后单击“开始跟踪”按钮，如图5-37所示。

图 5-37

步骤 04 跟踪处理完成后，预览视频，查看使用贴纸遮挡人脸的效果，如图5-38所示。

图 5-38

5.3 为视频添加特效

为视频添加特效可以让视频更具吸引力和观赏性。剪映提供了海量的特效，这些特效分为“画面特效”和“人物特效”两大类。

5.3.1 画面特效

画面特效主要用来为视频画面增添艺术感和创意效果。画面特效的类型包括基础、氛围、动感、DV、复古、Bling、扭曲、爱心、综艺、潮酷、自然、边框等。下面介绍画面特效的使用方法。

步骤 01 将视频素材导入剪映，并将素材添加到轨道中。在媒体素材库中打开“特效”面板，在“画面特效”组中选择“自然”分类，单击“大雪纷飞”特效上方的按钮，将该特效添加到轨道中，如图5-39所示。

图 5-39

步骤 02 在时间线窗口中拖动特效素材右侧边缘，调整其时长，如图5-40所示。

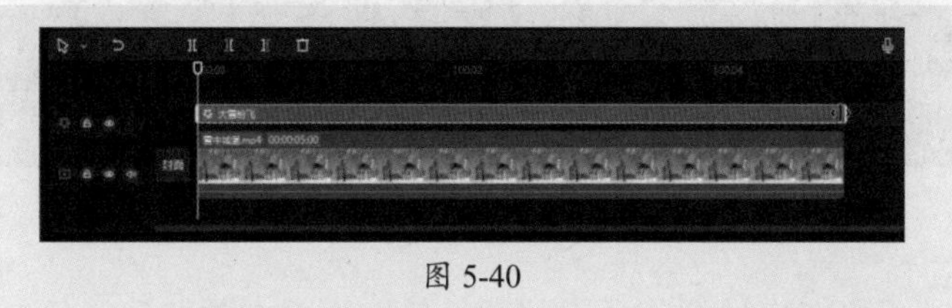

图 5-40

步骤 03 在属性调节区中的“特效”面板中可对特效的“不透明度”和“速度”进行设置，如图5-41所示。

图 5-41

步骤 04 预览视频，查看为视频添加下雪特效的效果，如图5-42所示。

图 5-42

5.3.2 人物特效

人物特效可以帮助创作者更好地塑造人物形象、营造氛围、表达情感、增强故事性以及创新表现形式。人物特效的类型包括情绪、头饰、身体、克隆、挡脸、装饰、环绕、手部、形象、暗黑等。

在时间线窗口中定位好时间轴，在媒体素材区中打开“特效”面板，在“人物特效”组中选择需要的特效类型，此处选择“情绪”类型，随后单击“难过”特效上方的按钮，即可将该特效添加到轨道中，如图5-43所示。

图 5-43

添加特效后，还可以在属性调节区中的“特效”面板中对特效的各项参数进行设置，如图5-44所示。

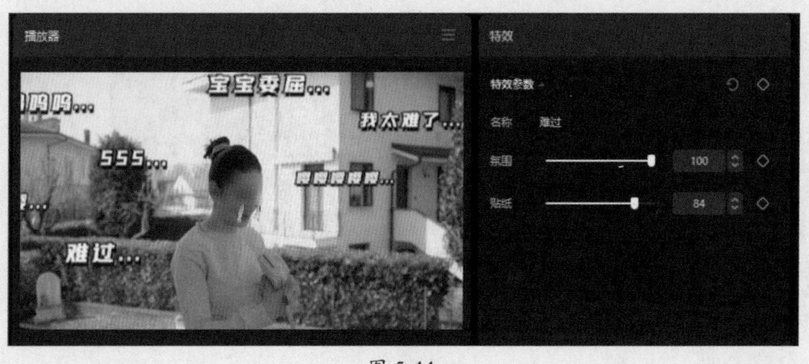

图 5-44

预览视频，查看为视频添加“难过”特效的效果，如图5-45所示。

图 5-45

动手练 制作夏天变秋天效果

用户也可以根据名称快速搜索相关特效，以此缩短选择素材的时间。下面使用“变秋天”特效，将夏天变为秋天。

步骤 01 在时间线窗口中移动时间轴，定位好需要添加特效的时间点。在媒体素材区中打开“特效”面板，在面板顶部的搜索框中输入“变秋天”，如图5-46所示。

图 5-46

步骤 02 按Enter键搜索到相关特效，单击“变秋天”特效上方的■按钮，将该特效添加到轨道中，如图5-47所示。

图 5-47

步骤 03 设置好特效素材的时长，使其结束位置与下方轨道中的视频结束位置相同，保持特效素材为选中状态，在属性调节区中的“特效”面板中设置“速度”为10，如图5-48所示。

图 5-48

步骤 04 预览视频，查看添加特效将夏天风景变成秋天的效果，如图5-49所示。

图 5-49

5.4 为视频添加转场效果

转场是十分重要的视频剪辑技术，是提升视频质量和观赏性的重要手段之一。合理应用转场能够起到提升视频的连贯性、增强视觉效果、引导观众注意力、调整视频节奏、营造氛围等作用。

5.4.1 使用内置转场效果

剪映提供了叠化、运镜、模糊、幻灯片、光效、拍摄、扭曲、故障、分割、自然、MG动画、互动emoji、综艺等类型的转场效果。用户通过简单的操作便可以为视频添加各种转场效果。

步骤 01 在剪映中导入两段视频素材，并将素材添加到同一个轨道中。将时间轴移动到两段素材之间，在媒体素材区中打开“转场”面板，在“转场效果”组中选择转场类型，此处选择“叠化”效果，随后单击“画笔擦除”上方的按钮，如图5-50所示。

图 5-50

步骤 02 两段素材随即自动添加相应转场效果，在属性调节区中的"转场"面板中可以设置转场的时长，如图5-51所示。

图 5-51

步骤 03 预览视频，查看为两段视频添加"画笔擦除"转场的效果，如图5-52所示。

图 5-52

5.4.2 批量添加转场

若想为同一轨道中的所有视频素材使用相同的转场效果，可以在添加一个转场效果后，在属性调节区中的"转场"面板中单击"应用全部"按钮，此时便可将当前转场效果添加到所有素材片段之间，如图5-53所示。

图 5-53

5.4.3 使用内置素材进行转场

使用剪映素材库中的"转场"素材，也可以制作出不错的转场效果，下面介绍具体操作方法。

步骤01 在媒体素材库中打开“媒体”面板，选择“转场”选项，在需要的转场效果上方单击+按钮，将该转场素材添加到轨道中，如图5-54所示。

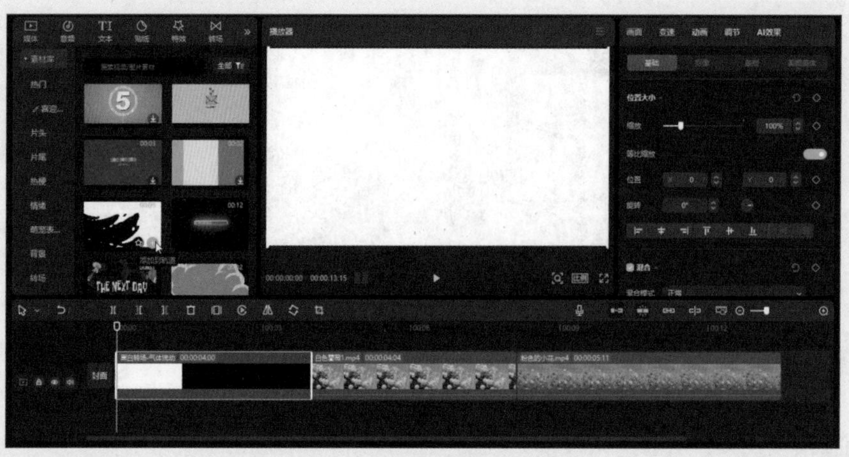

图 5-54

步骤02 将转场素材拖动到上方轨道中，并移动到下方两段视频的连接处，如图5-55所示。

图 5-55

步骤03 预览视频，查看使用内置转场素材制作的转场效果，如图5-56所示。

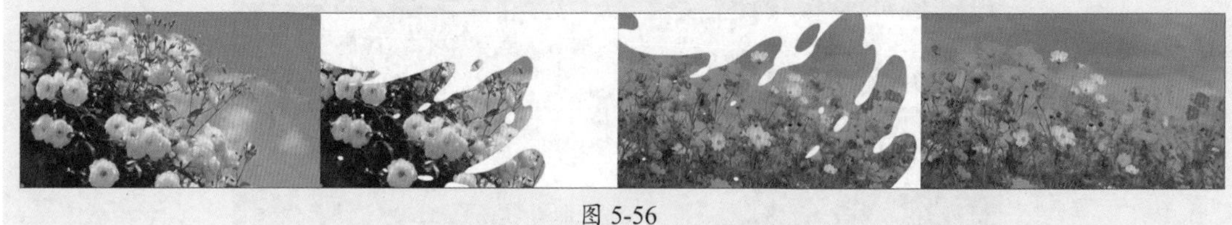

图 5-56

知识点拨

处理非透明背景的转场素材

若内置的转场素材背景为非透明状态，可以通过设置其混合模式，使背景变透明。在轨道中添加转场素材后，将素材调整到合适的位置，并保持素材为选中状态，如图5-57所示。

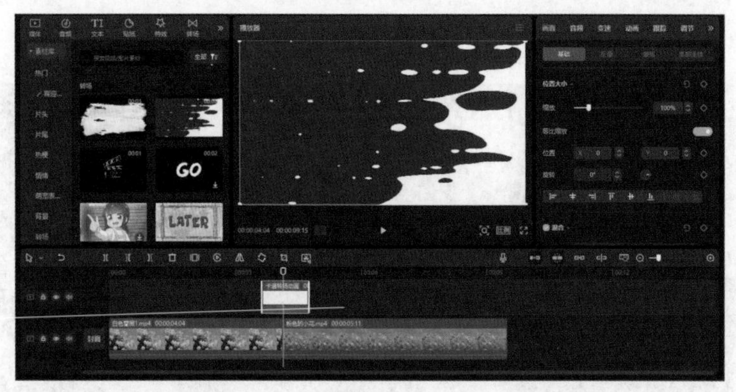

图 5-57

在属性调节区中打开“画面”面板，在“基础”选项卡中设置混合模式为“变亮”，转场素材的背景随即变透明，如图5-58所示。

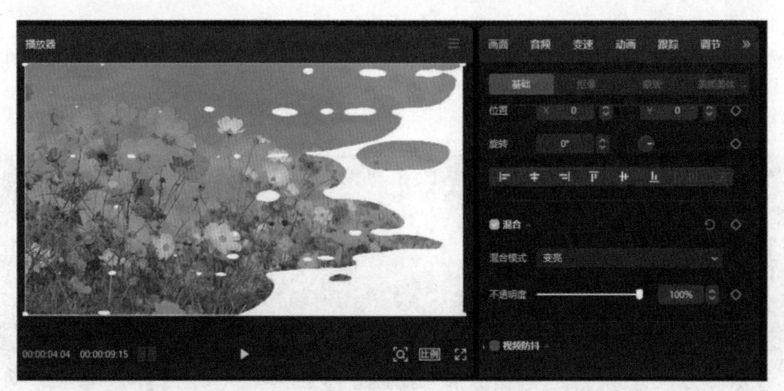

图 5-58

动手练 使用动画制作丝滑转场效果

为视频添加动画也可以制作各种有创意的转场效果。下面介绍如何使用“渐隐”和“渐显”动画制作出丝滑的无缝转场效果。

步骤 01 在剪映中导入两段视频，并将视频添加到轨道中。将轨道中的第二段视频拖动到上方轨道中，使两段素材重叠1s的时长，如图5-59所示。

图 5-59

步骤 02 选中主轨道中的视频，在属性调节区中打开“动画”面板，切换到“出场”选项卡，选择“渐隐”动画，设置“动画时长”为1.0s，如图5-60所示。

图 5-60

步骤 03 选择上方轨道中的视频，切换到“入场”选项卡，选择“渐显”动画，设置“动画时长”为1.0s，如图5-61所示。

图 5-61

步骤 04 预览视频，查看使用动画制作丝滑转场的效果，如图5-62所示。

图 5-62

实战演练：制作城市超级月亮特效

本章主要学习了滤镜、贴纸、特效、转场等技巧的应用，下面综合运用所学技巧制作月亮从城市夜空中缓缓升起的视频效果。

步骤 01 在剪映中导入“璀璨城市夜景”视频素材，并将素材添加到视频轨道中，如图5-63所示。

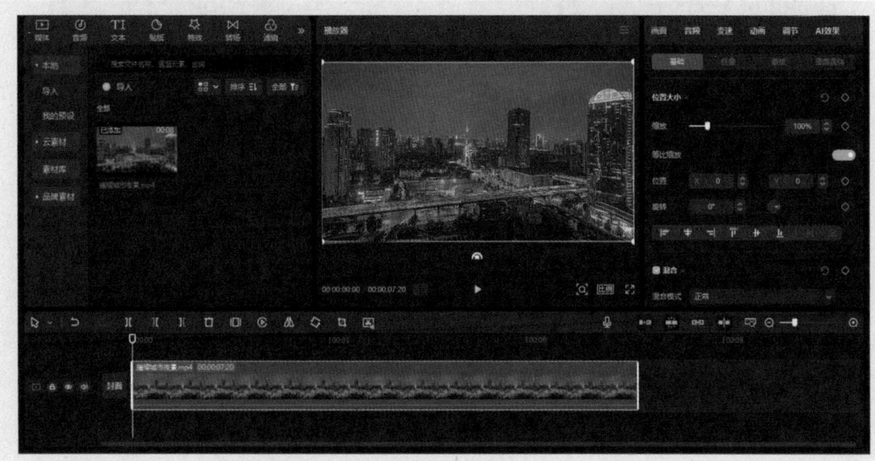

图 5-63

步骤 02 将时间轴定位于视频素材的最左侧，在媒体素材区中打开“滤镜”面板，在“滤镜库”组中选择“夜景”分类，添加“阿尔菲”滤镜，如图5-64所示。

图 5-64

步骤 03 在时间线窗口中拖动滤镜右侧边缘，调整其时长，使其结束位置与下方轨道中的视频素材结束位置相同，如图5-65所示。

图 5-65

步骤 04 在媒体素材库中打开“特效”面板，在“画面特效”组中选择“基础”分类，添加“变清晰Ⅱ”特效，如图5-66所示。

图 5-66

步骤 05 保持滤镜素材为选中状态，在属性调节区中的“特效”面板中设置“模糊强度”为70、“对焦速度”为60，如图5-67所示。

图 5-67

步骤 06 将时间轴移动到00:00:02:05时间点，在媒体素材区中打开“贴纸”面板，在“贴纸素材”界面顶部的搜索框中输入“月亮素材”，按Enter键，搜索到相关贴纸素材，随后添加图5-68所示的月亮贴纸。

图 5-68

步骤 07 调整月亮贴纸的时长，使其结束位置与主轨道中视频的结束位置相同，如图5-69所示。

图 5-69

步骤 08 保持月亮贴纸素材为选中状态，在属性调节区中打开“动画”面板，在“入场”选项卡中添加“渐显”动画，设置“动画时长”为3.0s，如图5-70所示。

图 5-70

步骤 09 将时间轴移动至动画贴纸的开始位置，在属性调节区中打开“贴纸”面板，设置“缩放”值为20%，为“位置”添加关键帧，设置“位置”的X值为-1000、Y值为420，如图5-71所示。

图 5-71

步骤10 将时间轴移动至00:00:05:10时间点，在属性调节区中的“贴纸”面板中，为“位置”添加关键帧，修改“位置”的Y值为730，如图5-72所示。

图 5-72

步骤11 将时间轴移动至00:00:05:20时间点，在媒体素材区中打开“贴纸”面板，在“贴纸素材”界面搜索“文字”贴纸，并添加如图5-73所示的贴纸。

图 5-73

步骤12 调整贴纸时长，使其结束位置与主轨道中的视频结束位置相同，如图5-74所示。

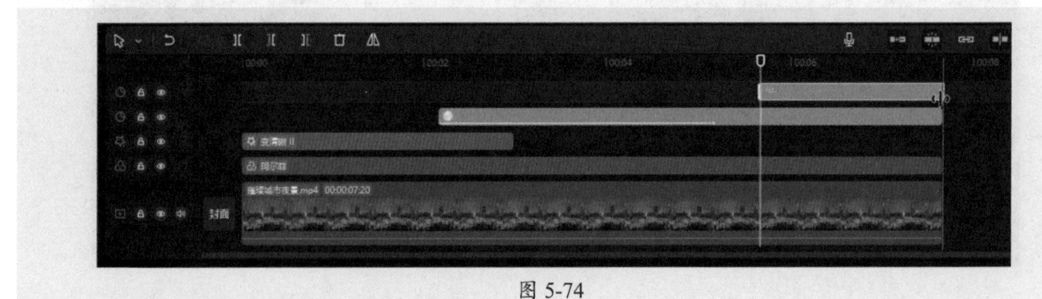

图 5-74

步骤 13 保持贴纸为选中状态，在属性调节区中的“贴纸”面板中设置“缩放”值为40%，“位置”的X值为-165、Y值为545，如图5-75所示。

图 5-75

步骤 14 切换至“动画”面板，在“入场”选项卡中选择“渐显”动画，设置“动画时长”为1.0s，如图5-76所示。最后为视频添加合适的背景音乐。

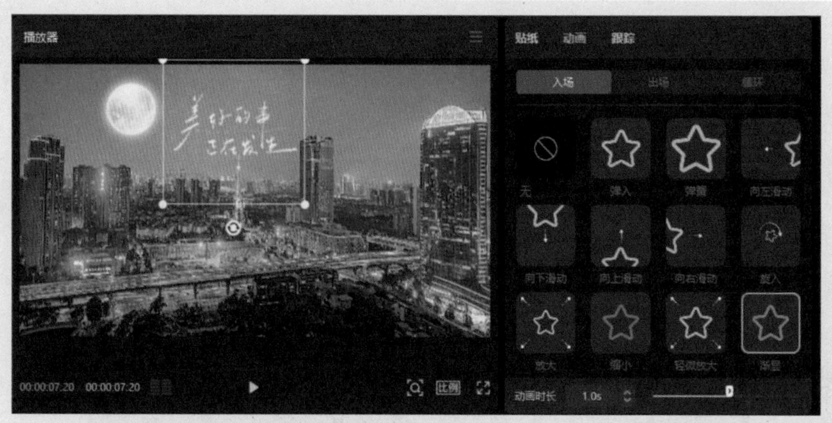

图 5-76

步骤 15 预览视频，查看超级月亮从城市夜空中升起的效果，如图5-77所示。

图 5-77

新手答疑

1. Q：如何只为视频的某一时间段进行调色？

A：可以对视频进行分割，然后对分割出的其中一段素材进行调色。或在指定时间段上方添加“自定义调节”素材。具体操作方法为，将时间轴移动到需要调色的位置，在媒体素材区中打开“调节”面板，单击“自定义调节”上方的按钮，向轨道中添加“调节”素材，如图5-78所示。

图 5-78

保持调节素材为选中状态，在属性调节区中的“调节”面板中设置各项参数，即可对调节素材所覆盖的时间段进行调色，如图5-79所示。

图 5-79

2. Q：为视频调色后如何恢复成初始状态？

A：若要恢复调色前的效果，可以在“调节”功能区中打开相应选项卡（使用什么方法进行的调色，则打开相应选项卡），单击“重置”按钮即可恢复各项参数的默认值，如图5-80所示。

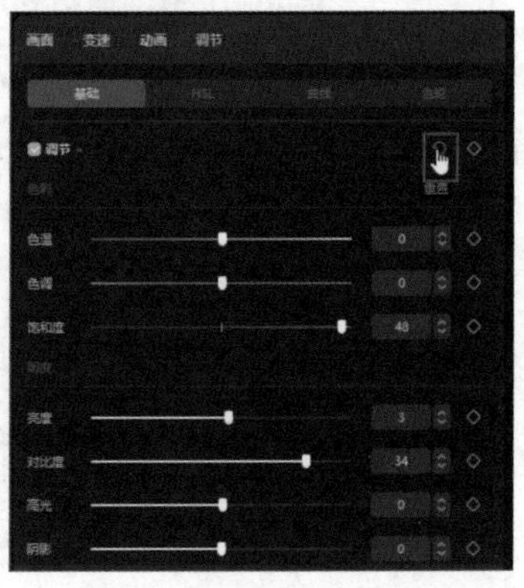

图 5-80

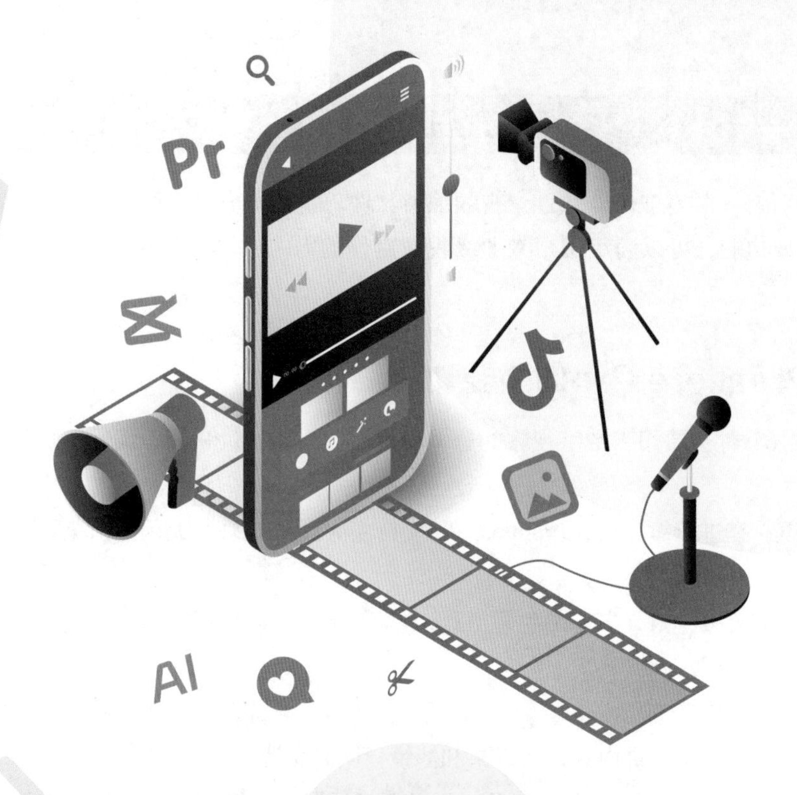

第6章

技艺精进：利用 Premiere Pro 编辑短视频

Premiere Pro是Adobe公司推出的一款专业的视频后期编辑软件，适用于短视频制作、影视编辑、影视后期等多个领域。在短视频制作方面，Premiere Pro具有更精准的时间控制功能和更专业的剪辑操作技巧，可以完成更高质量短视频的制作。

6.1 Premiere Pro的功能及界面速览

Premiere Pro是一款专业的非线性音视频编辑软件，它具备剪辑、调色、字幕、特效制作、音频处理等多种功能，可以满足用户专业级视频制作的需求。本章将对Premiere Pro软件进行介绍。

6.1.1 Premiere Pro的主要功能

Premiere Pro软件主要用于数字视频的剪辑、调色、添加特效和音频编辑等操作，具备以下主要功能。

- **实时预览：**在进行编辑时，Premiere Pro支持实时预览效果，无须先渲染即可查看所做的更改。
- **色彩校正和分级：**内置丰富的色彩工具，包括Lumetri 颜色面板，允许进行一级、二级调色以及颜色匹配。
- **音频编辑：**内建多轨音频混音器，可进行音频混合、添加音效、调整音量和声线等操作。
- **转场与特效：**包含大量内置过渡效果和滤镜，同时支持第三方插件。
- **字幕和图形：**提供全面的文字工具，可以创建标题、字幕和动态图形，包括使用新的通用文本引擎。
- **与其他Adobe应用程序协同：**与After Effects、Photoshop、Illustrator等其他Adobe产品紧密协同，实现无缝工作流程。
- **导出和发布：**支持多种导出格式，适合不同平台和设备，包括社交媒体、网页、电视和电影等。

6.1.2 Premiere Pro工作界面

Premiere Pro工作界面包括多种不同的工作区，选择不同的工作区侧重的面板也会有所不同。图6-1所示为选择“效果”工作区时的工作界面。用户可以执行“窗口”|“工作区”命令切换工作区，也可以直接在工作界面中选择不同的工作区进行切换。

图 6-1

“效果”工作区中常用面板作用如下。

- **标题栏：**用于显示程序、文件名称及位置。
- **菜单栏：**包括文件、编辑、剪辑、序列、标记、图形、视图、窗口、帮助等菜单选项，每个菜单选项代表一类命令。
- **“效果控件”面板：**用于设置选中素材的视频效果。
- **“源”监视器面板：**用于查看和剪辑原始素材。
- **“项目”面板：**用于素材的存放、导入和管理。
- **“媒体浏览器”面板：**用于查找或浏览硬盘中的媒体素材。
- **“工具”面板：**用于存放可以编辑“时间轴”面板中素材的工具。
- **“时间轴”面板：**用于编辑媒体素材，是Premiere Pro软件中最主要的编辑面板。
- **“音频仪表”面板：**用于显示混合声道输出音量大小。
- **“节目”监视器面板：**用于查看媒体素材编辑合成后的效果，便于用户进行预览及调整。
- **“效果”面板：**用于存放媒体特效效果，包括视频效果、视频过渡、音频效果、音频过渡等。

6.1.3　创建项目与序列

项目文件的创建是开始剪辑操作的第一步，项目中存储着与序列和资源有关的信息。序列可以保证输出视频的尺寸与质量，统一视频中用到的多个素材的尺寸。

1. 新建项目

在Premiere Pro软件中，新建项目主要有两种方式。

- 打开Premiere Pro软件后，在“主页”面板中单击“新建项目”按钮。
- 执行“文件”|“新建”|“项目”命令或按Ctrl+Alt+N组合键。

通过这两种方式，都将打开如图6-2所示的“新建项目”对话框，在该对话框中设置项目的“名称”“位置”等参数后，单击“确定”按钮即可按照设置新建项目。

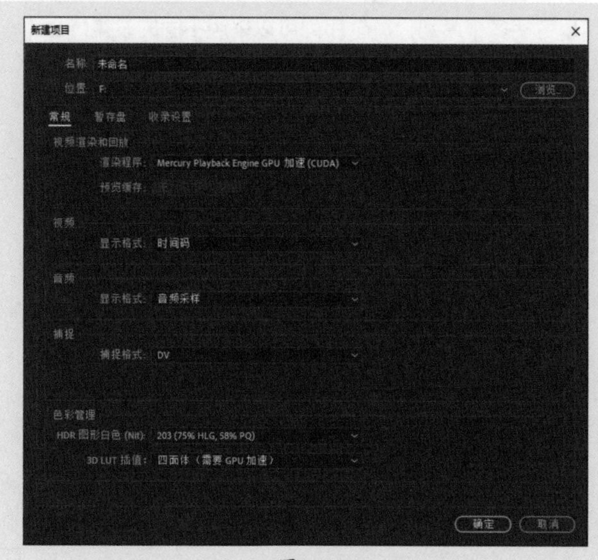

图 6-2

2. 新建序列

新建项目后，执行“文件”|“新建”|“序列”命令或按Ctrl+N组合键，打开“新建序列”对话框，如图6-3所示。在该对话框中设置参数后单击“确定”按钮即可新建序列。

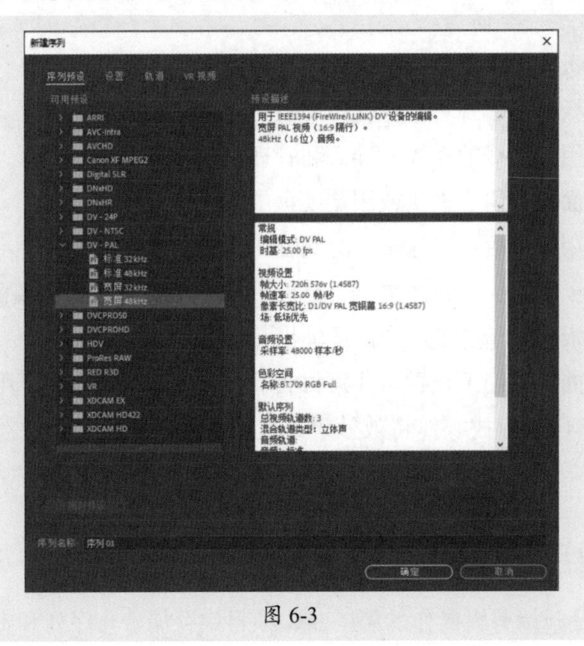

图 6-3

在“序列预设”选项卡中，用户可以根据输出视频的要求选择预设好的序列或自定义合适的序列，若没有特殊要求，也可以根据主要素材的格式进行设置。若没有合适的序列预设，可以切换至“设置”选项卡，自定义序列格式。

注意事项

创建项目后，用户也可以直接拖曳素材至“时间轴”面板中新建序列，新建的序列与该素材参数一致。

知识点拨

一个项目文件中可以包括多个序列，每个序列可以采用不同的设置。

6.1.4 保存与输出操作

在剪辑视频的过程中，及时地保存项目文件可以避免误操作或软件故障导致的文件丢失等问题。执行“文件”|“保存”命令或按Ctrl+S组合键，即可以新建项目时设置的文件名称及位置保存文件。

若想重新设置文件的存储参数，可以执行“文件”|“另存为”命令或按Ctrl+Shift+S组合键，打开“保存项目”对话框进行设置，如图6-4所示。

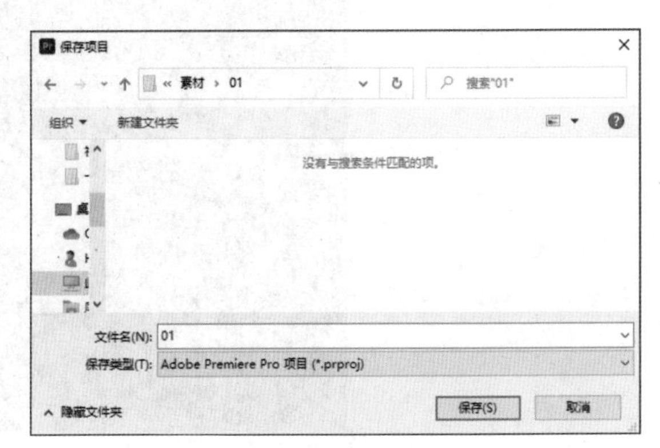

图 6-4

Premiere Pro支持多种输出格式和分辨率，可以满足用户在不同平台和设备上的播放需求。制作完成短视频后，可以选择将短视频渲染输出。其中渲染预览可以将编辑好的内容进行预处理，从而缓解播放时卡顿的效果。选中要进行渲染的时间段，执行“序列”|“渲染入点到出点的效果”命令或按Enter键，即可进行渲染，渲染后红色的时间轴部分变为绿色。图6-5所示为“时间轴”面板中渲染与未渲染的时间轴对比效果。

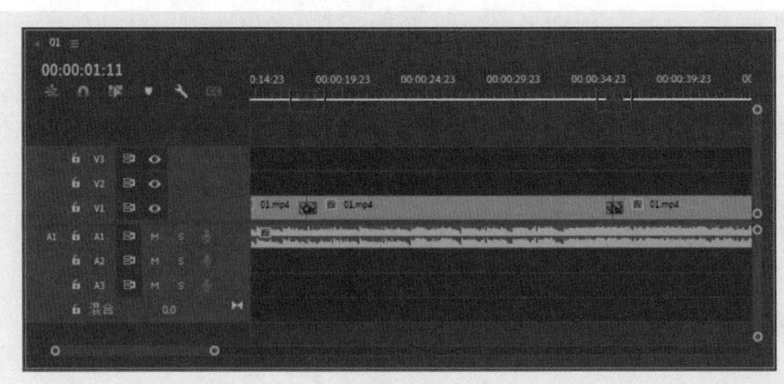

图 6-5

预处理后就可准备输出影片，在Premiere Pro软件中，用户可通过以下两种方式输出影片。

- 执行“文件”|“导出”|“媒体”命令。
- 按Ctrl+M组合键。

通过这两种方式，就可以打开如图6-6所示的“导出设置”对话框，在该对话框中设置音视频参数后单击“导出”按钮，即可根据设置输出影片。

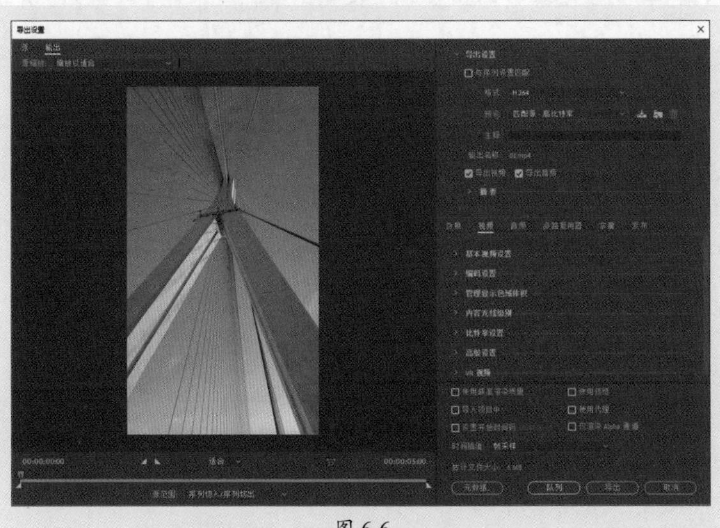

图 6-6

“导出设置”对话框中部分常用选项卡作用如下。

- **“源”选项卡：**显示未应用任何导出设置的源视频。在“源”选项卡中，用户可以通过单击“裁剪输出视频”按钮裁剪源视频，以导出视频的一部分。
- **“输出”选项卡：**预览处理后的效果，还可以通过“源缩放”菜单确定源适合导出视频帧的方式。
- **“导出设置”选项卡：**设置导出影片的格式、路径、名称等参数。

- **“视频”选项卡：**用于设置导出短视频的视频属性，包括宽度、高度、帧速率等基本参数及比特率等。选择不同的导出格式，视频设置的选项也会有所不同，根据需要自行设置即可。
- **“音频”选项卡：**用于详细设置输出文件的音频属性，包括采样率、声道等基本参数及输出比特率等。不同导出格式的音频设置选项也会有所不同。
- **“效果”选项卡：**使用该选项卡中的选项可向导出的媒体添加各种效果。用户可以在“输出”选项卡中查看应用效果后的预览。
- **“多路复用器”选项卡：**该选项卡中的选项可以控制如何将视频和音频数据合并到单个流中，即混合。
- **“字幕”选项卡：**该选项卡中的选项可导出隐藏字幕数据，将视频的音频部分以文本形式显示在电视和其他支持显示隐藏字幕的设备上。
- **“发布”选项卡：**该选项卡中的选项可以将文件上传到各种目标平台。

知识点拨

在“源”选项卡和“输出”选项卡底部，用户还可以通过“设置入点”按钮和“设置出点”按钮修剪导出视频的持续时间；也可以通过“源范围”菜单选项设置导出视频的持续时间。

6.2 Premiere Pro剪辑操作

剪辑是短视频制作的关键环节，决定了最终呈现给观众的内容的质量和影响力，合理的编排结构和有效的剪辑技术可以使短视频更加精彩。

6.2.1 导入素材

Premiere Pro支持多种类型和文件格式的素材，可以处理包括高分辨率视频等各种来源的素材。下面对素材的导入进行介绍。

1. 执行“导入”命令导入素材

执行“文件”|“导入”命令或按Ctrl+I组合键，打开“导入”对话框，如图6-7所示。在该对话框中选中要导入的素材，单击“打开”按钮即可将选中的素材导入“项目”面板。用户也可以在“项目”面板空白处右击，在弹出的快捷菜单中选择“导入”选项，或在“项目”面板空白处双击，打开“导入”对话框，选择需要的素材导入。

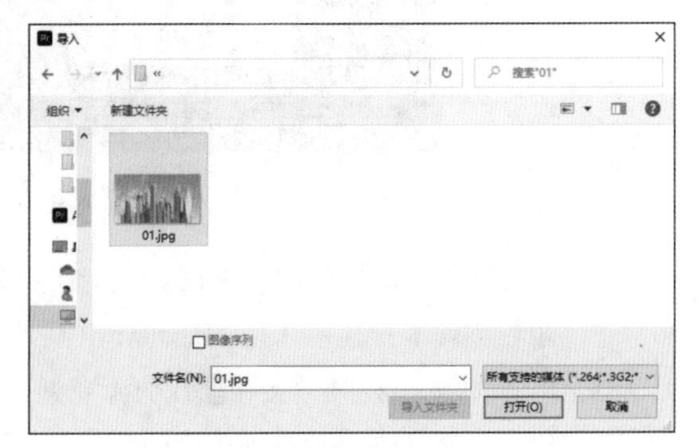

图 6-7

2. 通过“媒体浏览器”面板导入素材

在“媒体浏览器”面板中找到要导入的素材文件，右击，在弹出的快捷菜单中选择“导入”选项，即可将选中的素材导入“项目”面板。

3. 直接拖入素材

直接将素材拖曳至“项目”面板或“时间轴”面板中，同样可以导入素材。

6.2.2 创建常用视频元素

除了导入素材外，Premiere Pro软件还支持新建彩条、黑场视频、倒计时片头等素材。单击“项目”面板中的“新建项目”按钮■，在弹出的快捷菜单中选择选项，即可新建相应的素材。图6-8所示为“新建项目”快捷菜单。下面对部分常用的新建素材进行介绍。

序列...
项目快捷方式...
脱机文件...
调整图层...
彩条...
黑场视频...
颜色遮罩...
通用倒计时片头...
透明视频...

图 6-8

- **调整图层：** 调整图层是一个透明的图层。在Premiere Pro软件中用户可以通过调整图层，将同一效果应用至时间轴的多个序列上。调整图层会影响图层堆叠顺序中位于其下的所有图层。
- **彩条：** 彩条可以正确反映出各种彩色的亮度、色调和饱和度，帮助用户检验视频通道传输质量。新建的彩条具有音频信息，不需要的话，可以取消素材链接后将其删除。
- **黑场视频：** 黑场视频效果可以帮助用户制作转场，使素材间的切换没有那么突兀；也可以制作黑色背景。
- **颜色遮罩：** “颜色遮罩”命令可以创建纯色的颜色遮罩素材。创建颜色遮罩素材后，在“项目”面板中双击素材，还可以在打开的“拾色器”对话框中修改素材颜色。
- **通用倒计时片头：** “通用倒计时片头”命令可以制作常规的倒计时效果。
- **透明视频：** “透明视频”是类似“黑场视频”“彩条”和“颜色遮罩”的合成剪辑。该视频可以生成自己的图像并保留透明度的效果，如时间码效果或闪电效果。

注意事项

新建的素材都将出现在“项目”面板中，将其拖曳至“时间轴”面板中即可应用。

动手练 倒计时短视频

本案例将练习制作带有倒计时的短视频，涉及的知识点包括项目与序列的创建、倒计时片头素材的创建、剪辑工具的应用等。

步骤01 打开Premiere Pro软件，执行“文件”|“新建”|“项目”命令，打开“新建项目”对话框，设置项目文件的名称和位置，如图6-9所示。完成后单击“确定”按钮新建项目文件。

步骤02 执行“文件”|“新建”|“序列”命令，打开“新建序列”对话框，切换至“设置”选项卡设置参数，如图6-10所示。完成后单击“确定”按钮新建序列。

步骤03 执行“文件”|“导入”命令，打开“导入”对话框，选择要导入的素材文件，如图6-11所示。

步骤04 完成后单击“打开”按钮导入素材文件，如图6-12所示。

图 6-9　　图 6-10

图 6-11　　图 6-12

步骤05 单击“项目”面板中的“新建项目”按钮，在弹出的快捷菜单中选择“通用倒计时片头”选项，打开“新建通用倒计时片头”对话框，保持默认设置后单击“确定”按钮，打开“通用倒计时设置”对话框，在该对话框中设置参数，如图6-13所示。完成后单击“确定”按钮，“项目”面板中将出现新建的倒计时片头素材，如图6-14所示。

图 6-13　　图 6-14

步骤06 将倒计时片头拖曳至“时间轴”面板中的V1轨道中，将“风景.mp4”素材拖曳至倒计时片头之后，如图6-15所示。

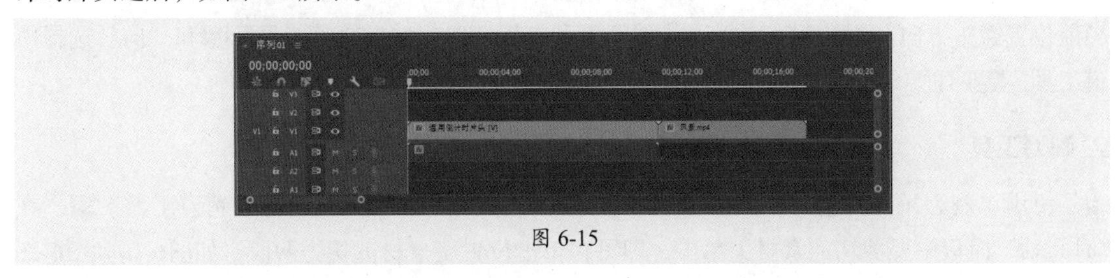

图 6-15

步骤07 按空格键播放预览，如图6-16所示。

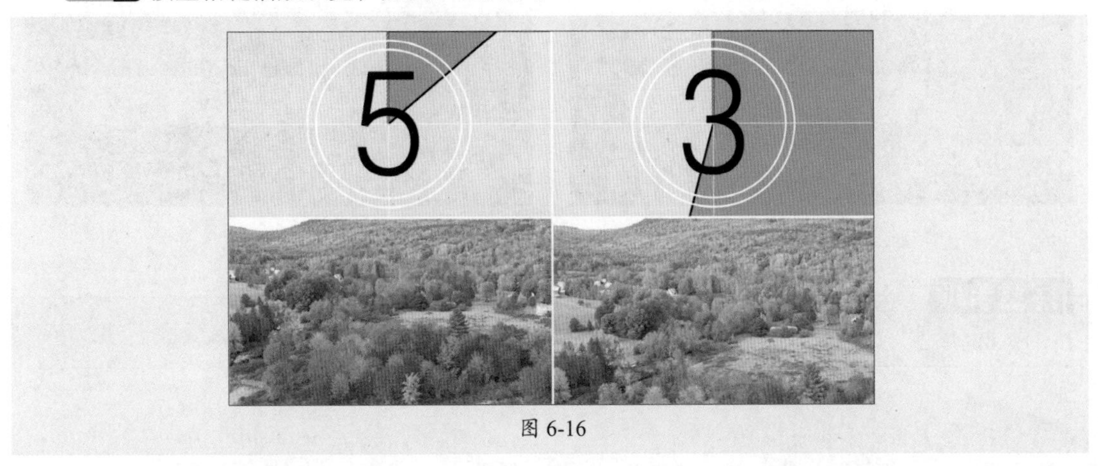

图 6-16

至此完成倒计时短视频的制作。

6.2.3 视频编辑工具

工具可以帮助用户更好地处理短视频，Premiere Pro软件包括多种用于剪辑的工具，用户可以在“工具”面板中找到这些工具，如图6-17所示。下面针对这些剪辑工具进行介绍。

1. 选择和选择轨道工具

“选择工具”可以在“时间轴”面板的轨道中选中素材并进行调整。按住Alt键可以单独选中链接素材的音频或视频部分，如图6-18所示。

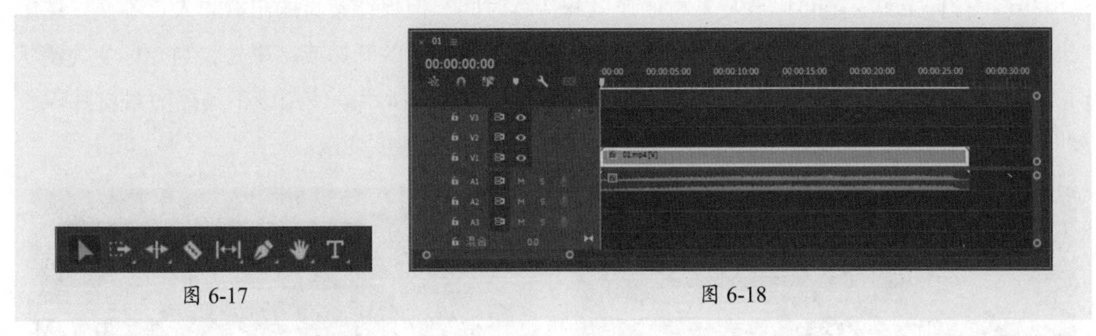

图 6-17　　图 6-18

若想选中多个不连续的素材，可以按住Shift键单击要选中的素材；若想选中多个连续的素材，可以选择“选择工具”后按住鼠标左键拖动，框选要选中的素材。按住Shift键再次单击选中的素材，可将其取消选择。

选择轨道工具同样可以选择“时间轴”面板中的素材对象，区别在于选择轨道工具将选择当前位置箭头方向一侧的所有素材。该类型工具包括“向前选择轨道工具”和“向后选择轨道工具”两种，根据需要选择即可。

2. 剃刀工具

使用“剃刀工具”可以裁切素材，方便用户分别进行编辑。选中“剃刀工具”，在“时间轴”面板中要剪切的素材上单击，即可在单击位置将素材剪切为两段，如图6-19和图6-20所示。

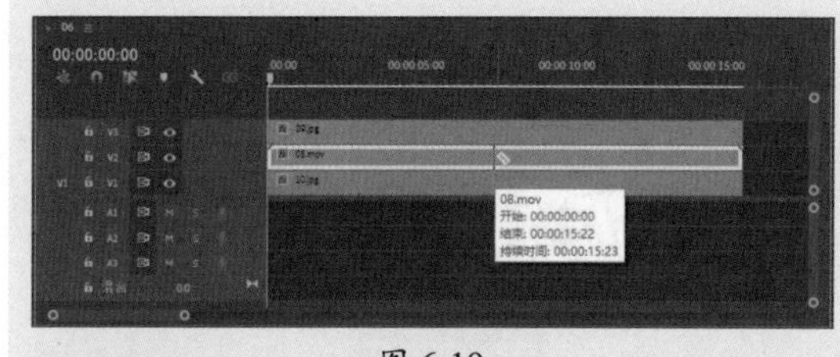

图 6-19

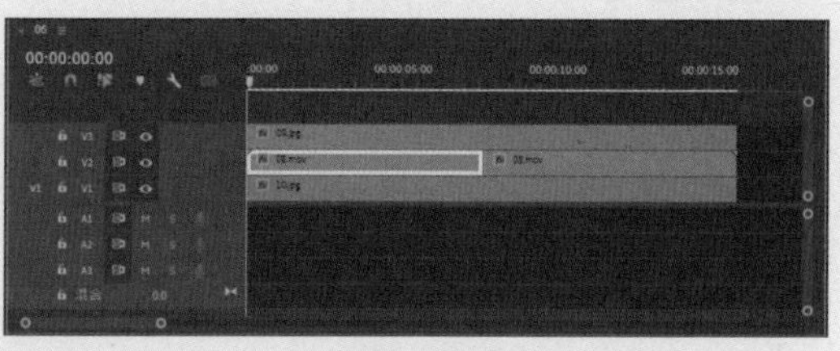

图 6-20

注意事项

按住Shift键单击可以剪切当前位置所有轨道中的素材。

知识点拨

在“时间轴”面板中单击“对齐”按钮，当“剃刀工具”靠近时间标记或其他素材出入点时，剪切点会自动移动至时间标记或出入点所在处，并从该处剪切素材。

3. 滚动编辑工具

“滚动编辑工具”可以改变一个剪辑的入点和与之相邻剪辑的出点，且保持影片总长度不变。选择“滚动编辑工具”，移动至两个素材片段之间，当光标变为状时，按住鼠标左键拖动，即可调整相邻素材的长度，图6-21所示为向右拖动效果。

4. 比率拉伸工具

“比率拉伸工具”可以改变素材的速度和持续时间，但保持素材的出点和入点不变。选中“比率拉伸工具”，移动光标至“时间轴”面板中某段素材的开始或结尾处，当光标变为状时，按住鼠标左键拖动即可改变素材片段的长度，如图6-22所示。使用该工具缩短素材片段长度时，素材播放速度加快；延长素材片段长度时，素材播放速度变慢。

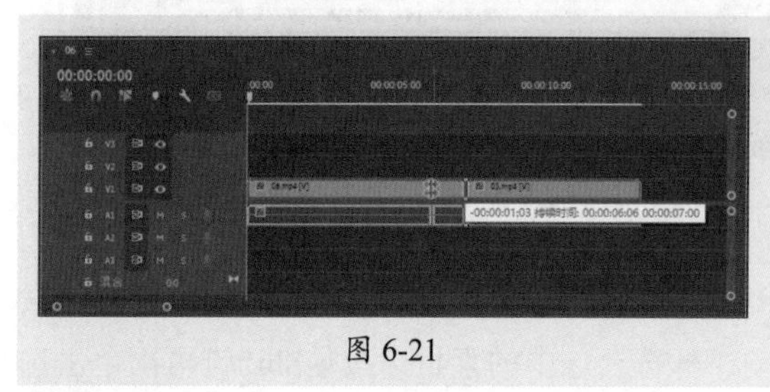

图 6-21

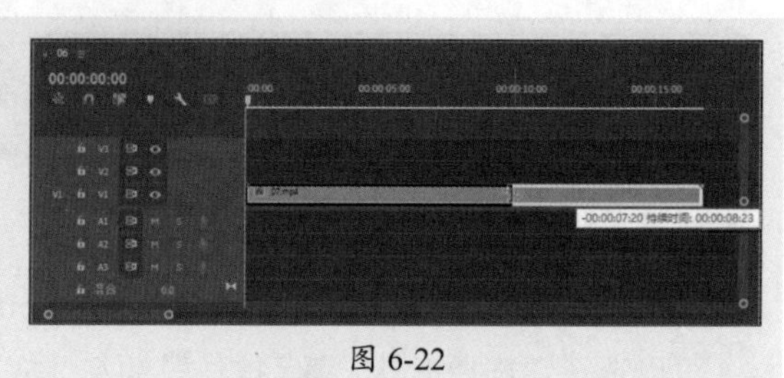

图 6-22

注意事项

向右拖动时，前一段素材出点后需有余量以供调节；向左拖动时，后一段素材入点前需有余量以供调节。

6.2.4 素材播放速率调整

在Premiere Pro软件中，除了使用“比率拉伸工具”改变素材的速度和持续时间外，用户还可以通过“剪辑速度/持续时间”对话框更加精准地设置素材的速度和持续时间。在“时间轴”面板中选中要调整速度的素材片段，右击，在弹出的快捷菜单中选择“速度/持续时间”选项，打开“剪辑速度/持续时间”对话框，如图6-23所示。在该对话框中设置参数后单击“确定”按钮即可应用设置。“剪辑速度/持续时间”对话框中各选项作用如下。

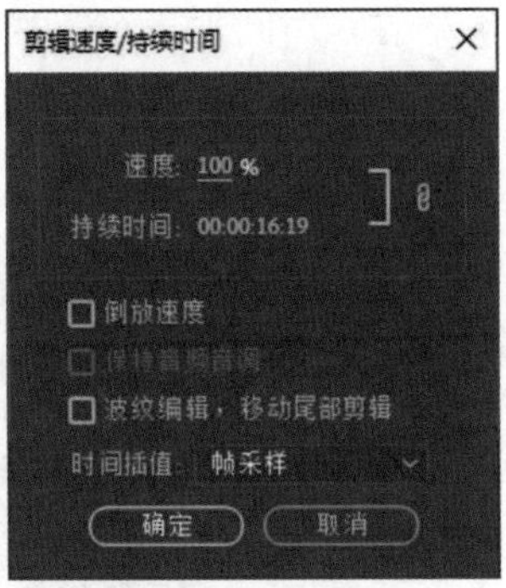

图 6-23

- **速度**：用于调整素材片段的播放速度。大于100%为加速播放，小于100%为减速播放，等于100%为正常速度播放。
- **持续时间**：用于设置素材片段的持续时间。
- **倒放速度**：勾选该复选框后，素材将反向播放。
- **保持音频音调**：当改变音频素材的持续时间时，勾选该复选框可保证音频音调不变。
- **波纹编辑，移动尾部剪辑**：勾选该复选框后，片段加速导致的缝隙处将被自动填补。
- **时间插值**：用于设置调整素材速度后如何填补空缺帧，包括帧采样、帧混合和光流法三种选项。其中，帧采样可根据需要重复或删除帧，以达到所需的速度；帧混合可根据需要重复帧并混合帧，以辅助提升动作的流畅度；光流法是软件分析上下帧生成新的帧，在效果上更加流畅美观。

6.2.5 帧定格

帧定格可以将素材片段中的某帧静止，该帧之后的帧均以静帧的方式显示。在Premiere Pro软件中，用户可以执行“添加帧定格”命令或“插入帧定格分段”命令使帧定格。

1. 添加帧定格

“添加帧定格”命令可以冻结当前帧，类似于将其作为静止图像导入。在“时间轴”面板中选中要添加帧定格的素材片段，移动时间线至要冻结的帧，右击，在弹出的快捷菜单中选择“添加帧定格”选项，即可将之后的内容定格，如图6-24所示。帧定格部分在名称或颜色上没有任何变化。

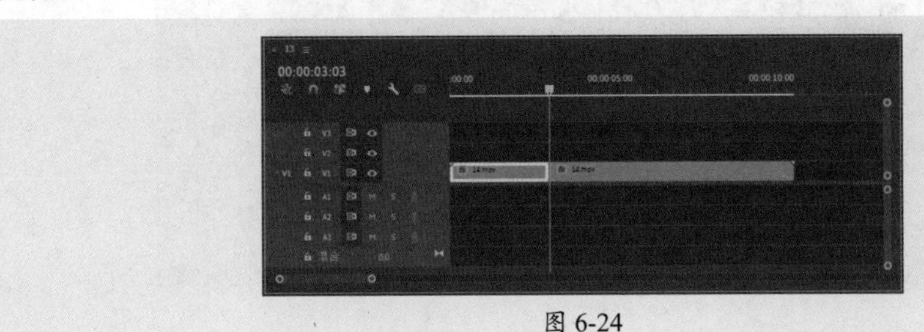

图 6-24

用户也可以选择素材片段后，执行“剪辑”|“视频选项”|“添加帧定格”命令，将当前帧及之后的帧冻结。

2. 插入帧定格分段

“插入帧定格分段”命令可以在当前时间线位置将素材片段拆分，并插入一个2s的冻结帧。在“时间轴”面板中选中要添加帧定格的素材片段，移动时间线至插入帧定格分段的帧，右击，在弹出的快捷菜单中选择“插入帧定格分段”选项，即可插入2s的冻结帧，如图6-25所示。

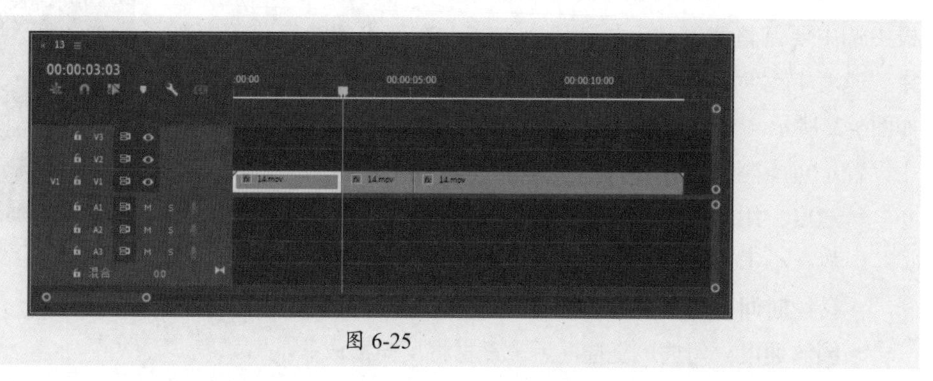

图 6-25

同样，用户也可以选择素材片段后，执行“剪辑”|“视频选项”|“插入帧定格分段”命令，插入冻结帧。

6.2.6 复制/粘贴素材

在“时间轴”面板中，若想复制现有的素材，可以通过快捷键或相应的命令来实现。选中要复制的素材，按Ctrl+C组合键复制，移动时间线至要粘贴的位置，按Ctrl+V组合键粘贴即可。此时时间线后面的素材将被覆盖，如图6-26所示。

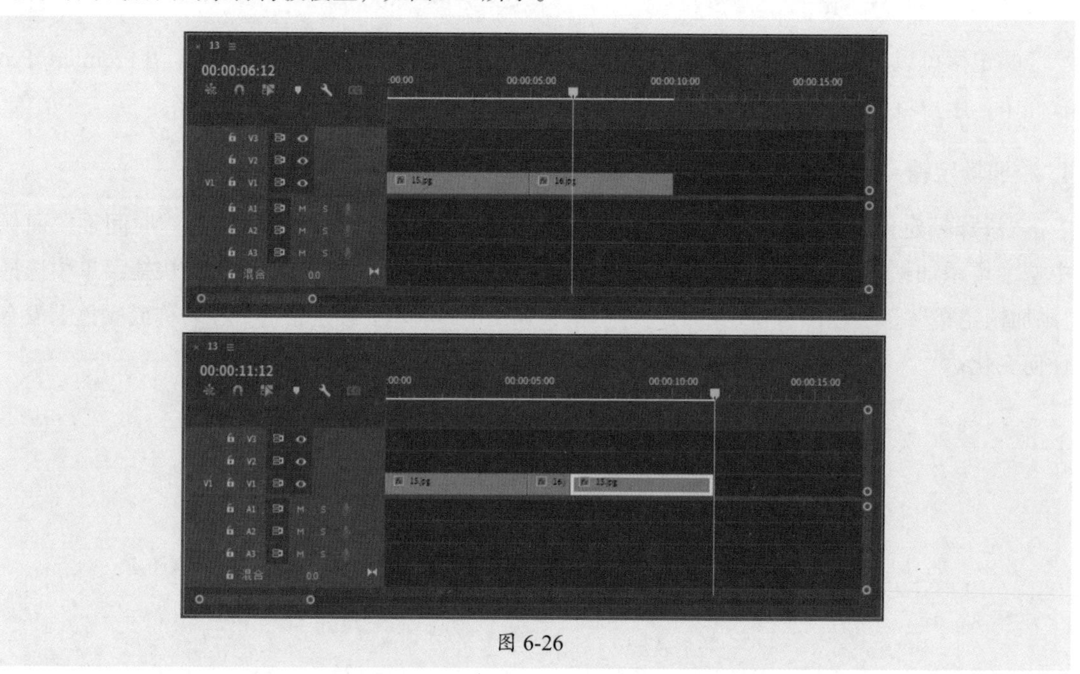

图 6-26

用户也可以按Ctrl+Shift+V组合键粘贴插入，此时时间线所在处的素材将被剪切为两段，时间线后面的素材向后移动，如图6-27所示。

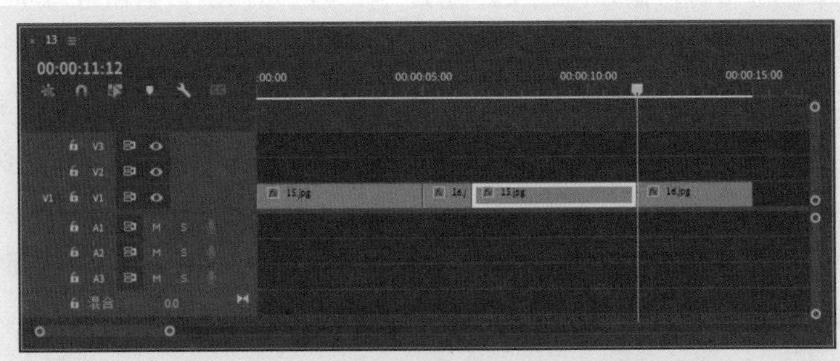

图 6-27

知识点拨

执行“编辑”命令，在其子菜单中也可以执行命令复制粘贴素材。

6.2.7 删除素材

在“时间轴”面板中，用户可以通过执行“清除”命令或“波纹删除”命令删除素材。这两种方法的不同之处在于，“清除”命令删除素材后，轨道中会留下该素材的空位；“波纹删除”命令删除素材后，后面的素材会自动补位上前。

- **“清除”命令：** 选中要删除的素材文件，执行“编辑”|“清除”命令或按Delete键即可删除素材。
- **“波纹删除”命令：** 选中要删除的素材文件，执行“编辑”|“波纹删除”命令或按Shift+Delete组合键，即可删除素材并使后一段素材自动前移。

6.2.8 分离/链接音视频

在“时间轴”面板中编辑素材时，部分素材带有音频信息，若想单独对音频信息或视频信息进行编辑，可以选择将其分离。分离后的音视频素材可以重新链接。选中要解除链接的音视频素材，右击，在弹出的快捷菜单中选择“取消链接”选项，即可将其分离，分离后可单独选择，如图6-28所示。若想重新链接音视频素材，选中后右击，在弹出的快捷菜单中选择“链接”选项即可。

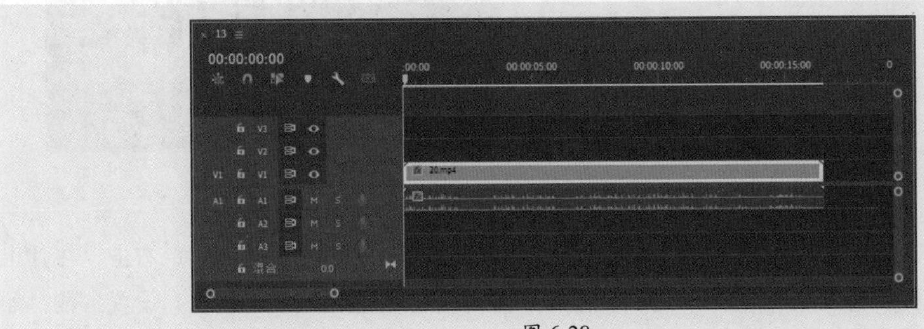

图 6-28

动手练 慢镜头短视频

本案例将练习制作慢镜头短视频，涉及的知识点包括项目与序列的创建、素材的导入与编辑、素材播放速率的调整等。

步骤 01 打开Premiere Pro软件，执行“文件”|“新建”|“项目”命令，打开“新建项目”对话框，设置项目文件的名称和位置，如图6-29所示。完成后单击“确定”按钮新建项目文件。

步骤 02 执行“文件”|“新建”|“序列”命令，打开“新建序列”对话框，切换至“设置”选项卡设置参数，如图6-30所示。完成后单击“确定”按钮新建序列。

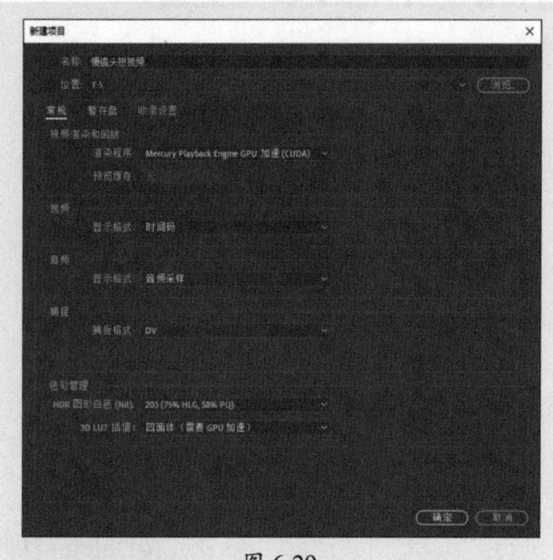

图 6-29

图 6-30

步骤 03 执行“文件”|“导入”命令，打开“导入”对话框，选择要导入的素材文件，如图6-31所示。

步骤 04 完成后单击“打开”按钮导入素材文件，如图6-32所示。

图 6-31

图 6-32

步骤 05 将“项目”面板中的素材文件拖曳至“时间轴”面板中的V1轨道中，右击，在弹出的快捷菜单中选择“速度/持续时间”选项，打开“剪辑速度/持续时间”对话框，设置参数，如图6-33所示。完成后单击“确定”按钮，效果如图6-34所示。

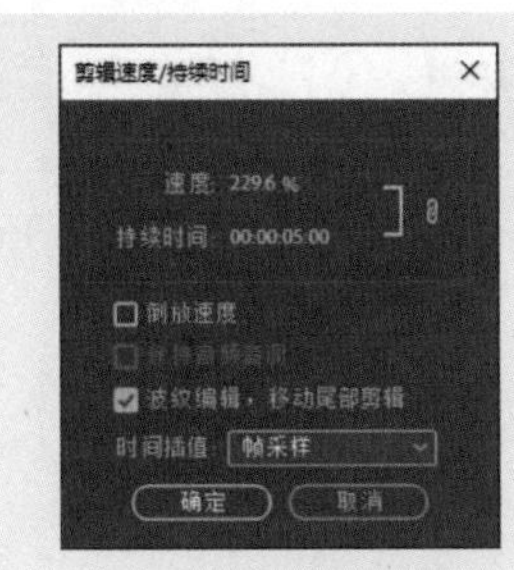

图 6-33

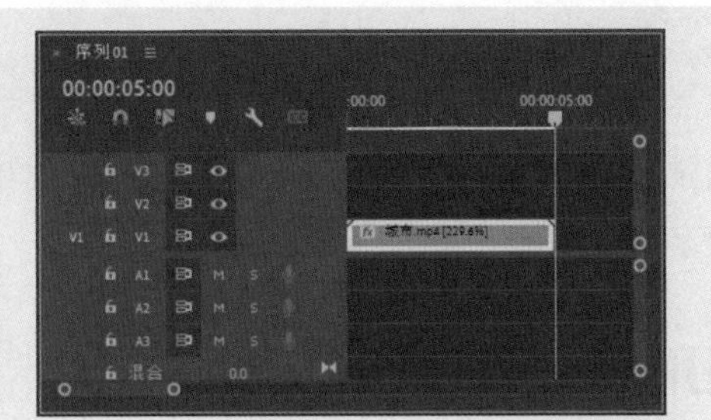

图 6-34

步骤06 使用“剃刀工具”在00:00:03:00和00:00:03:15处裁切素材，如图6-35所示。

图 6-35

步骤07 选中第2段素材右击，在弹出的快捷菜单中选择“速度/持续时间”选项，打开“剪辑速度/持续时间”对话框，设置参数，如图6-36所示。完成设置后单击“确定”按钮，“时间轴”面板中的第2段素材持续时间变长，如图6-37所示。

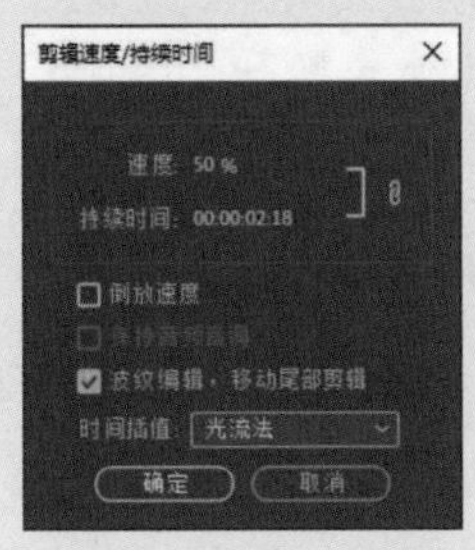

图 6-36

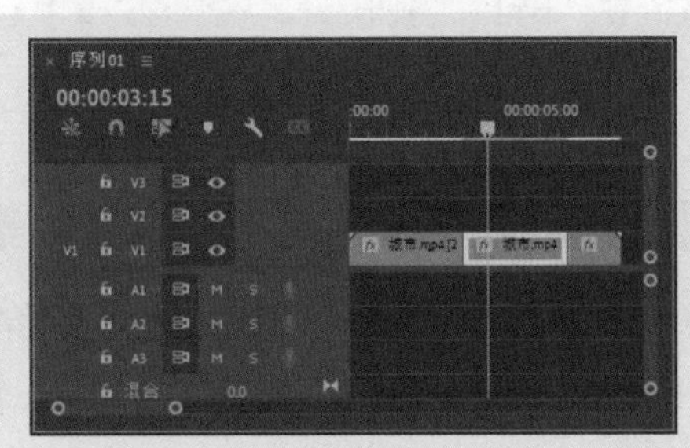

图 6-37

步骤08 按空格键播放预览，如图6-38所示。至此完成慢镜头短视频的制作。

图 6-38

6.3 字幕的创建与编辑

字幕可以增强短视频的可访问性和传播力，更好地与观众沟通。Premiere Pro中支持用户通过多种方式创建字幕，下面对此进行介绍。

6.3.1 使用文本工具创建字幕

选择“工具”面板中的“文字工具”T或“垂直文字工具”IT，在“节目”监视器面板中单击即可输入文字。图6-39所示为使用“文字工具”T创建的文字效果。创建文字后，“时间轴”面板中将自动出现文字素材，如图6-40所示。

图 6-39

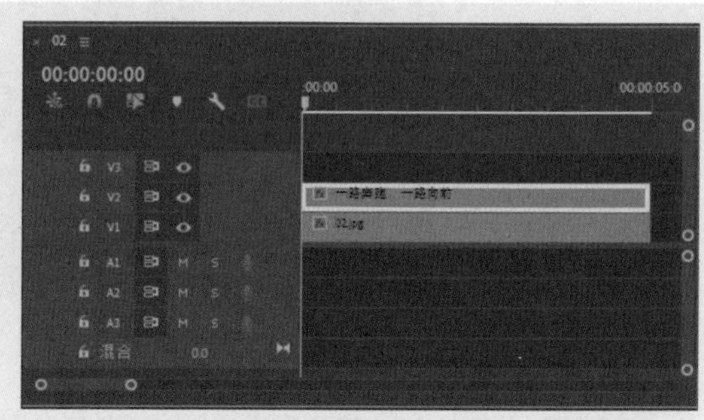

图 6-40

注意事项

选择“文字工具”T后在“节目”监视器面板中拖曳创建文本框，可用于输入区域文字。用户可以通过调整文本框的大小改变文本框可见区域，而不影响文字大小。

6.3.2 使用“基本图形”面板创建字幕

除了使用文字工具外，用户还可以通过“基本图形”面板创建文字。“基本图形”面板的功能非常强大，用户可以通过该面板直接在Premiere Pro软件中创建字幕、图形或动画。

执行“窗口”|“基本图形”命令，打开“基本图形”面板，单击“编辑”选项卡中的“新建图层”按钮，在弹出的菜单中执行“文本”命令或按Ctrl+T组合键，即可在“时间轴”面板中新建文字素材，如图6-41所示。同时“节目”监视器面板中将出现文字输入框，双击文字输入框即可输入文字，如图6-42所示。

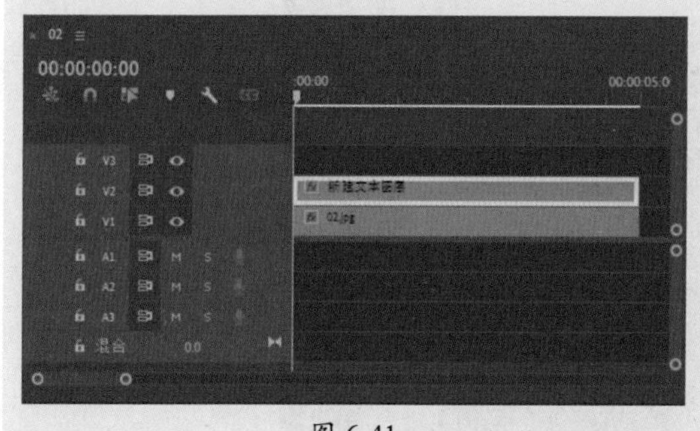

图 6-41

图 6-42

注意事项

选中“时间轴”面板中的文字素材，在“节目”监视器面板中单击可继续输入文字，此时，新添加的文字与原文字在同一个素材中，用户可以在“基本图形”面板中分别对两个文字图层进行隐藏或显示等操作。

“基本图形”面板中的文字属性设置基本与“效果控件”面板中的设置类似。图6-43所示为“基本图形”面板。

与“效果控件”面板中的选项相比，“基本图形”面板中多了一个“响应式设计”选项，响应式设计包括“响应式设计-时间”和“响应式设计-位置”两种。其中“响应式设计-时间”基于图形，只有在未选中任何图层或存在关键帧的情况下才会出现在“基本图形”面板下方；“响应式设计-位置”可以使当前图层固定到其他图层，随着其他图层变换而变换。

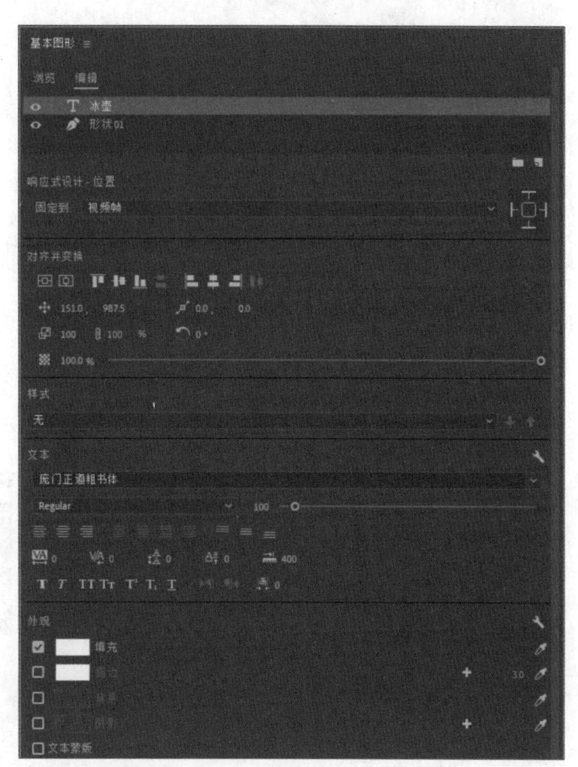

图 6-43

1. 响应式设计 – 时间

“响应式设计-时间”可以指定开场和结尾的持续时间，以保证在改变剪辑持续时间时，不影响开场和结尾的持续时间，同时中间部分的关键帧将根据需要进行拉伸或压缩，以适应改变后的持续时间。用户还可以通过选择“滚动”选项，制作滚动字幕效果。图6-44所示为“基本图形”面板中的“响应式设计-时间”选项。

2. 响应式设计 – 位置

“响应式设计-位置”可以使某个图层自动适应视频帧的变化，如用户可以使某个形状响应文字图层，以便在改变文字内容时下方的形状也随之改变，如图6-45所示。响应前后的效果对比如图6-46和图6-47所示。

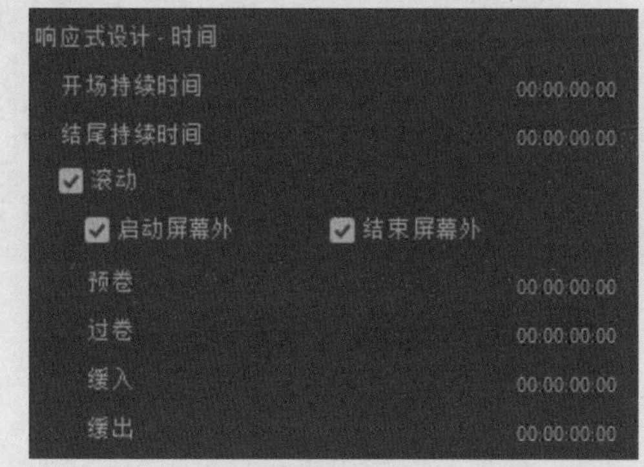

图 6-44

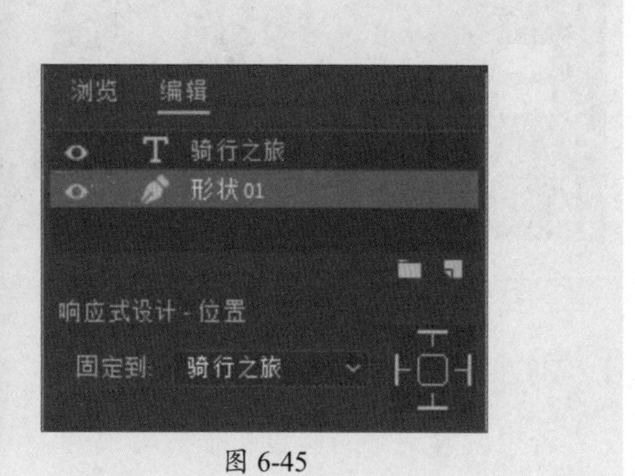

图 6-45

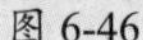
图 6-46

图 6-47

6.3.3 使用“效果控件”面板编辑字幕

“效果控件”面板中的选项可以设置文字的字体、字号、外观等属性，使文字和影片内容更加匹配。

1. 设置文字属性

选择要编辑的文字素材，在“效果控件”面板中展开“文本”参数，即可设置文字的字体、字号等属性。图6-48所示为“效果控件”面板中可设置的文字基本属性。

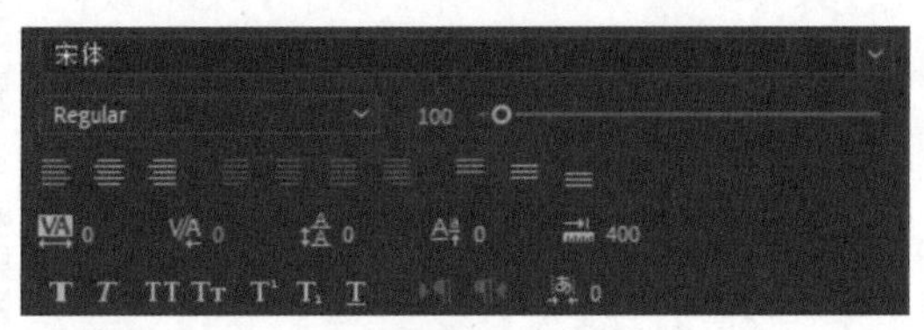

图 6-48

2. 设置文字外观

文字的外观属性包括填充、描边、阴影等，用户可以在“效果控件”面板中对这些参数进行设置，从而制作出更具特色的文字效果。图6-49所示为“效果控件”面板中可设置的文字外观参数。勾选“外观”参数下方选项的复选框，即可启用该选项，其中，用户可以根据需要，添加多个描边及阴影效果。

勾选“背景”和“阴影”复选框时，可将其展开进行更进一步的设置，图6-50所示为展开的“背景”及“阴影”选项。用户可以设置背景的“不透明度”“大小”以及“角半径”，还可以设置阴影的“不透明度”“角度”“偏移距离”“大小”及“模糊程度”等。

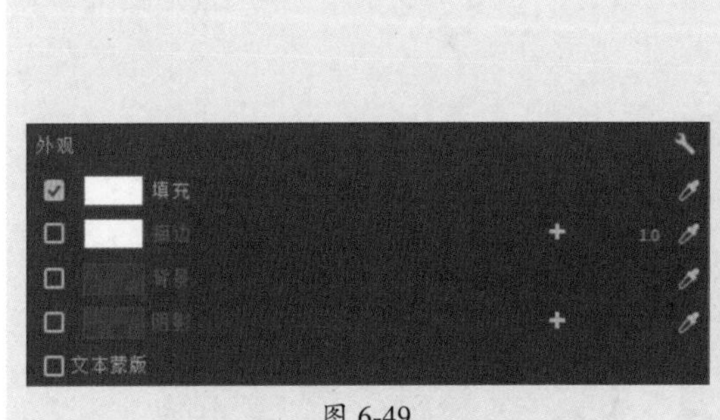

图 6-49

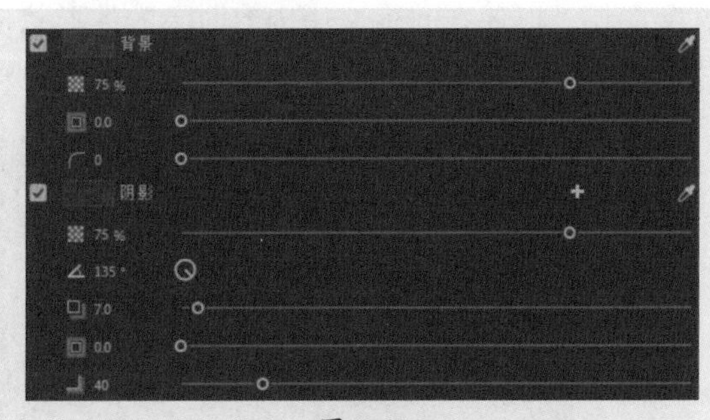

图 6-50

3. 文字变换

若想设置文字的位置、缩放等属性，可以在“变换”参数中进行设置，图6-51所示为展开的“变换”参数。用户根据需要进行设置即可。除了通过“效果控件”面板中的“变换”参数设置文字的位置等属性，用户还可以选择“选择工具”▶，在“节目”监视器面板中选中文字直接进行调整。

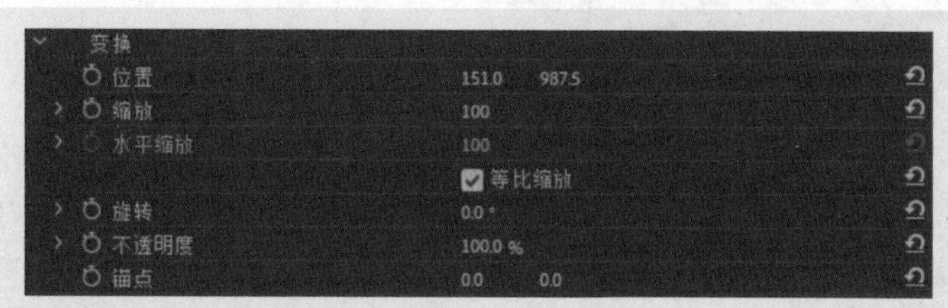

图 6-51

动手练 横向滚动字幕效果

本案例练习制作横向滚动字幕，涉及的知识点包括项目与序列的创建、素材的导入、字幕素材的创建与编辑等。

步骤 01 打开Premiere Pro软件，执行“文件”|“新建”|“项目”命令，打开“新建项目”对话框，设置项目文件的“名称”和“位置”，如图6-52所示。完成设置后单击“确定”按钮新建项目文件。

步骤 02 执行“文件”|“新建”|“序列”命令，打开“新建序列”对话框，切换至“设置”选项卡设置参数，如图6-53所示。完成设置后单击“确定”按钮新建序列。

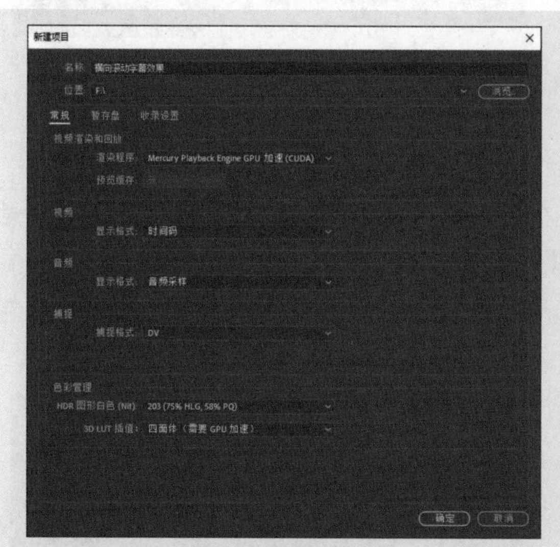

图 6-52

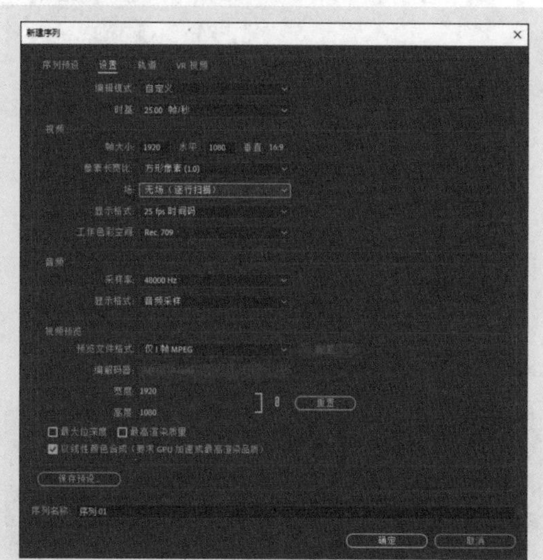

图 6-53

步骤 03 执行“文件”|“导入”命令，打开“导入”对话框，选择要导入的素材文件，完成后单击“打开”按钮导入素材文件，如图6-54所示。

步骤 04 将素材文件拖曳至“时间轴”面板的V1轨道中，如图6-55所示。

步骤 05 执行“窗口”|“基本图形”命令，打开“基本图形”面板，单击“编辑”选项卡中的“新建图层”按钮▣，在弹出的快捷菜单中执行“矩形”命令，在“节目”监视器面板中添加矩形，如图6-56所示。

步骤 06 选中添加的矩形，在“节目”监视器面板中调整大小和位置，在“基本图形”面板中调整矩形颜色为白色、“不透明度”为60%，效果如图6-57所示。

图 6-54

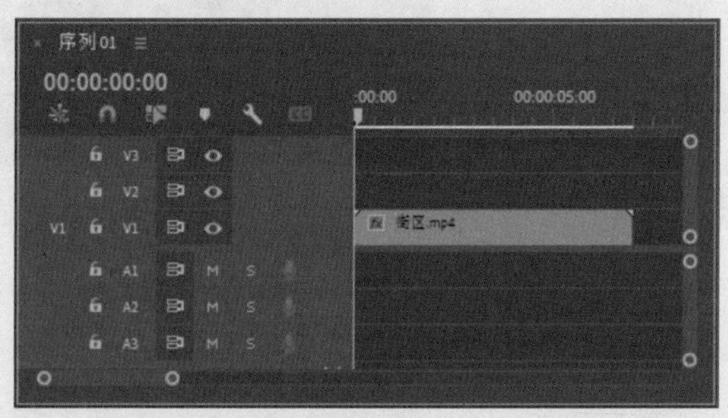

图 6-55

图 6-56

图 6-57

步骤 07 在“时间轴”面板中调整形状图层的持续时间与V1轨道素材一致，如图6-58所示。

步骤 08 取消选择任何对象，使用文本工具在“节目”监视器面板中单击输入“城市交通是现代生活的重要组成部分，它承载着数百万市民的出行需求。繁忙的道路、川流不息的车辆和络绎不绝的人群共同构成了城市的脉络。”文字，在“效果控件”面板中设置文本参数，如图6-59所示。

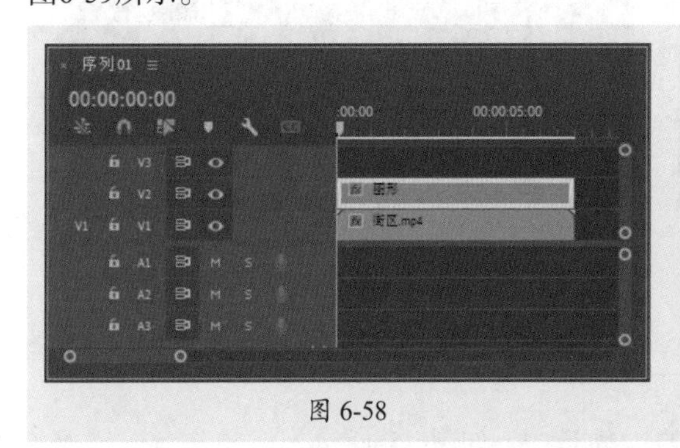

图 6-58

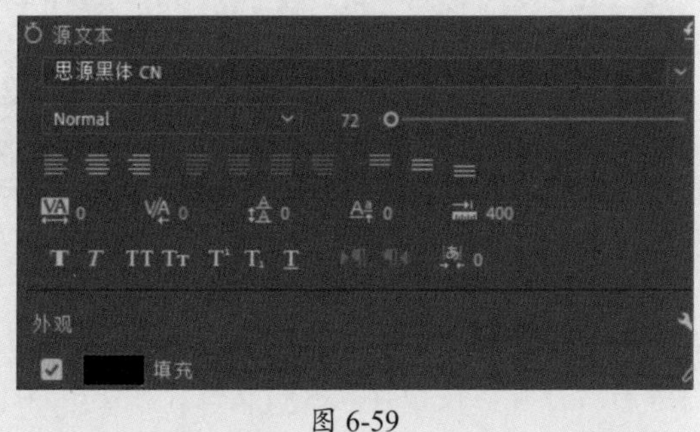

图 6-59

步骤 09 在“节目”监视器面板中移动文本至合适位置，如图6-60所示。

步骤 10 在“时间轴”面板中调整形状图层的持续时间与V1轨道素材一致，如图6-61所示。

步骤 11 移动播放指示器至00:00:00:00处，选中V3轨道中的对象，在“基本图形”面板中单击“变换”选项卡中的“切换动画的位置”按钮添加关键帧，如图6-62所示。

步骤 12 移动播放指示器至素材末端，更改“切换动画的位置”参数，如图6-63所示。此时软件将自动添加关键帧。

图 6-60　图 6-61　图 6-62　图 6-63

步骤 13 按空格键播放预览，如图6-64所示。

图 6-64

至此完成横向滚动字幕效果的制作。

6.4 制作视频过渡效果

视频过渡即为转场，在短视频制作中扮演着重要角色，通过视频过渡可以平滑顺畅地连接素材，使观众获得良好的视觉体验。Premiere Pro软件中包含多种预设的视频过渡效果，用户可以直接应用。

6.4.1 添加视频过渡效果

Premiere Pro软件中的视频过渡效果集中在“效果”面板中，用户可以在该面板中找到要添加的视频过渡效果，拖曳至“时间轴”面板中的素材入点或出点处即可。图6-65所示为添加“交叉溶解”视频过渡的效果。

图 6-65

6.4.2 编辑视频过渡效果

添加视频过渡效果后，可以在“效果控件”面板中设置其持续时间、反向等参数，如图6-66所示。

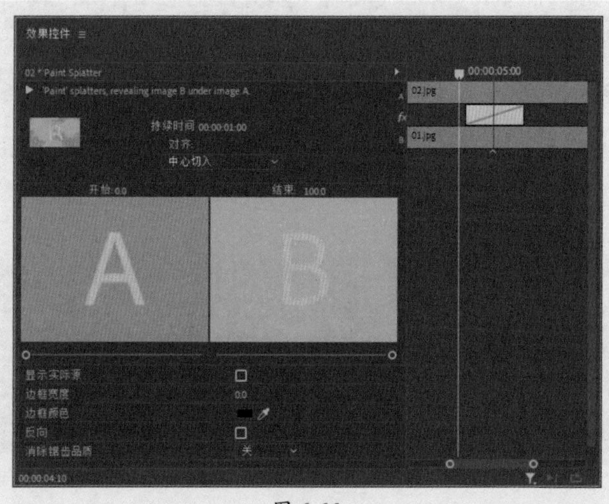

图 6-66

该面板中部分选项作用如下。

- **持续时间：** 用于设置视频过渡效果的持续时间，时间越长，过渡越慢。

- **对齐：** 用于设置视频过渡效果与相邻素材片段的对齐方式，包括中心切入、起点切入、终点切入和自定义切入4种选项。
- **开始：** 用于设置视频过渡开始时的效果，默认数值为0，该数值表示将从整个视频过渡过程的开始位置进行过渡；若将该参数数值设置为10，则从整个视频过渡效果的10%位置开始过渡。
- **结束：** 用于设置视频过渡结束时的效果，默认数值为100，该数值表示将在整个视频过渡过程的结束位置完成过渡；若将该参数数值设置为90，则表示视频过渡特效结束时，视频过渡特效只是完成了整个视频过渡的90%。
- **显示实际源：** 勾选该复选框，可在“效果控件”面板中的预览区显示素材的实际效果。
- **边框宽度：** 用于设置视频过渡过程中形成的边框的宽度。
- **边框颜色：** 用于设置视频过渡过程中形成的边框的颜色。
- **反向：** 勾选该复选框，将反转视频过渡的效果。

注意事项

选择不同的视频过渡效果，在“效果控件”面板中的选项也有所不同，在使用时，根据实际需要设置即可。

动手练 制作电子相册

本案例将练习制作电子相册，涉及的知识点包括素材的导入与应用、视频过渡效果的添加等。

步骤01 打开Premiere Pro软件，执行“文件”|“新建”|“项目”命令，打开“新建项目”对话框，设置项目文件的“名称”和“位置”，如图6-67所示。完成设置后单击“确定”按钮新建项目文件。

步骤02 将本章图片素材拖曳至“时间轴”面板中，软件将根据素材创建序列，如图6-68所示。

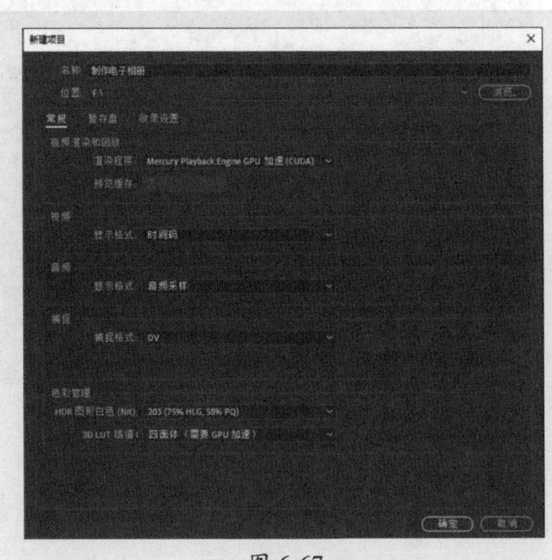

图 6-67

图 6-68

步骤03 选中“时间轴”面板中的素材，右击，在弹出的快捷菜单中选择“速度/持续时间”选项，打开“剪辑速度/持续时间”对话框，设置参数，如图6-69所示。

步骤 04 完成后单击“确定”按钮，效果如图6-70所示。

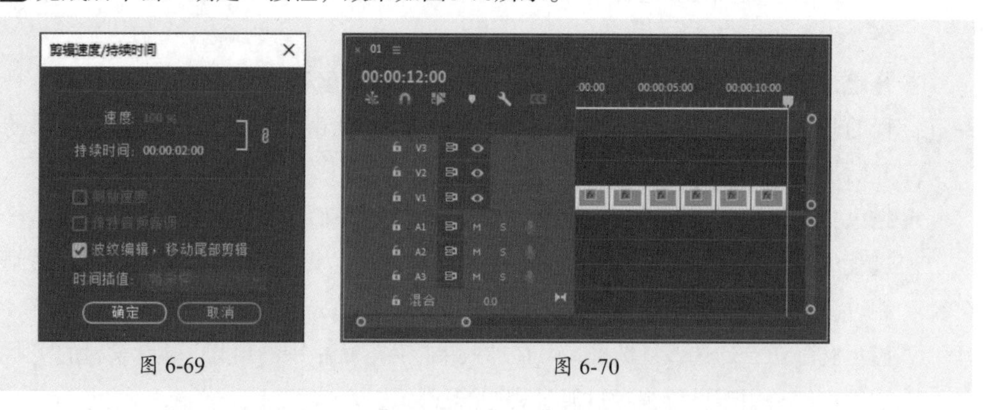

图 6-69　　　　图 6-70

步骤 05 在“效果”面板中搜索“黑场过渡”视频过渡效果，拖曳至V1轨道第一个素材入点处和最后一个素材出点处，如图6-71所示。

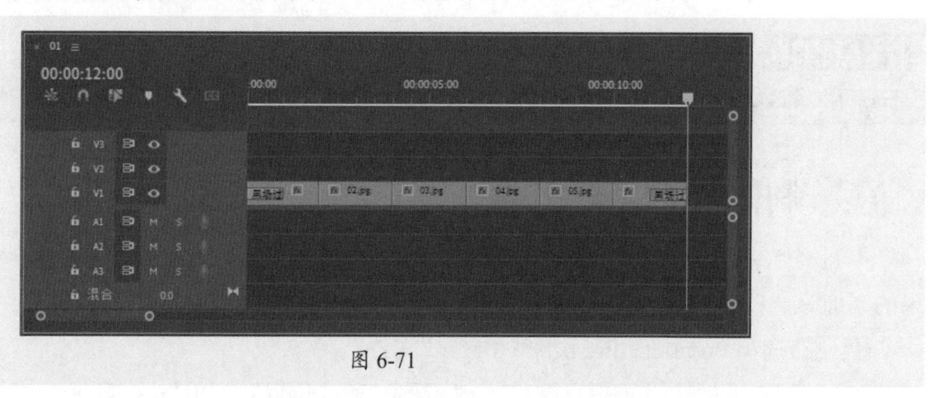

图 6-71

步骤 06 分别选中添加的视频过渡效果，在“效果控件”面板中设置持续时间，如图6-72和图6-73所示。

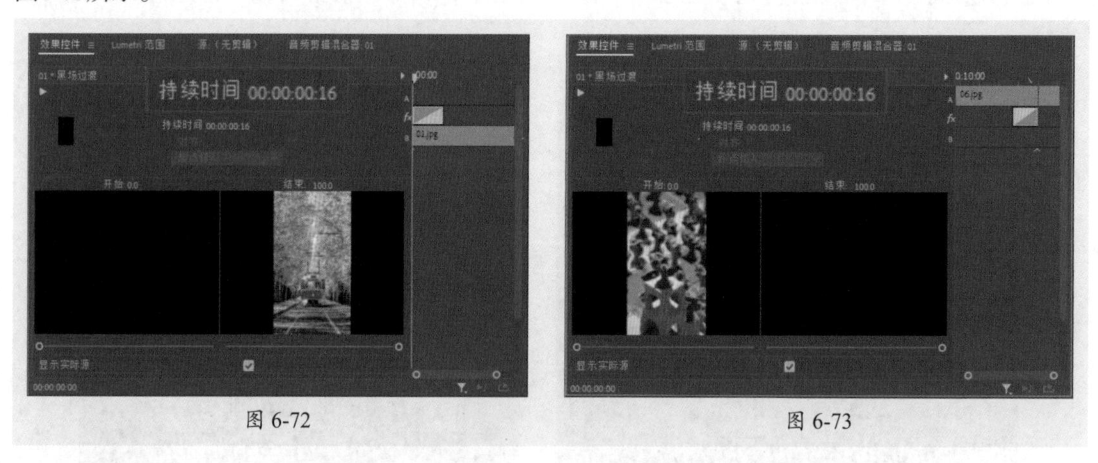

图 6-72　　　　图 6-73

步骤 07 在“效果”面板中搜索“交叉溶解”视频过渡效果，拖曳至V1轨道其他素材之间，并调整持续时间为16s，如图6-74所示。

步骤 08 按Ctrl+I组合键导入本案例音频素材，并拖曳至A1轨道中，如图6-75所示。

步骤 09 选中“时间轴”面板中的音频素材，右击，在弹出的快捷菜单中选择“速度/持续时间”选项，打开“剪辑速度/持续时间”对话框，设置参数，如图6-76所示。

步骤10 完成后单击“确定”按钮，效果如图6-77所示。

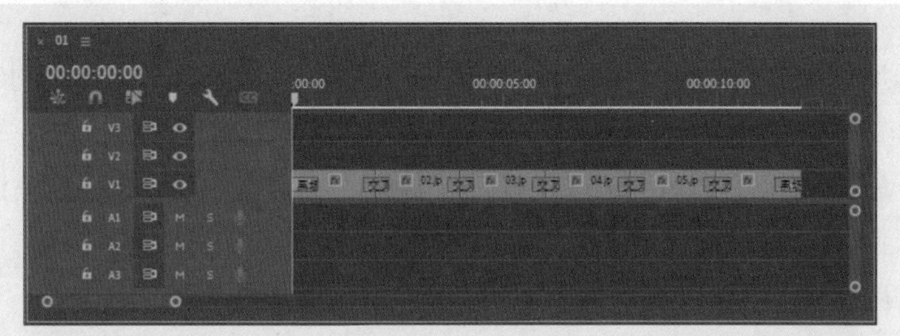

图 6-74

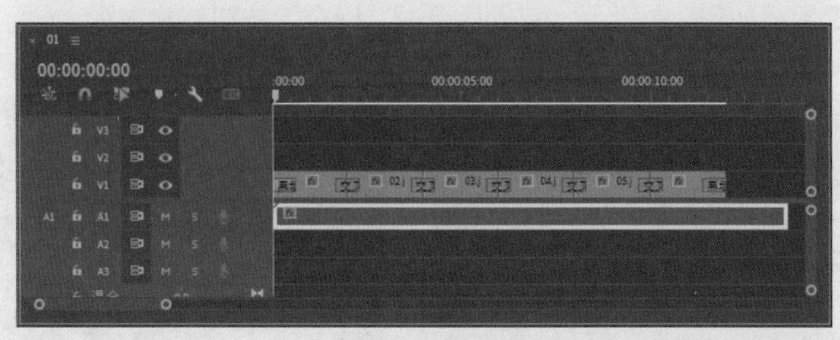

图 6-75

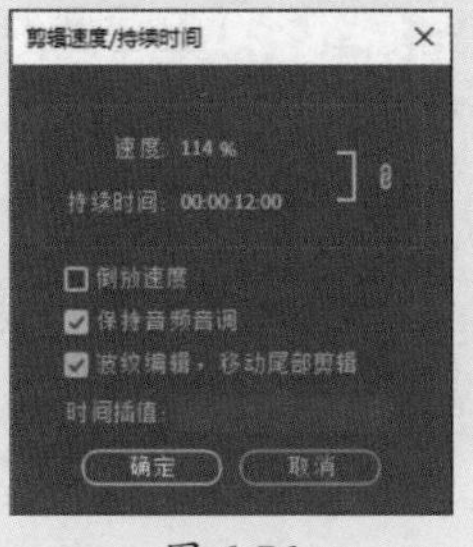

图 6-76

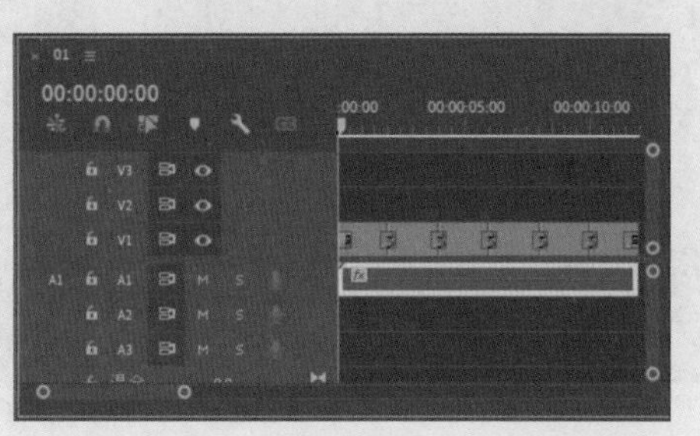

图 6-77

步骤11 按空格键播放预览，如图6-78所示。

图 6-78

至此完成电子相册的制作。

实战演练：制作旅行风景短视频

本案例将练习制作旅行风景短视频，涉及的知识点包括素材的应用、文本字幕的添加、关键帧动画的制作等。

步骤01 打开Premiere Pro软件，执行“文件”|“新建”|“项目”命令，打开“新建项目”对话框，设置项目文件的“名称”和“位置”，如图6-79所示。完成后单击“确定”按钮新建项目文件。

步骤02 执行“文件”|“新建”|“序列”命令，打开“新建序列”对话框，切换至“设置”选项卡设置参数，如图6-80所示。完成后单击“确定”按钮新建序列。

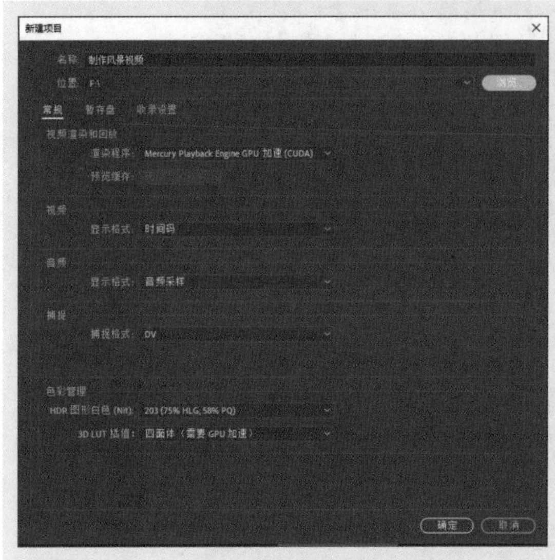

图 6-79

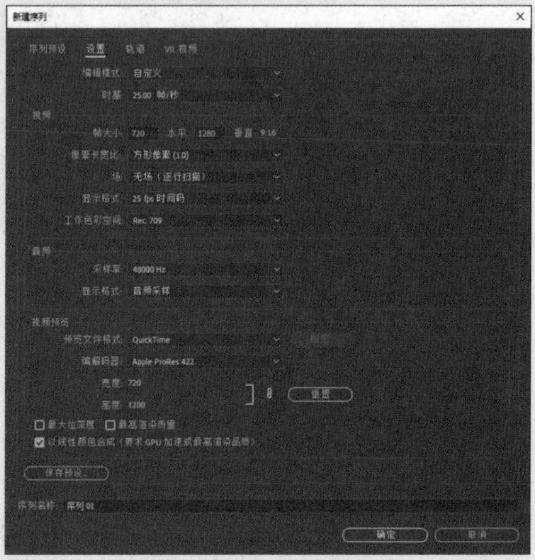

图 6-80

步骤03 按Ctrl+I组合键导入本章素材文件，如图6-81所示。

步骤04 将“风景.jpg”素材拖曳至V1轨道中，将“遮罩.png”素材拖曳至V2轨道中，如图6-82所示。

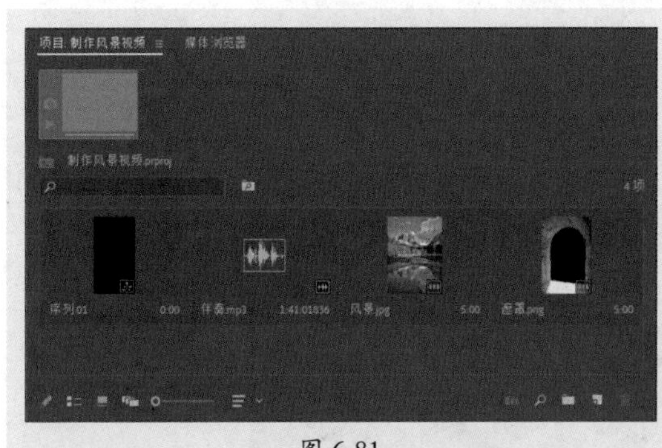

图 6-81

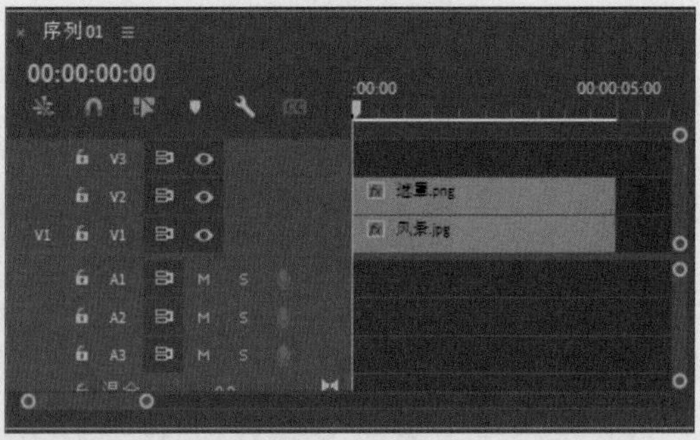

图 6-82

步骤05 移动播放指示器至00:00:00:00处，选中V2轨道中的素材文件，在“效果控件”面板中单击“位置”和“缩放”参数左侧的“切换动画”按钮添加关键帧，并调整“位置”参数，如图6-83所示。

步骤 06 移动播放指示器至00:00:05:00处，更改“位置”和“缩放”参数，软件将自动添加关键帧，如图6-84所示。

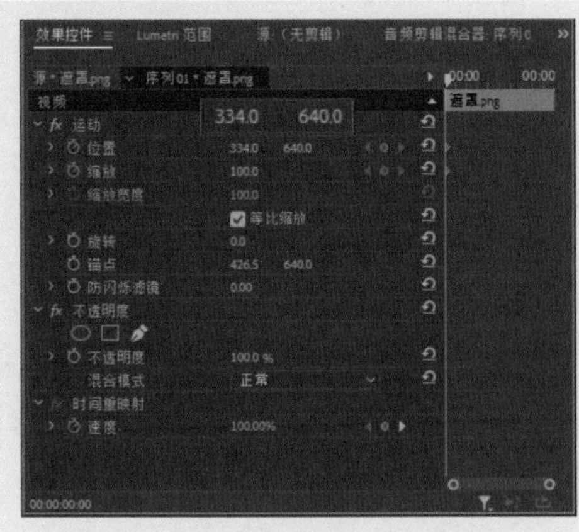

图 6-83

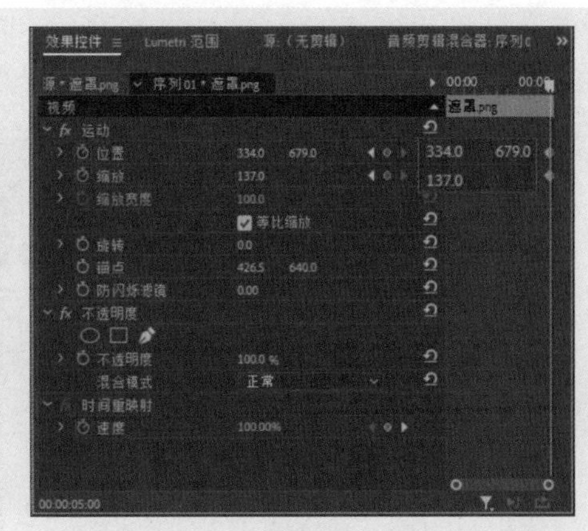

图 6-84

步骤 07 移动播放指示器至00:00:00:00处，选中V1轨道中的素材文件，在“效果控件”面板中单击“位置”和“缩放”参数左侧的“切换动画”按钮添加关键帧，如图6-85所示。

步骤 08 移动播放指示器至00:00:05:00处，更改“位置”和“缩放”参数，软件将自动添加关键帧，如图6-86所示。

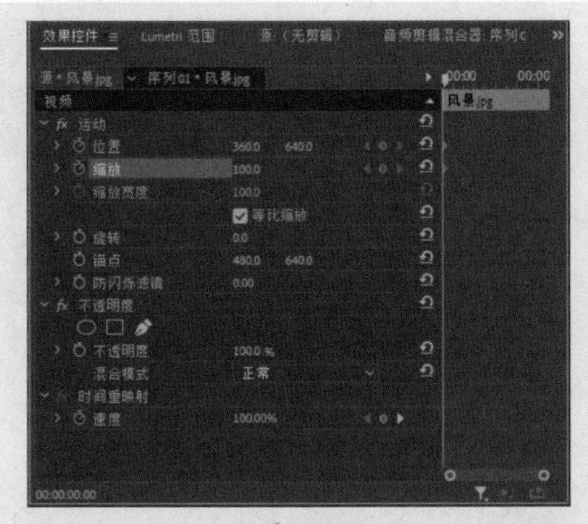

图 6-85

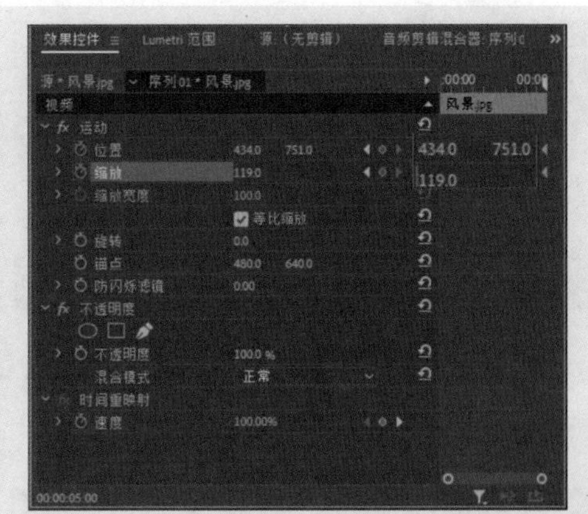

图 6-86

步骤 09 将音频素材拖曳至A1轨道中，使用“剃刀工具”在00:00:04:06和00:00:10:18处裁切素材，如图6-87所示。

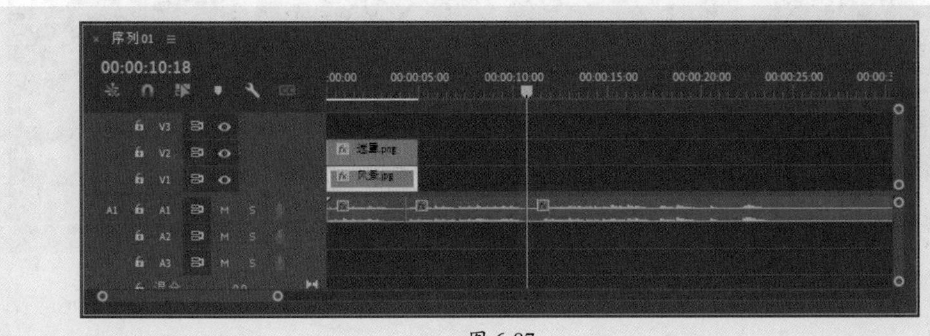

图 6-87

步骤 10 选中裁切后的第1段和第3段音频素材，按Shift+Delete组合键删除，选中剩余的音频素材右击，在弹出的快捷菜单中选择“速度/持续时间”选项，打开“剪辑速度/持续时间”对话框，设置参数，如图6-88所示。

步骤 11 完成设置后单击“确定”按钮，效果如图6-89所示。

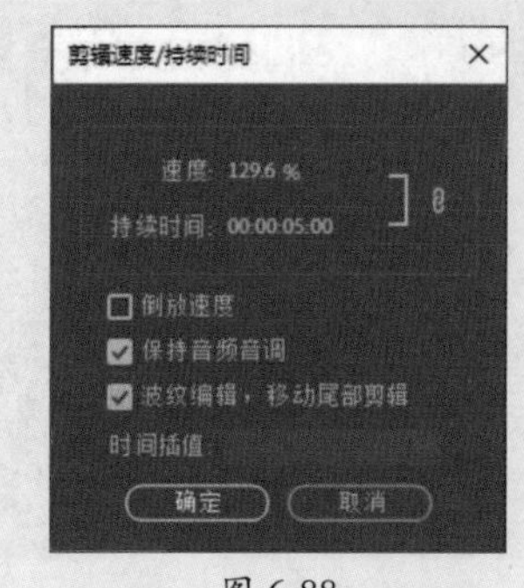

图 6-88

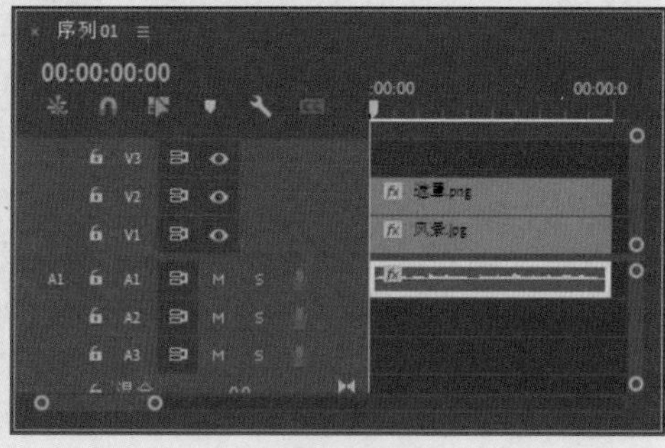

图 6-89

步骤 12 选中A1轨道中的音频素材，在“效果控件”面板中设置“级别”为“-16.0dB”，如图6-90所示。

步骤 13 在“效果”面板中搜索“恒定功率”音频过渡效果，拖曳至音频素材的入点和出点处，调整持续时间为15s，如图6-91所示。

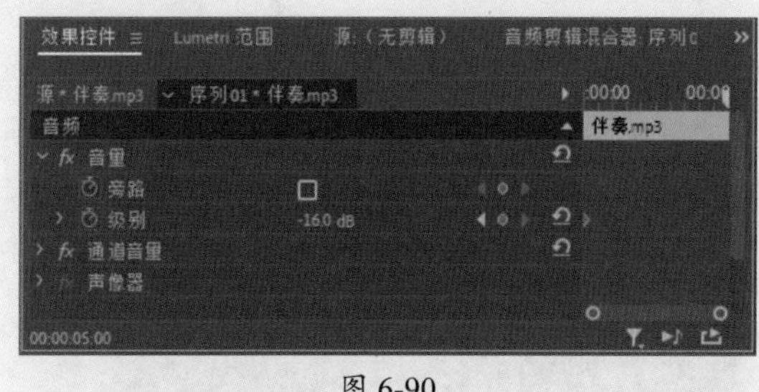

图 6-90

图 6-91

步骤 14 按空格键播放预览，如图6-92所示。

图 6-92

至此，完成旅行风景短视频的制作。

新手答疑

1. Q：移动文件夹后素材缺失了怎么办？

A：Premiere Pro软件中用到的素材都以链接的形式存放在“项目”面板中，当移动素材位置或删除素材时，可能会导致项目文件中的素材缺失，用户可以通过执行“链接媒体”命令重新链接丢失的素材。在“项目”面板中选中脱机素材后右击，在弹出的快捷菜单中选择“链接媒体”选项，打开“链接媒体”对话框，单击“查找”按钮，打开“查找文件”对话框，找到并选中要链接的素材对象，单击“确定”按钮即可重新链接媒体素材。

2. Q：为什么使用 Premiere Pro 软件剪辑素材并进行保存后，发送到其他计算机上就会出现素材缺失的情况？

A：Premiere Pro软件中的素材均是以链接的形式放置在“项目”面板中，所以用户可以看到大部分Premiere Pro软件保存的文档都很小。若想将其发送至其他计算机上，用户可以打包所用到的素材一并发送，也可以通过“项目管理器”对话框打包素材文件发送，以免有所疏漏。

3. Q：在 Premiere Pro 软件中改变音频持续时间后，音调发生了变化，怎么避免这一情况的出现？

A：在调整音频持续时间时，除了剪切素材外，用户可以通过执行“速度/持续时间”命令，打开“剪辑速度/持续时间”对话框，勾选“保持音频音调”复选框，就可以保持音频的音调。要注意的是，当音频素材持续时间与原始视频持续时间差异过大时，还是建议用户重新选择合适的音频素材进行应用。

4. Q：什么是非线性编辑？

A：非线性编辑是指借助计算机进行数字化制作的编辑。在使用非线性编辑软件时，用户仅需上传一次就可以多次进行编辑，且不影响素材的质量，节省人力物力，提高剪辑的效率。Premiere软件、After Effects软件都属于非线性编辑软件。

5. Q：怎么设置默认过渡？

A：在“效果”面板中选中要设置为默认过渡的视频过渡效果，右击，在弹出的快捷菜单中选择“将所选过渡设置为默认过渡”选项，即可更改默认切换。

6. Q：输出 GIF 格式为什么变成了一张张图片？

A：在Premiere Pro软件中，用户可以选择输出GIF格式和动态GIF格式，其中，选择GIF格式将输出为每一帧的图像，选择动态GIF格式将输出动态GIF图像。

7. Q：怎么调整过渡中心的位置？

A：应用视频过渡效果时，部分视频过渡效果具有可调节的过渡中心，如圆划像等。用户可以在“效果控件”面板中打开过渡，在A预览区域中拖动小圆形中心来调整过渡中心的位置。

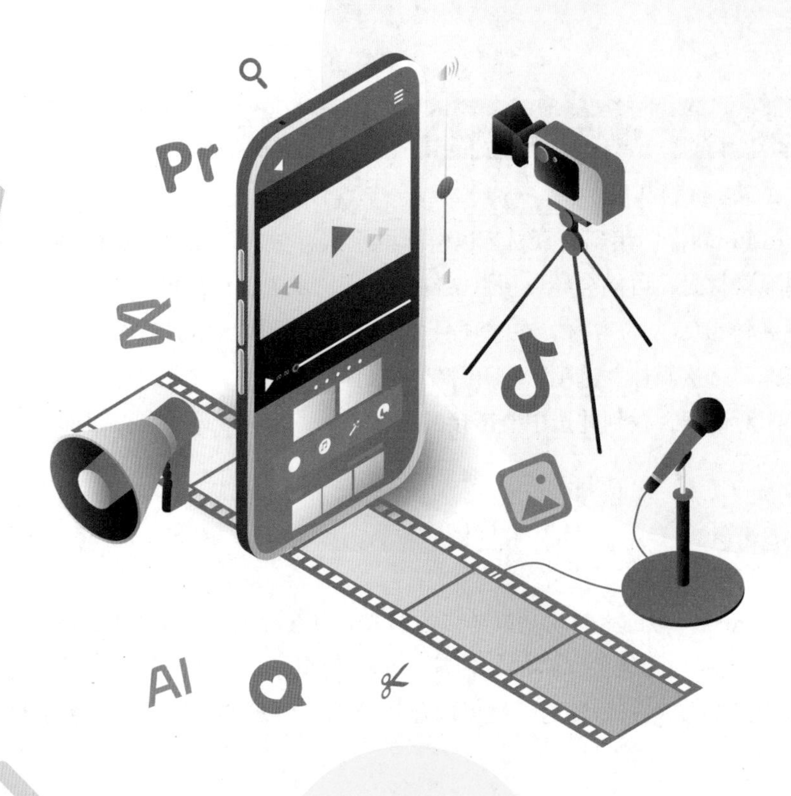

第7章

创意效果：利用Premiere Pro制作短视频特效

Premiere Pro除了用于剪辑外，还可用于制作视频特效，结合关键帧及预设的效果可以制作出精彩纷呈的短视频片段。本章将对关键帧动画的创建与设计、视频效果的添加及音频的编辑进行介绍。

7.1 认识关键帧动画

关键帧是制作动态效果的重要工具，可以记录对象在特定时间的特殊状态，通过软件在两个连续的关键帧之间生成过渡和插值，就生成了平滑的动态效果。本章将对关键帧动画进行介绍。

7.1.1 认识“效果控件”面板

“效果控件”面板可以设置对象的绝大多数属性，包括位置、缩放、旋转及添加的视频效果等，如图7-1所示。

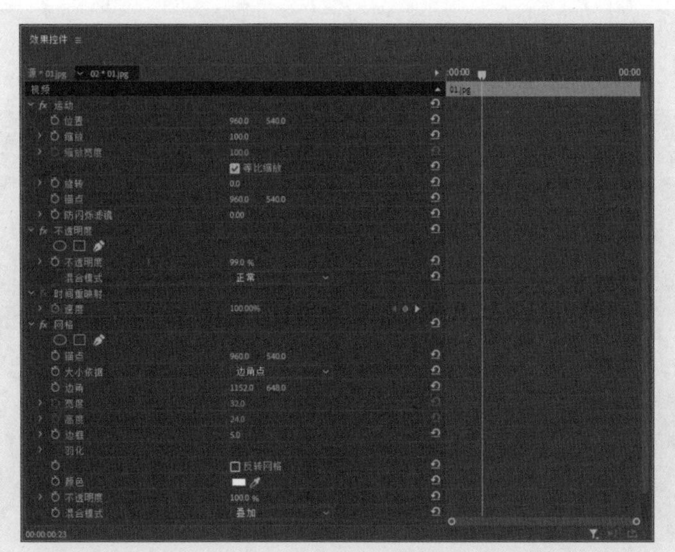

图 7-1

该面板部分选项作用如下。

- **运动：** 用于设置素材的位置、缩放、旋转等参数。
- **不透明度：** 用于设置素材的不透明度，制作叠加、淡化等效果。
- **时间重映射：** 用于设置素材的速度。
- **切换效果开关fx：** 单击该按钮，将禁用相应的效果，此时按钮变为fx状，“节目”监视器面板中该效果将被隐藏。再次单击可重新启用该效果。
- **切换动画：** 单击该按钮，将激活关键帧过程，在轨道中创建关键帧，两个及以上具有不同状态的关键帧之间将出现变化的效果。若在已有关键帧的情况下单击该按钮，将删除相应属性的所有关键帧。
- **添加/移除关键帧：** 激活关键帧过程后出现该按钮，单击即可添加或移除关键帧。
- **重置效果：** 单击该按钮，将重置当前选项为默认状态。

注意事项

若想删除所有的效果，可以在“效果控件”面板的快捷菜单中执行“移除效果”命令，或在“时间轴”面板中选中素材，右击，在弹出的快捷菜单中选择“删除属性”选项，打开“删除属性”对话框，在该对话框中选择要删除的属性，单击“确定”按钮即可删除应用的效果，并使固定效果恢复至默认状态。

7.1.2 添加关键帧

帧是动画中最小单位的单幅影像画面，而关键帧是指具有关键状态的帧，两个不同状态的关键帧之间就形成了动画效果。关键帧可以帮助用户制作动画效果，用户可以在“效果控件”面板中进行添加或移除关键帧的操作。

注意事项

在不改变关键帧插值的情况下，两个相邻关键帧之间的时间越长，变换速度越慢，时间越短，变换速度越快。

选中“时间轴”面板中的素材，在“效果控件”面板中单击某一参数左侧的“切换动画”按钮，即可在播放指示器当前位置添加关键帧，移动播放指示器，调整参数或单击“添加/移除关键帧”按钮，可在当前位置继续添加关键帧，如图7-2所示。

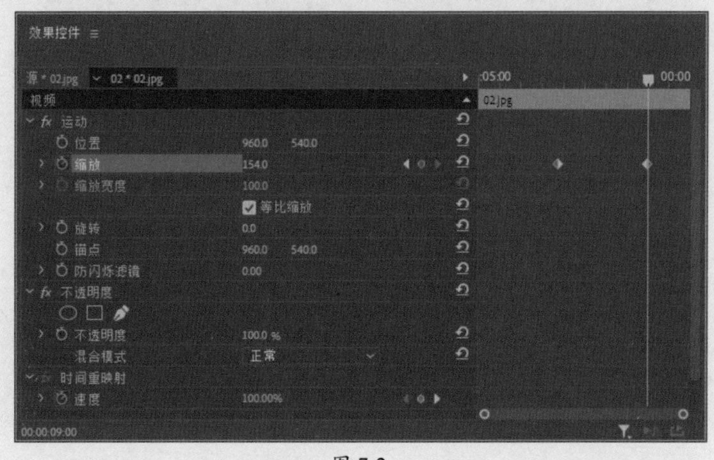

图 7-2

知识点拨

针对一些固定效果如位置、缩放、旋转等，用户可以在添加第一个关键帧后，移动播放指示器，在“节目”监视器面板中调整素材添加关键帧。

若要移除关键帧，可以选中关键帧后按Delete键删除，也可以移动播放指示器至要删除的关键帧处，单击该参数中的“添加/移除关键帧”按钮将其删除。若要删除某一参数的所有关键帧，可以单击该参数左侧的“切换动画”按钮。

注意事项

按住Shift键在“效果控件”面板或“时间轴”面板中移动播放指示器，可以使其移动至最近的关键帧处。

7.1.3 关键帧插值

关键帧插值可以使关键帧之间的过渡平滑，变化更加自然。在Premiere Pro软件中，包括线性、贝塞尔曲线、自动贝塞尔曲线、连续贝塞尔曲线、定格、缓入和缓出7种关键帧插值命令，其作用如表7-1所示。

表7-1

命令	图标	作用
线性		创建关键帧之间的匀速变化
贝塞尔曲线		创建自由变换的插值，用户可以手动调整方向手柄
自动贝塞尔曲线		创建通过关键帧的平滑变化速率。关键帧的值更改后，“自动贝塞尔曲线”方向手柄也会发生变化，以保持关键帧之间的平滑过渡
连续贝塞尔曲线		创建通过关键帧的平滑变化速率，且用户可以手动调整方向手柄
定格		创建突然的变化效果，位于应用了定格插值的关键帧之后的图表显示为水平直线
缓入		减慢进入关键帧的值变化
缓出		逐渐加快离开关键帧的值变化

选中“效果控件”面板中的关键帧，右击，在弹出的快捷菜单中选择相应的选项，即可应用插值效果。

注意事项

添加关键帧插值后，用户可以在“效果控件”面板中展开当前属性，在图表中调整手柄，设置关键帧变化速率。

7.1.4 蒙版和跟踪效果

蒙版可以使应用的效果作用于特定的区域，制作出独具特色的视觉效果。在Premiere Pro软件中，用户可以创建“椭圆形蒙版”、“4点多边形蒙版”和“自由绘制贝塞尔曲线”3种类型的蒙版。选择“时间轴”面板中要进行蒙版的素材，在“效果控件”面板中单击要设置蒙版的效果下方的蒙版按钮即可添加蒙版，如图7-3所示。

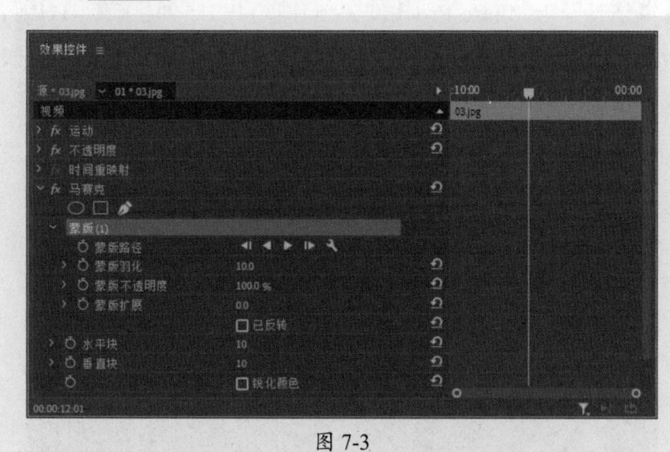

图 7-3

“效果控件”面板中蒙版属性部分选项作用如下。

- **蒙版路径：** 用于添加关键帧设置跟踪效果。单击该选项中的不同按钮，可以设置不同的跟踪效果。
- **蒙版羽化：** 用于柔化蒙版边缘。

- **蒙版不透明度：**用于调整蒙版的不透明度。
- **蒙版扩展：**用于扩展蒙版范围。
- **已反转：**勾选该复选框将反转蒙版范围。

创建蒙版后，用户可使用“选择工具”▶在“节目”监视器面板中调整蒙版形状，使其更容易达到需要的效果。

知识点拨

选中蒙版后在“节目”监视器面板中可以通过手柄设置蒙版的范围、羽化值等参数，如图7-4所示。

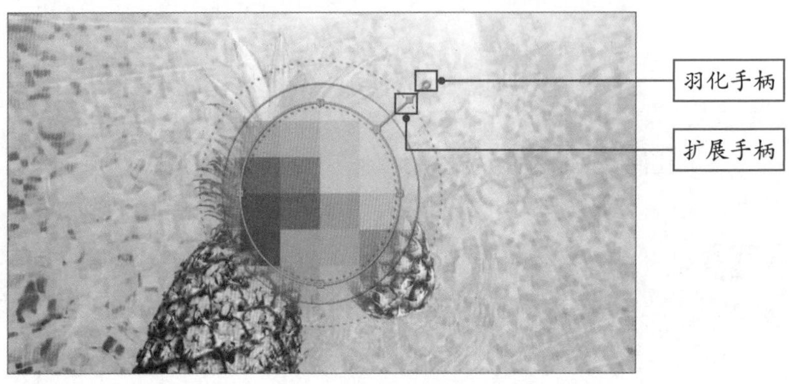

图 7-4

动手练 制作进度条动画

本案例将练习制作进度条动画，涉及的知识点包括关键帧动画的创建、关键帧插值的设置、蒙版的使用等。

步骤 01 打开Premiere Pro软件，新建项目和序列。按Ctrl+I组合键导入本章素材文件“静止.png”“烟花.mp4”“百分比.png”“圆角1.png”和“圆角2.png”，如图7-5所示。

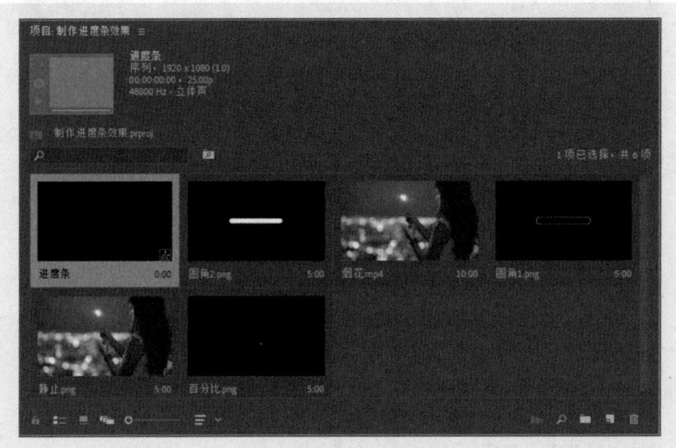

图 7-5

步骤 02 将“项目”面板中的“静止.png”素材拖曳至“时间轴”面板中的V1轨道中，调整其持续时间为4s。拖曳“烟花.mp4”素材至V1轨道素材出点处，如图7-6所示。

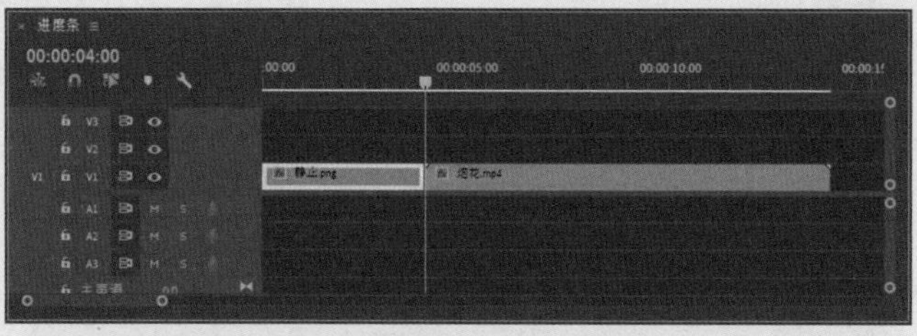

图 7-6

步骤03 在“效果”面板中搜索“高斯模糊”视频效果，拖曳至V1轨道“静止.png”素材上，在“效果控件”面板中设置参数，如图7-7所示。

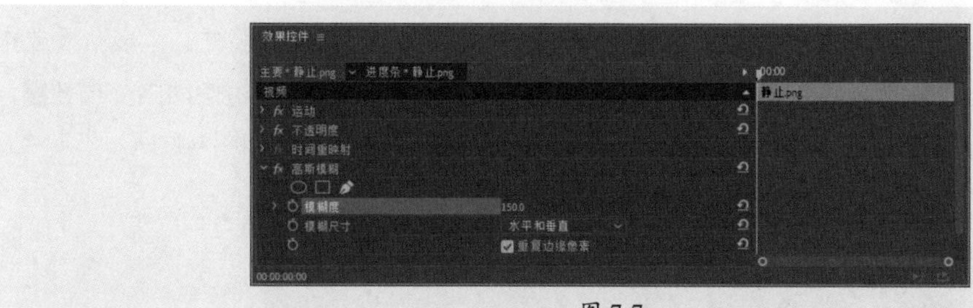

图 7-7

步骤04 在“效果”面板中搜索“时间码”视频效果，拖曳至V1轨道“静止.png”素材上，在“效果控件”面板中设置参数，如图7-8所示。此时“节目”监视器面板中的效果如图7-9所示。

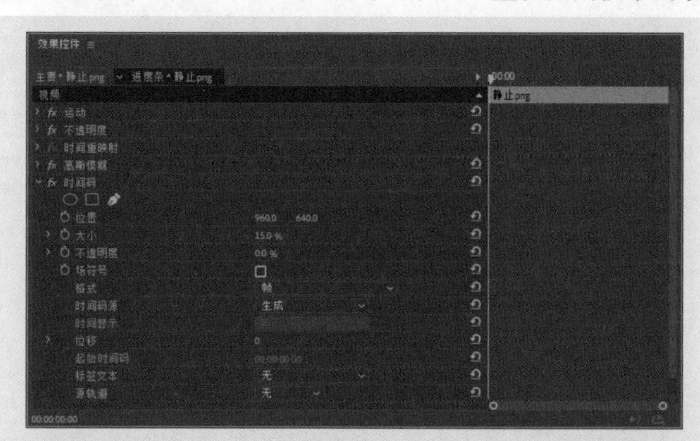

图 7-8

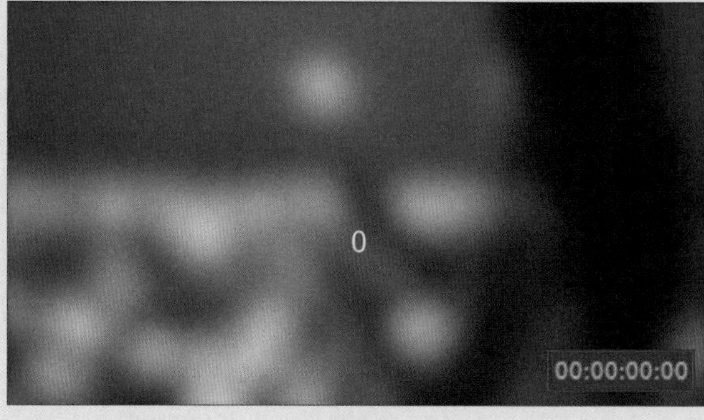

图 7-9

步骤05 将素材“圆角1.png”“圆角2. png”和“百分比.png”依次拖曳至“时间轴”面板中的V2、V3、V4轨道上，并调整持续时间与“静止.png”素材一致，如图7-10所示。

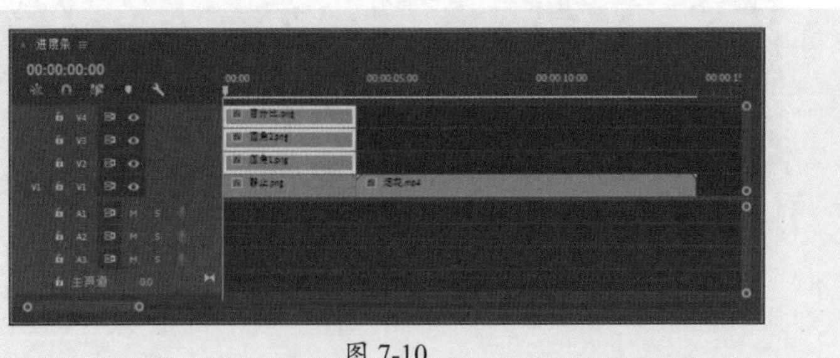

图 7-10

步骤06 在“效果”面板中搜索“线性擦除”视频效果，拖曳至V3轨道素材上，移动播放指示器至00:00:00:00处，在“效果控件”面板中单击“过渡完成”参数前的“切换动画”按钮，添加关键帧，并设置“过渡完成”参数为70%、“擦除角度”参数为-90°，如图7-11所示。

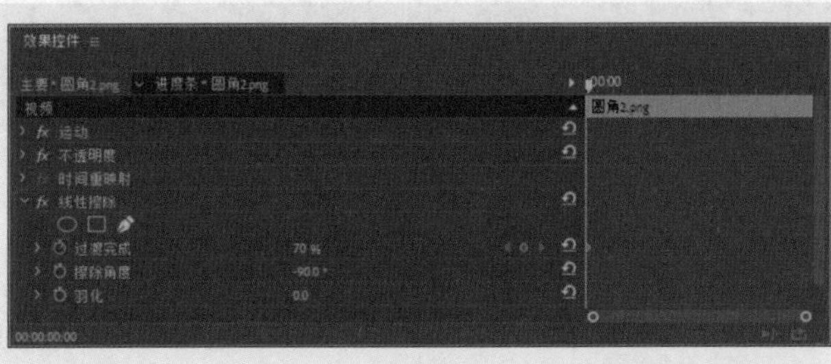

图 7-11

步骤07 移动播放指示器至00:00:04:00处，调整“过渡完成”参数为30%，软件将自动添加关键帧，如图7-12所示。

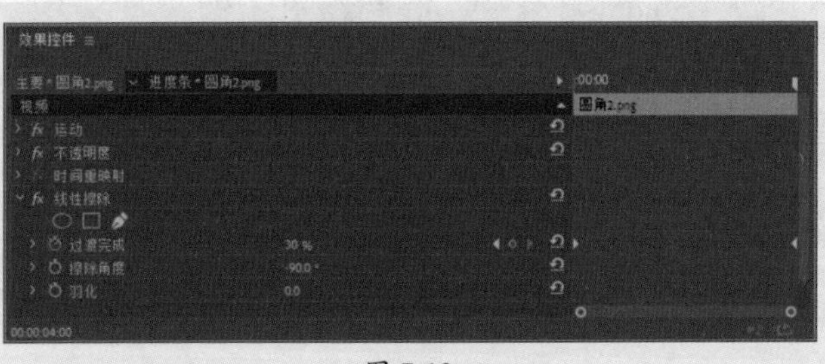

图 7-12

步骤08 在“时间轴”面板中选中除“烟花.mp4”素材以外的所有素材，右击，在弹出的快捷菜单中选择“嵌套”选项，嵌套素材文件，如图7-13所示。

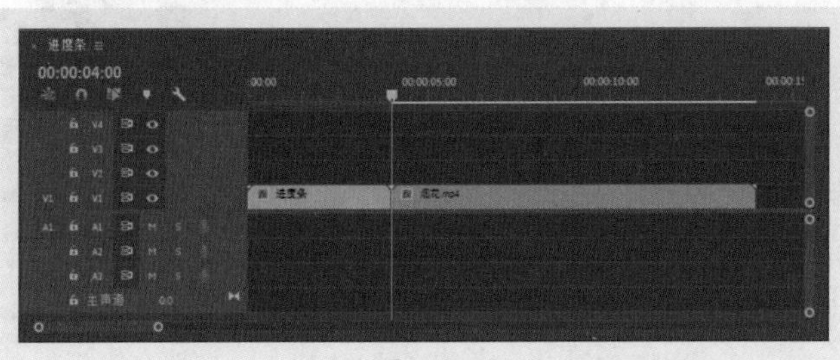

图 7-13

步骤 09 在“效果”面板中搜索“交叉溶解”视频过渡效果，拖曳至嵌套素材和“烟花.mp4”素材之间，添加视频过渡，如图7-14所示。

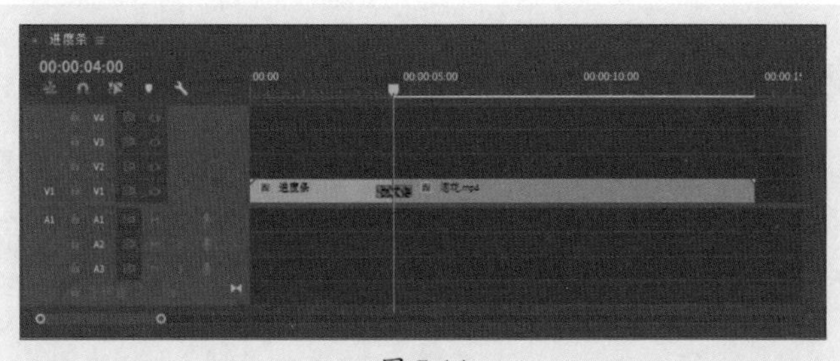

图 7-14

步骤 10 按空格键预览播放，如图7-15所示。至此，完成进度条效果的制作。

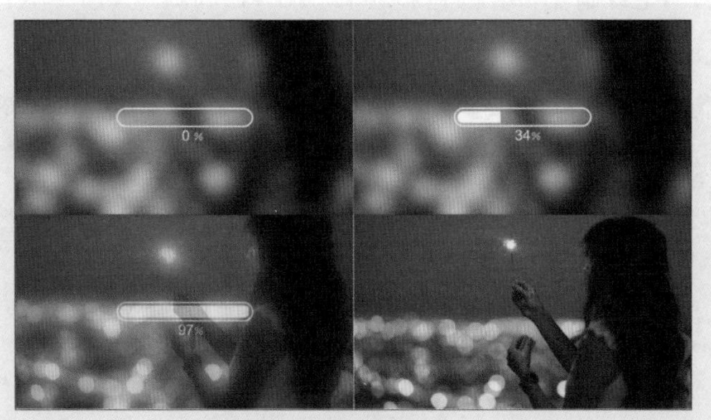

图 7-15

7.2 Premiere Pro制作视频特效

Premiere Pro软件提供了多种不同的视频特效以辅助用户制作短视频，通过这些视频特效可以便捷地制作出神奇的视频效果。本节将对此进行介绍。

7.2.1 添加视频效果

在素材上添加视频效果主要有以下两种方式。

- 在“效果”面板中选中要添加的视频效果，拖放至“时间轴”面板的素材上。
- 选中“时间轴”面板中的素材，在“效果”面板中双击要添加的视频效果。

添加视频效果后，“时间轴”面板中素材上的*FX*徽章颜色会变为紫色，如图7-16所示。

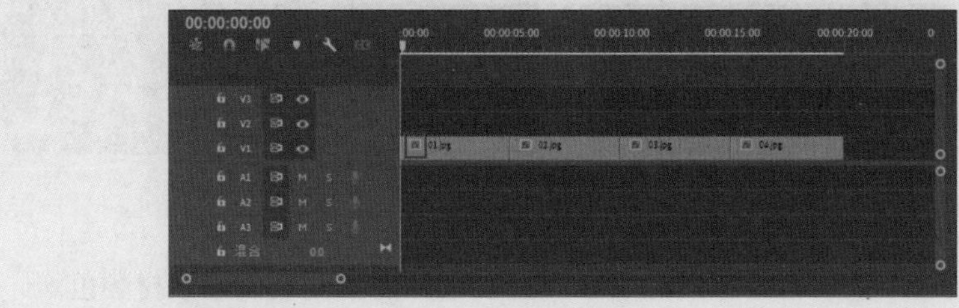

图 7-16

选中“时间轴”面板中的多个素材，再将视频效果拖曳至素材上或双击视频效果，可将视频效果应用至选中的多个素材中。

7.2.2 调色效果

色彩是最具视觉冲击力的视觉元素，不同的色彩可以带来不同的心理感受。在制作短视频时，需要根据短视频的内容合理地调色，使色彩符合主题基调。Premiere Pro提供了多种调色效果，本节将对此进行介绍。

1.“调整”效果组

“调整”效果组包括提取、色阶、ProcAmp和光照等4种效果，主要用于修复原始素材在曝光、色彩等方面的不足或制作特殊的色彩效果。图7-17和图7-18所示为色阶效果调整前后的对比。

图 7-17

图 7-18

- **提取**：去除素材图像中的颜色，制作黑白影像的效果。
- **色阶**：通过调整素材图像的RGB通道色阶，改变素材的显示效果。
- **ProcAmp**：通过调节素材图像整体的亮度、对比度、饱和度等参数，改变素材的显示效果。
- **光照**：模拟光照打在素材画面中的效果。

2.“颜色校正”效果组

“颜色校正”效果组包括ASC CDL、亮度与对比度、Lumetri颜色、广播颜色、色彩、视频限制器和颜色平衡等7种效果，主要用于帮助用户校正素材图像的颜色，使素材画面更加舒适。图7-19和图7-20所示为颜色平衡效果调整前后的对比。

图 7-19

图 7-20

- **ASC CDL**：通过调整素材图像的红、绿、蓝参数及饱和度来校正素材颜色。
- **亮度与对比度**：调整素材图像的亮度和对比度。

- **Lumetri颜色**：综合性地校正颜色的效果，添加该效果后，用户可以应用Lumetri Looks颜色分级引擎链接文件中的色彩校正预设项目，校正图像色彩。除了添加“Lumetri颜色”效果外，用户还可以在“Lumetri颜色”面板中调整素材颜色。
- **广播颜色**：调出用于广播级别，即电视输出的颜色。
- **色彩**：将相等的图像灰度范围映射到指定的颜色，即在图像中将阴影映射到一个颜色，高光映射到另一个颜色，而中间调映射到两个颜色之间。该效果类似于Photoshop软件中的“渐变映射”调整命令。
- **视频限制器**：限制素材图像的亮度和颜色，使其满足广播级标准。
- **颜色平衡**：分别调整素材图像阴影、中间调和高光中RGB颜色所占的量来调整图像色彩。

3. “过时”效果组

“过时”效果组包括Premiere Pro软件旧版本中作用较好的、被保留下来的效果，其中RGB曲线、三向颜色校正器等均可用于调整素材颜色。图7-21和图7-22所示为颜色平衡（HLS）效果调整前后的对比。

图 7-21

图 7-22

- **RGB曲线**：通过调节不同通道的曲线设置素材图像的显示效果。
- **三向颜色校正器**：通过色轮调整素材图像的阴影、高光和中间调等参数。
- **亮度曲线**：通过调整曲线改变素材图像的亮度。
- **保留颜色**：只保留素材图像中的一种颜色，从而突出主体。
- **通道混合器**：调整RGB各通道的参数来影响素材图像的显示效果。
- **颜色平衡（HLS）**：通过调整素材图像中的色相、亮度和饱和度等参数来调整图像色彩。

4. “图像控制”效果组

“图像控制”效果组包括颜色过滤、颜色替换、灰度系数校正和黑白等4种效果，主要用于处理素材中的特定颜色，使素材呈现特殊效果。图7-23和图7-24所示为颜色过滤效果调整前后的对比。

图 7-23

图 7-24

- **颜色过滤：**过滤掉指定颜色之外的颜色，使其他颜色呈灰色显示。
- **颜色替换：**替换素材中指定的颜色，保持其他颜色不变。
- **灰度系数校正：**使图像变暗或变亮，而不改变图像亮部。
- **黑白：**去除素材图像的颜色，使其变为黑白图像。

注意事项

随着软件版本的更新，部分效果的位置也有所调整，具体以使用的软件版本为准。

动手练 制作素描渐入短视频

本案例将练习制作素描渐入短视频，涉及的知识点包括查找边缘效果、色彩效果的添加与设置、关键帧动画的制作等。

步骤 01 新建项目。按Ctrl+I组合键导入本章素材文件“树叶.mp4”，并将其拖曳至“时间轴”面板中，软件将根据素材创建序列，如图7-25所示。

步骤 02 选中“时间轴”面板中的素材右击，在弹出的快捷菜单中选择“速度/持续时间”选项，打开“剪辑速度/持续时间”对话框，设置持续时间为10s，如图7-26所示。

图 7-25

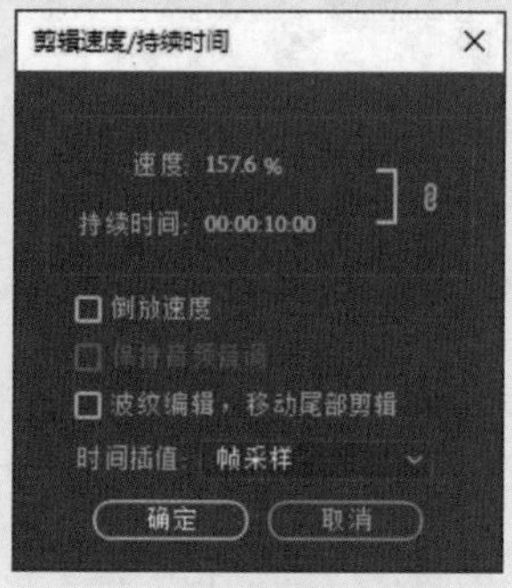

图 7-26

步骤 03 完成设置后单击“确定”按钮，效果如图7-27所示。

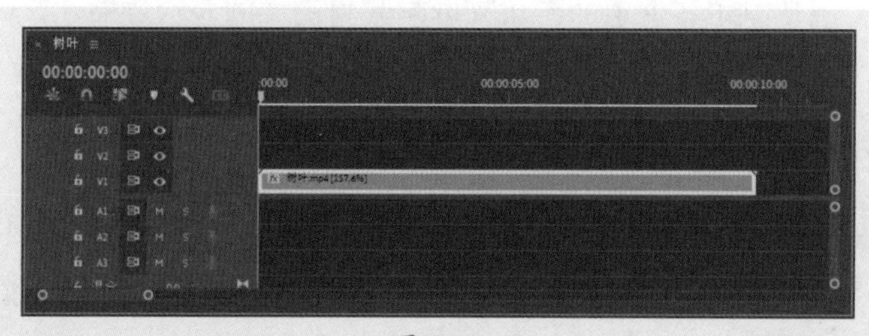

图 7-27

步骤 04 在“效果”面板中搜索“查找边缘”视频效果，拖曳至“时间轴”面板中的素材上，此时“节目”监视器面板中的效果如图7-28所示。

步骤 05 移动播放指示器至00:00:00:00处，在“效果控件”面板中单击“与原始图像混合”参数左侧的“切换动画”按钮添加关键帧，如图7-29所示。

步骤 06 移动播放指示器至00:00:03:00处，更改“与原始图像混合”参数为100%，软件将自动添加关键帧，如图7-30所示。此时“节目”监视器面板中的效果如图7-31所示。

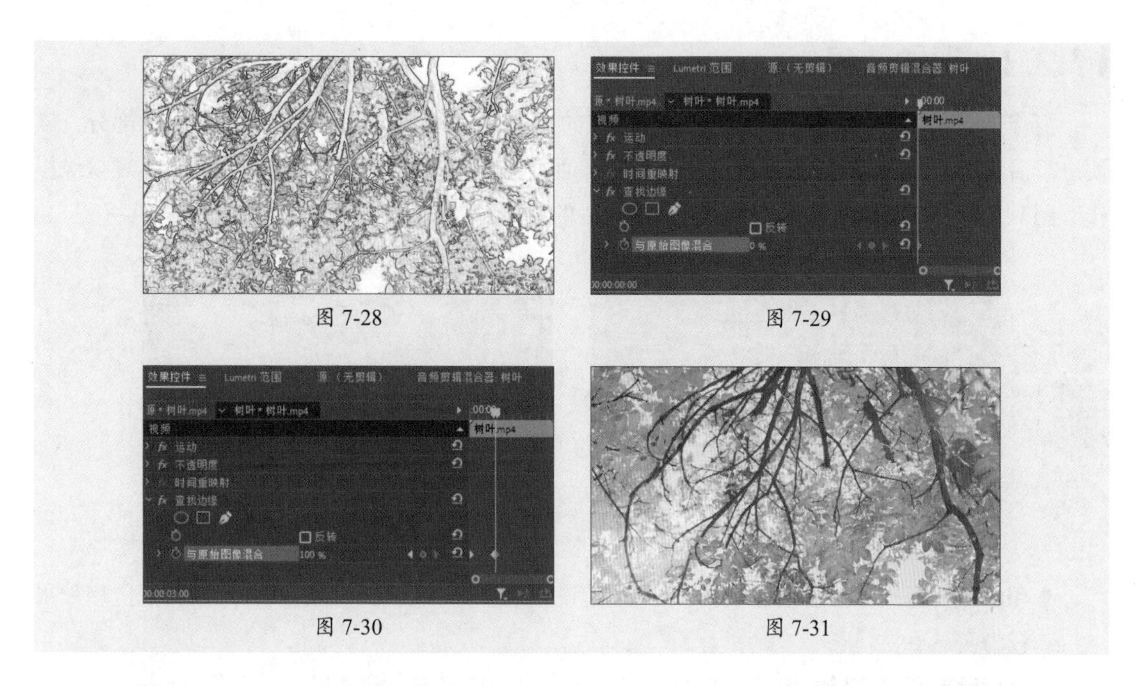

图 7-28　　图 7-29

图 7-30　　图 7-31

步骤 07 在“效果”面板中搜索“色彩”视频效果，拖曳至“时间轴”面板中的素材上。移动播放指示器至00:00:00:00处，在“效果控件”面板中单击“着色量”参数左侧的“切换动画”按钮添加关键帧，如图7-32所示。

步骤 08 移动播放指示器至00:00:03:00处，更改“着色量”参数为0%，软件将自动添加关键帧，如图7-33所示。

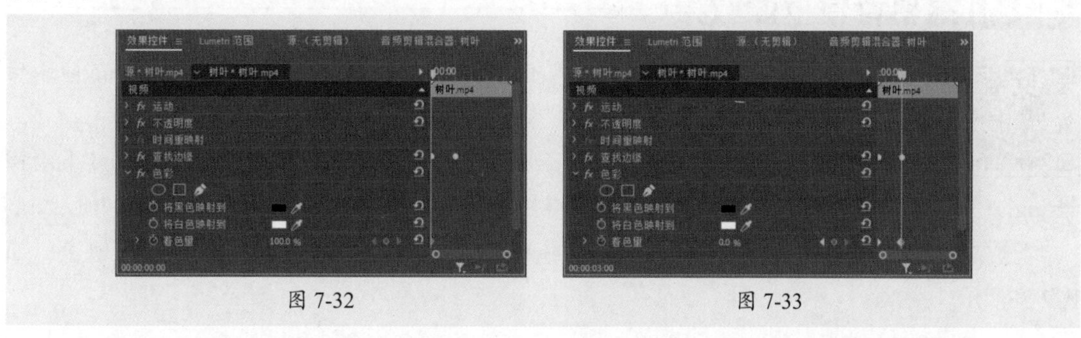

图 7-32　　图 7-33

步骤 09 按空格键预览播放，如图7-34所示。至此，完成素描渐入短视频的制作。

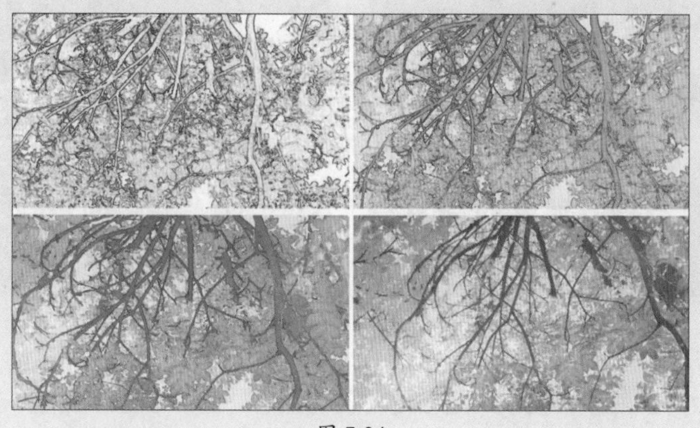

图 7-34

7.2.3 抠像效果

抠像是一种图像处理技术，是指通过特定的算法或工具识别并分离图像中的目标部分，以便进行后续的合成和处理。Premiere Pro软件可通过蒙版或“键控”效果组中的效果实现抠像操作。图7-35和图7-36所示为超级键效果调整前后的对比。

图 7-35

图 7-36

- **Alpha调整：** 将上层图像中的Alpha通道设置遮罩叠加效果。在透明背景素材上应用效果较为明显。
- **亮度键：** 利用素材图像的亮暗对比，抠除图像的亮部或暗部，保留另一部分。
- **超级键：** 指定图像中的颜色范围生成遮罩。
- **轨道遮罩键：** 通过上层轨道中的图像遮罩当前轨道中的素材。
- **颜色键：** 清除素材图像中指定的颜色。

动手练 绿幕背景抠像效果

本案例练习制作绿幕背景抠像的效果，涉及的知识点包括超级键效果的应用与调整、关键帧动画的制作等。

步骤 01 新建项目。按Ctrl+I组合键导入本章素材文件“下雨.mp4”和“下雨背景.jpg”，并将视频素材拖曳至“时间轴”面板中，软件将根据素材创建序列，如图7-37所示。

步骤 02 在“时间轴”面板中将视频素材拖曳至V2轨道，将图片素材拖曳至V1轨道，如图7-38所示。

图 7-37

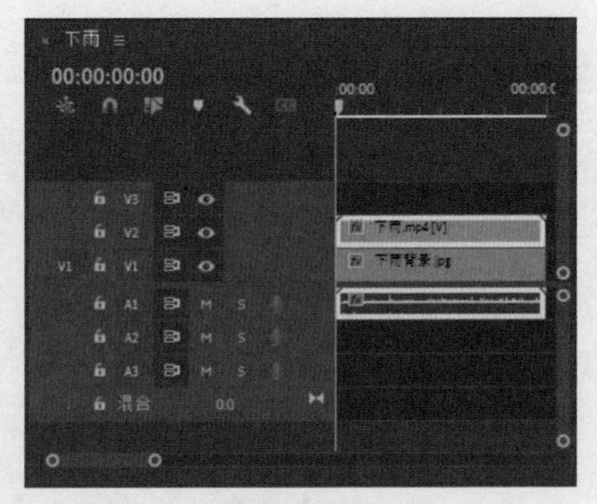

图 7-38

步骤 03 在“效果”面板中搜索“超级键”效果并拖曳至V2轨道素材上，在“效果控件”面板中设置“主要颜色”为绿幕颜色，如图7-39所示。

步骤 04 此时“节目”监视器面板中的效果如图7-40所示。

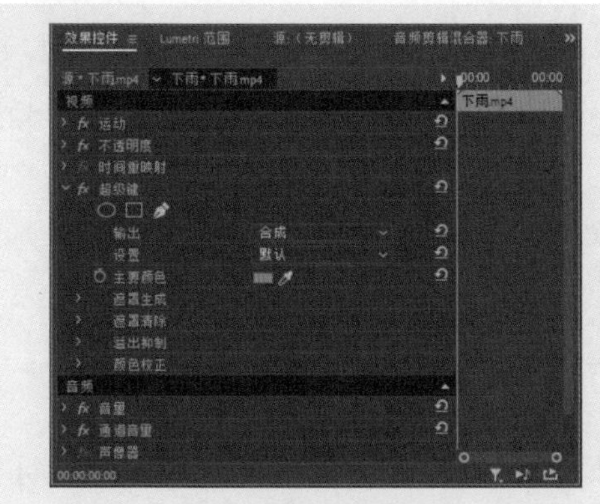

图 7-39

图 7-40

步骤 05 选中V1轨道素材，在“效果控件”面板中单击“位置”和“缩放”参数左侧的“切换动画”按钮添加关键帧，如图7-41所示；移动播放指示器至00:00:05:00处，更改“位置”和“缩放”参数，软件将自动添加关键帧，如图7-42所示。

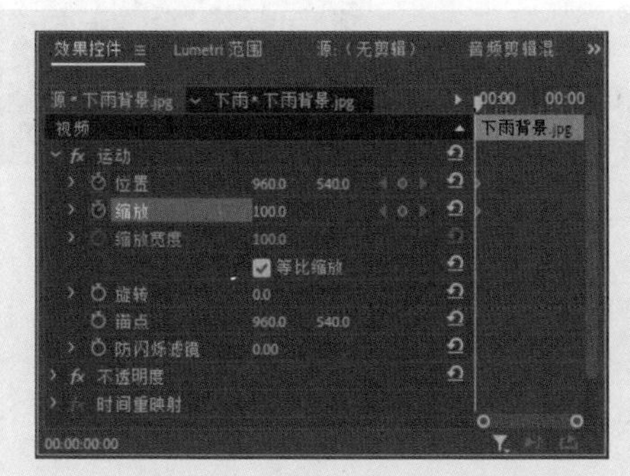

图 7-41

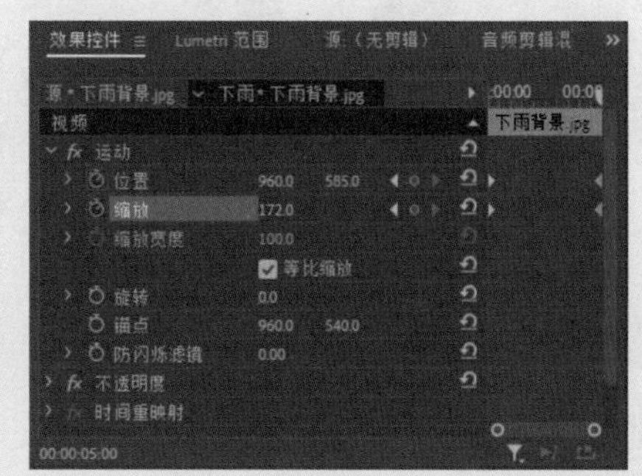

图 7-42

步骤 06 按空格键播放预览，如图7-43所示。

图 7-43

至此，完成绿幕背景抠像效果的制作。

7.2.4 其他常用效果

除了以上视频效果外，Premiere Pro中还包括很多其他视频效果。

- **“变换”效果组**：帮助用户变换素材对象，使素材产生翻转、裁剪、羽化边缘等效果。
- **“扭曲”效果组**：通过几何扭曲变形素材，使画面中的素材产生变形。
- **“模糊与锐化”效果组**：通过调节素材图像颜色间的差异，柔化图像或使其纹理更加清晰。
- **“生成”效果组**：在素材画面中添加渐变、镜头光晕等特殊的效果。
- **“视频”效果组**：在素材图像中添加简单的文本信息或调整图像亮度。
- **“透视”效果组**：帮助用户制作空间中透视的效果或添加素材投影。
- **“风格化”效果组**：艺术化地处理素材图像，使其形成独特的视觉效果。图7-44和图7-45所示为马赛克效果调整前后的对比。

图 7-44

图 7-45

动手练 制作局部马赛克效果

本案例练习制作局部马赛克效果，涉及的知识点包括马赛克效果的应用、蒙版的添加及跟踪效果的设置等。

步骤 01 新建项目，按Ctrl+I组合键导入本章素材文件“茶杯.mp4”，并将其拖曳至“时间轴”面板中，软件将根据素材创建序列，如图7-46所示。

步骤 02 在“效果”面板中搜索“马赛克”效果，拖曳至“时间轴”面板中的素材上，在“效果控件”面板中设置参数，如图7-47所示。

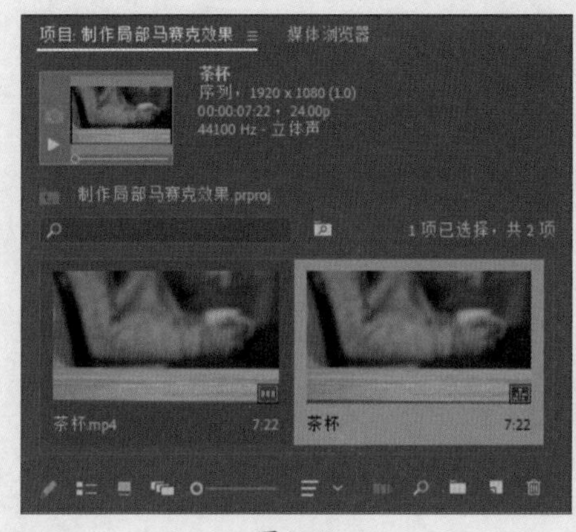

图 7-46

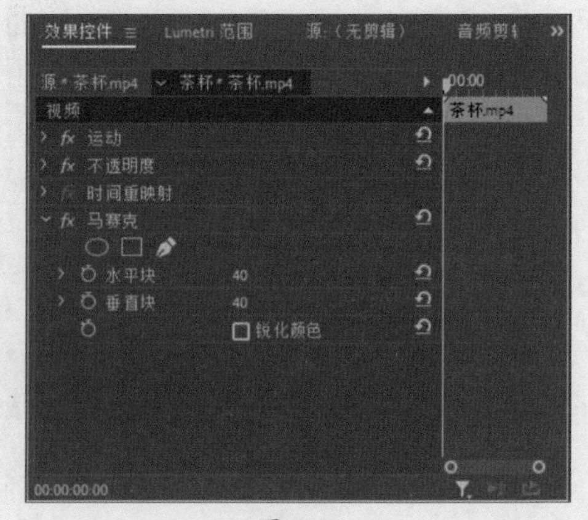

图 7-47

步骤 03 此时“节目”监视器面板中的效果如图7-48所示。

步骤 04 移动播放指示器至00:00:03:18处，单击“效果控件”面板马赛克属性下方的“4点多边形蒙版”按钮■，在“节目”监视器面板中调整蒙版路径以完全遮盖茶杯上的文字，如图7-49所示。

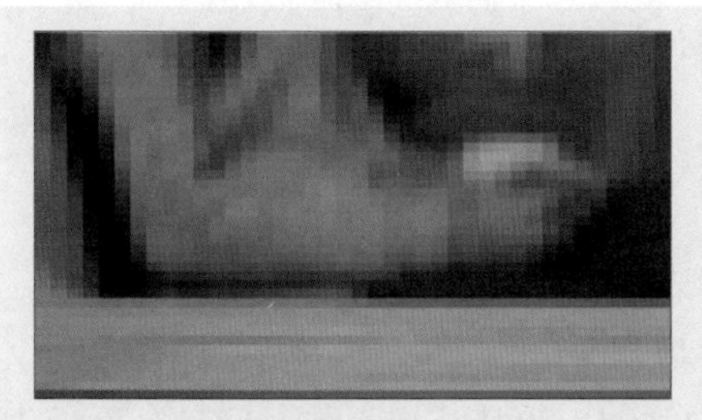

图 7-48

图 7-49

步骤 05 在“效果控件”面板中单击“蒙版路径”左侧的“切换动画”按钮◙添加关键帧，单击“蒙版路径”右侧的“向前跟踪所选蒙版”按钮▶，软件将自动向前跟踪并生成关键帧，如图7-50所示。

步骤 06 移动播放指示器至如图7-51所示位置，单击“蒙版路径”右侧的“向后跟踪所选蒙版”按钮◀，软件将自动向前跟踪并生成关键帧。

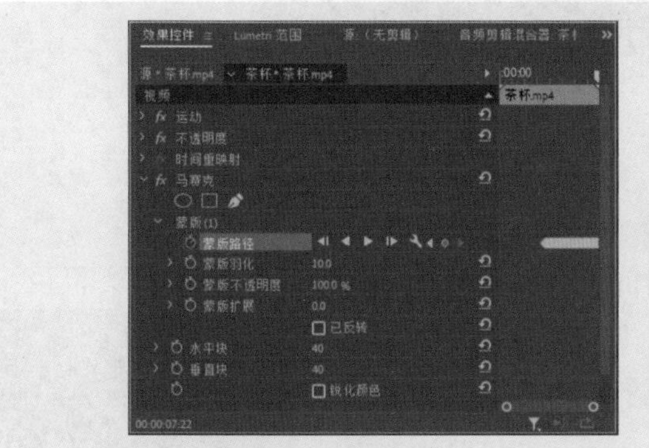

图 7-50

图 7-51

步骤 07 按空格键播放预览，如图7-52所示。至此完成局部马赛克效果的制作。

图 7-52

7.3 Premiere Pro调整音频效果

声音在短视频中可以起到推动情节、渲染氛围与情感的作用，在短视频制作过程中，创作者需要结合视频对声音进行处理，以创造良好的视听体验。

7.3.1 添加音频素材

在短视频制作中，音频的添加通常是在视频剪辑完成后进行的，如果视频较长，也可以一边精剪画面，一边组接音乐，以保证音乐的节奏与画面贴合。

音频素材的添加与视频、图像等素材的添加类似，直接拖曳至“时间轴”面板中即可，区别在于音频素材是添加至“时间轴”面板中的A系列轨道中，如图7-53所示。

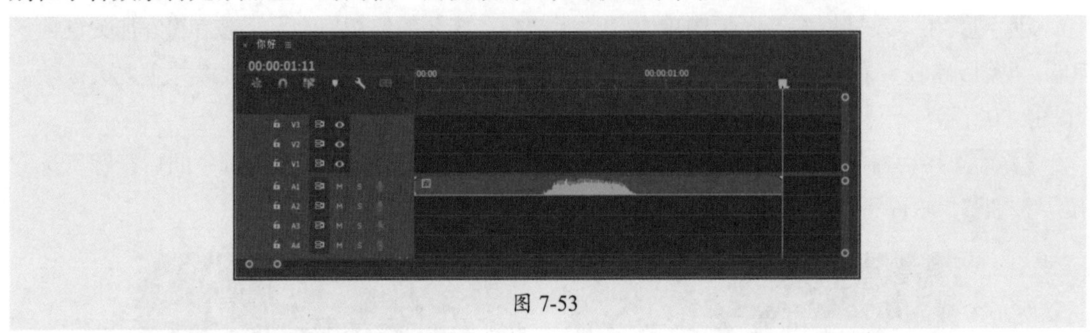

图 7-53

7.3.2 音频持续时间调整

在“项目”面板、“源”监视器面板或“时间轴”面板中均可以设置音频持续时间，以匹配视频轨道中的素材，保证影片品质。选中音频素材右击，在弹出的快捷菜单中选择“速度/持续时间”选项，打开“剪辑速度/持续时间”对话框，如图7-54所示。在该对话框中设置参数即可调整音视频素材的持续时间。一般来说调整音频持续时间时需要勾选“保持音频音调”复选框，以避免变调的情况出现。

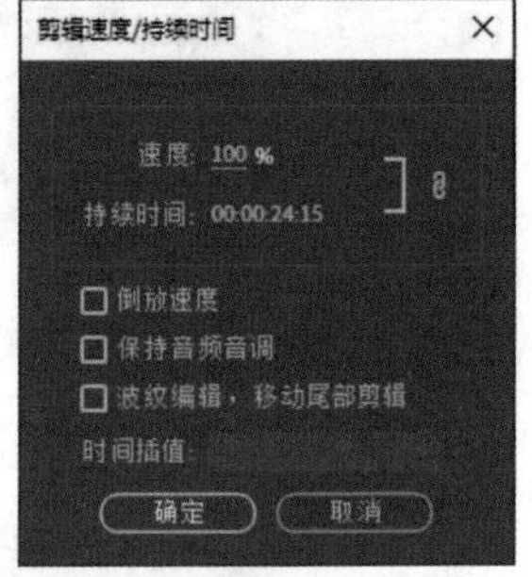

图 7-54

7.3.3 音频增益调整音频音量

增益是指剪辑中的输入电平或音量，用户可以通过执行“音频增益”命令调整一个或多个选中剪辑的增益电平。执行“剪辑”|“音频选项”|“音频增益”命令，打开“音频增益”对话框，如图7-55所示。在该对话框中即可对音频增益进行调整。

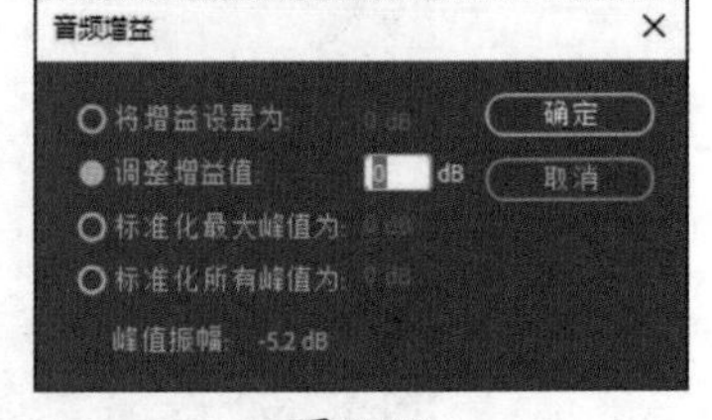

图 7-55

“音频增益”对话框中各选项作用如下。

- **将增益设置为：** 用于将增益设置为某一特定值，该值始终更新为当前增益。
- **调整增益值：** 用于调整增益。调整后“将增益设置为”值也会自动更新，以反映应用于该剪辑的实际增益值。
- **标准化最大峰值为：** 用于指定选定剪辑的最大峰值振幅。

- **标准化所有峰值为：** 用于指定选定剪辑的峰值振幅。

注意事项

“音频增益”命令独立于“音轨混合器”和“时间轴”面板中的输出电平设置，但其值将与最终混合的轨道电平整合。

7.3.4 音频关键帧制作音频变化效果

音频关键帧可以设置音频素材在不同时间的音量，从而制作出变化的效果。用户可以选择在“时间轴”面板中或“效果控件”面板中添加音频关键帧。

1. 在“时间轴”面板中添加音频关键帧

若想在“时间轴”面板中添加音频关键帧，需要先将音频轨道展开，双击音频轨道前的空白处即可。在展开的音频轨道中单击“添加-移除关键帧”按钮，即可添加或删除音频关键帧。添加音频关键帧后，可通过“选择工具”移动其位置，从而改变音频效果，如图7-56所示。

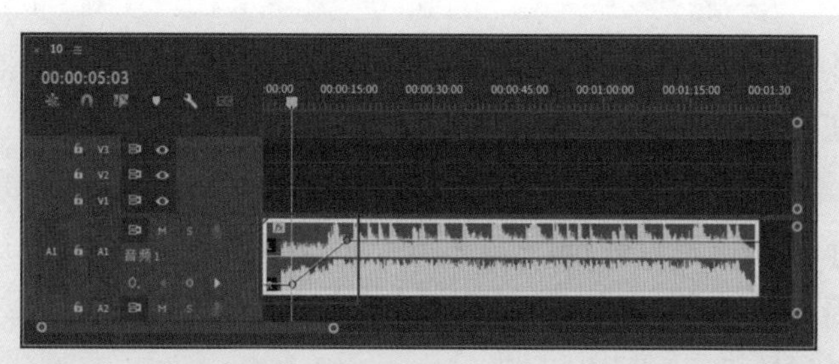

图 7-56

注意事项

用户还可以按住Ctrl键单击创建关键帧，再对其进行调整，从而提高或降低音量。按住Ctrl键靠近已有的关键帧后，待光标变为形状时按住鼠标左键拖动可创建更为平滑的变化效果。

2. 在“效果控件”面板中添加音频关键帧

在“效果控件”面板中添加音频关键帧的方式与创建视频关键帧的方式类似。选择“时间轴”面板中的音频素材后，在“效果控件”面板中单击“级别”参数左侧的“切换动画”按钮，即可在播放指示器当前位置添加关键帧、移动播放指示器、调整参数或单击“添加/移除关键帧”按钮，可继续添加关键帧，如图7-57所示。

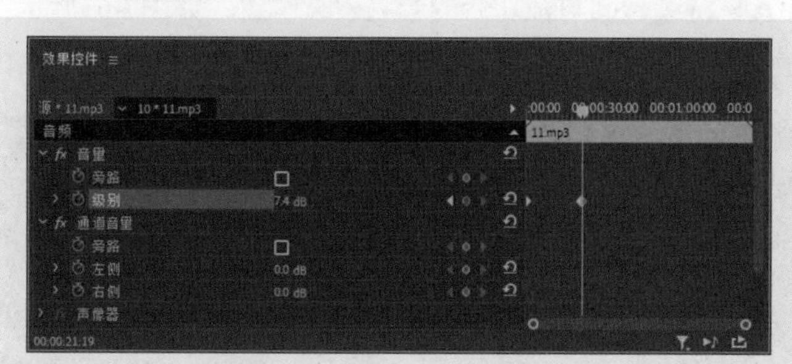

图 7-57

依次对“左侧”参数和“右侧”参数的关键帧进行设置，即可制作出特殊的左右声道效果。

7.3.5 “基本声音”面板编辑处理声音

“基本声音”面板是一个多合一面板，可用于混合、处理音频，用户可以在该面板中统一音量级别、修复声音，或制作特殊效果的声音。执行“窗口”|“基本声音”命令即可打开该面板，如图7-58所示。

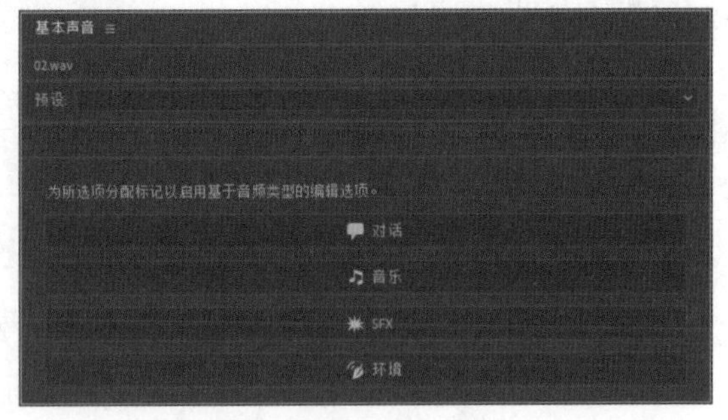

图 7-58

Premiere Pro将音频剪辑分类为对话、音乐、SFX及环境四大类型，其中对话指对话、旁白等人声；音乐指伴奏；SFX指一些音效；环境指一些表现氛围的环境音。使用时可以根据音频类型选择选项卡进行设置。除此之外还可以在“预设”下拉列表中选择预设的效果进行应用。

动手练 制作人声回避效果

本案例将练习制作人声回避效果，涉及的知识点包括音频素材的应用、“基本声音”面板的设置等。

步骤 01 打开Premiere Pro软件，新建项目。按Ctrl+I组合键导入本章素材文件“跑步.jpg”“口号.mp3”及“背景音.mp3”，如图7-59所示。

步骤 02 将图片素材拖曳至“时间轴”面板中，软件将根据素材自动创建序列。将“背景音.mp3”素材拖曳至A1轨道中，如图7-60所示。

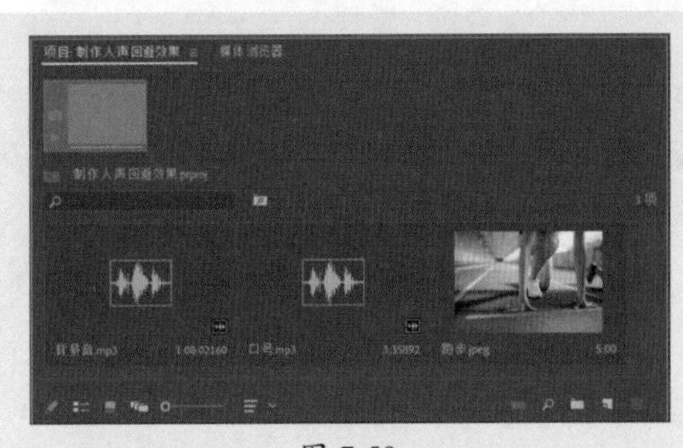
图 7-59

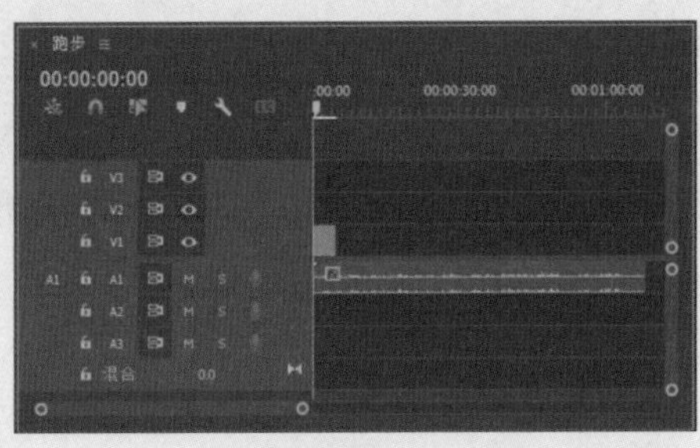

图 7-60

步骤 03 移动播放指示器至00:00:20:00处，使用“剃刀工具”裁切A1轨道中的素材，并删除右半部分，调整图片素材持续时间与裁切后的音频素材一致，如图7-61所示。

步骤 04 移动播放指示器至00:00:07:00处，将“口号.mp3”素材拖曳至A2轨道中，如图7-62所示。

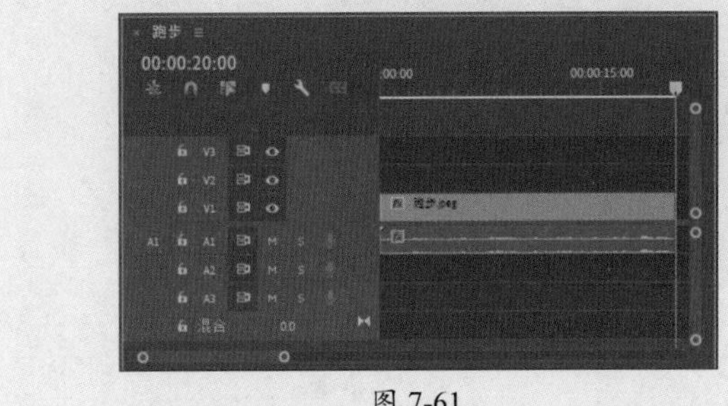

图 7-61

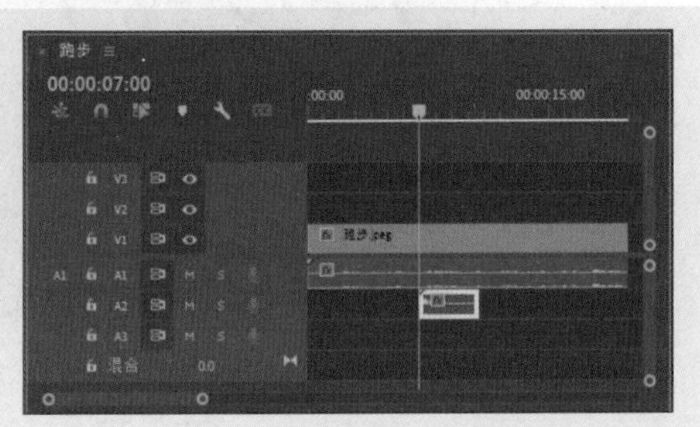

图 7-62

步骤 05 选择A2轨道中的素材，在“基本声音”面板中单击“对话”按钮将其标记为对话；选择A1轨道中的素材，在“基本声音”面板中单击“音乐”按钮将其标记为音乐，在显示的编辑选项中勾选“回避”复选框并设置参数，如图7-63所示。

步骤 06 单击“基本声音”面板中的“生成关键帧”按钮，在“时间轴”面板中展开A1轨道，可看到添加的音频关键帧，如图7-64所示。

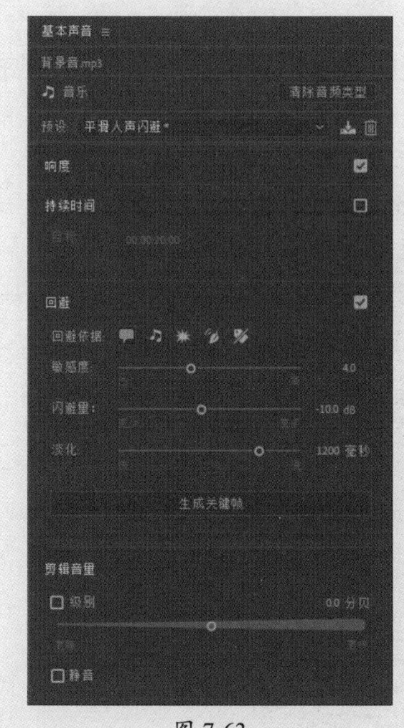

图 7-63

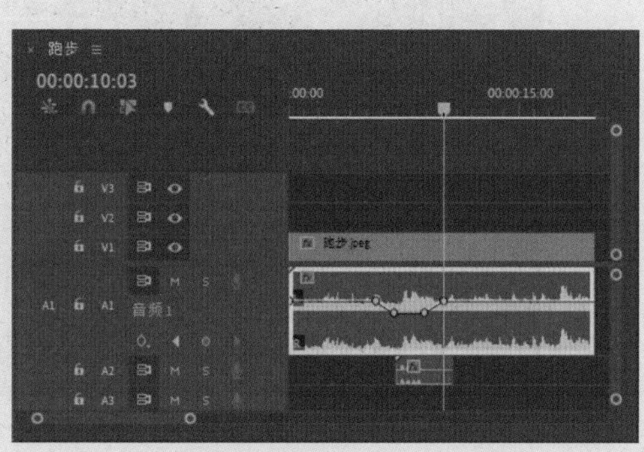

图 7-64

至此完成人声回避效果的制作。

7.3.6 常用音频效果

Premiere Pro中的音频效果可以分为10组，这10组音频效果的作用各有不同，下面对此进行介绍。

- **振幅与压限：** 对音频的振幅进行处理，避免出现较低或较高的声音。该效果组共包括动态、增幅等10种音频效果。
- **延迟与回声：** 制作回声的效果，使声音更加饱满有层次。该效果组共包括多功能延迟、延迟及模拟延迟3种音频效果。
- **滤波器和EQ：** 过滤掉音频中的某些频率，得到更加纯净的音频。该效果组共包括低通、参数均衡器等14种音频效果。
- **调制：** 通过混合音频效果或移动音频信号的相位来改变声音。该效果组共包括和声/镶边、移相器及镶边3种音频效果。
- **降杂/恢复：** 去除音频中的杂音，使音频更加纯净。该效果组共包括减少混响、降噪等4种音频效果。
- **混响：** 为音频添加混响，模拟声音反射的效果。该效果组共包括卷积混响、室内混响及环绕声混响3种音频效果。

- **特殊效果：** 用于制作一些特殊的效果，如交换左右声道、模拟汽车音箱爆裂声音等。
- **立体声声像：** 仅包括立体声扩展器效果，可用于调整立体声声像，控制其动态范围。
- **时间与变调：** 仅包括音高换挡器效果，可用于实时改变音调。
- **其他：** 除了以上9组音频效果外，Premiere Pro软件中还包括余额、静音和音量3个独立的音频效果。其中余额效果可以平衡左右声道的相对音量；静音效果可以消除声音；音量效果可以代替固定音量效果。

为素材添加音频效果后，在“效果控件”面板中单击“编辑”按钮还可以打开“剪辑效果编辑器”对话框进行精细设置。图7-65所示为打开的“剪辑效果编辑器-参数均衡器”对话框。

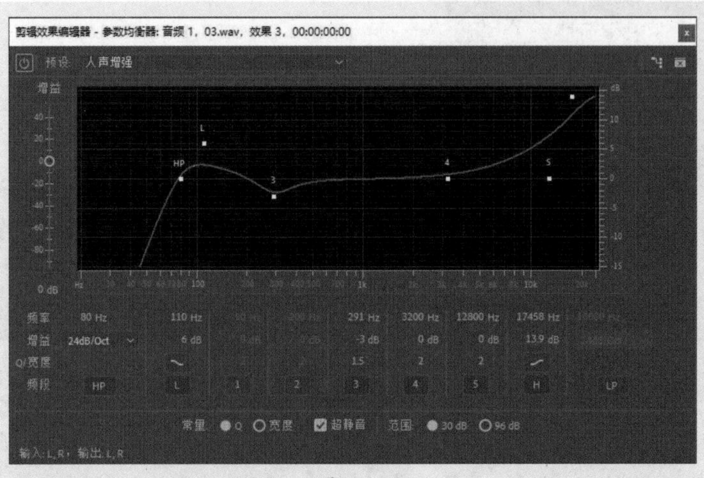

图 7-65

动手练 制作机械人声效果

本案例将练习制作机械人声效果，涉及的知识点包括模拟延迟、音高换挡器等音频效果的设置。

步骤 01 新建项目和序列。按Ctrl+I组合键，打开“导入”对话框，导入本章视频素材文件，如图7-66所示。

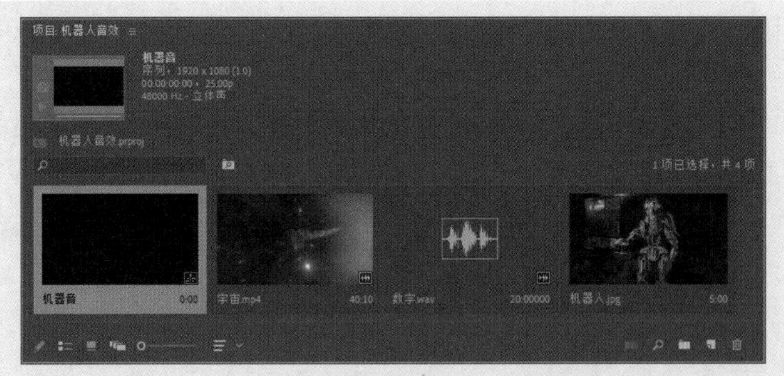

图 7-66

步骤 02 将音频素材拖曳至A1轨道中，在“效果”面板中搜索“模拟延迟”音频效果，拖曳至A1轨道素材上，在“效果控件”面板中单击“编辑”按钮，打开“剪辑效果编辑器-模拟延迟”对话框设置参数，如图7-67所示。完成后关闭对话框。

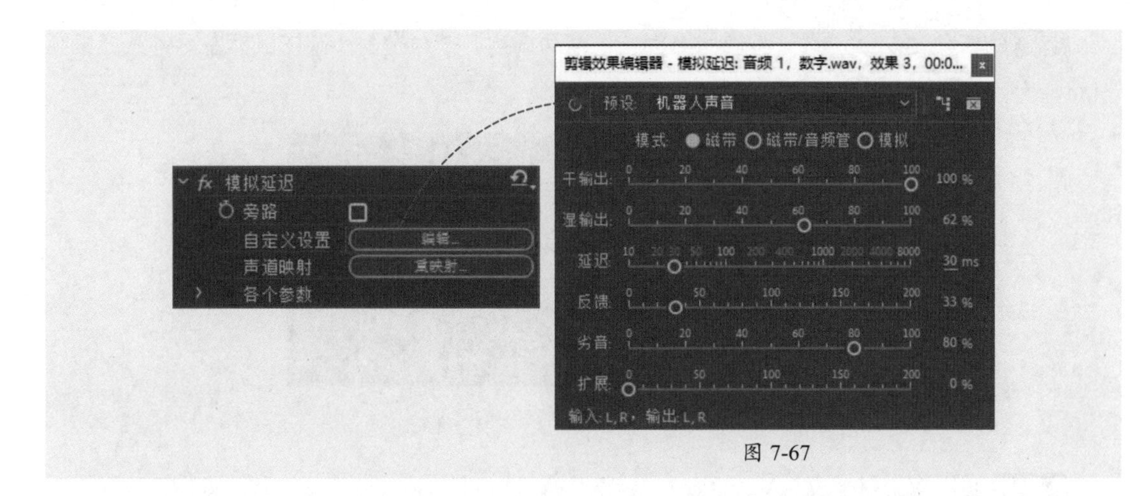

图 7-67

步骤 03 在“效果”面板中搜索“音高换挡器”音频效果，拖曳至A1轨道素材上，在“效果控件”面板中单击“编辑”按钮，打开“剪辑效果编辑器-音高换挡器”对话框设置参数，如图7-68所示。完成设置后关闭对话框。

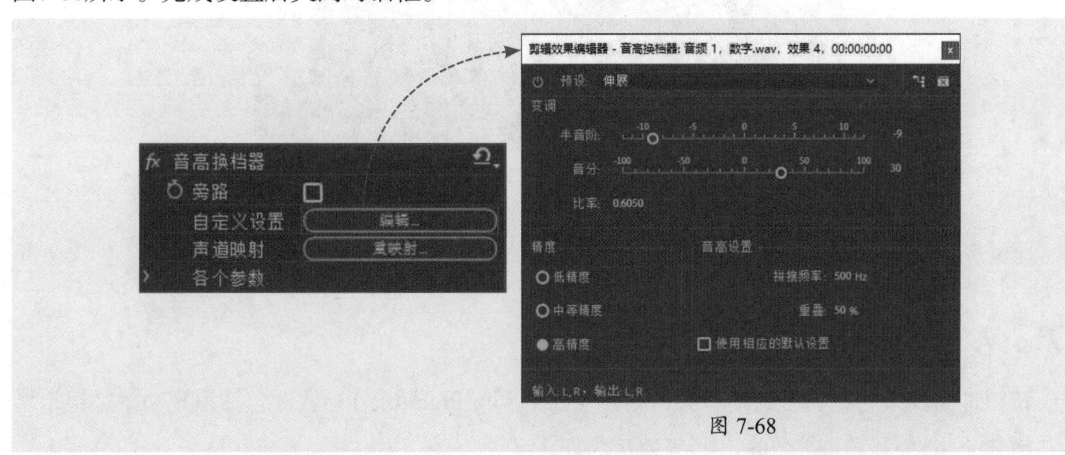

图 7-68

步骤 04 双击视频素材，在“源”监视器面板中预览播放，在00:00:20:00处单击“标记出点”按钮标记出点，如图7-69所示。

图 7-69

步骤 05 移动光标至“源”监视器面板“仅拖动视频”按钮■上，按住鼠标左键将其拖曳至V1轨道中，如图7-70所示。

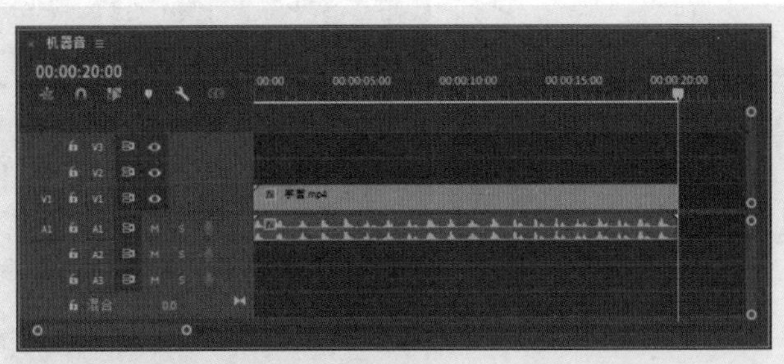

图 7-70

步骤 06 将图像素材拖曳至V2轨道中，调整其持续时间与A1轨道素材一致，如图7-71所示。

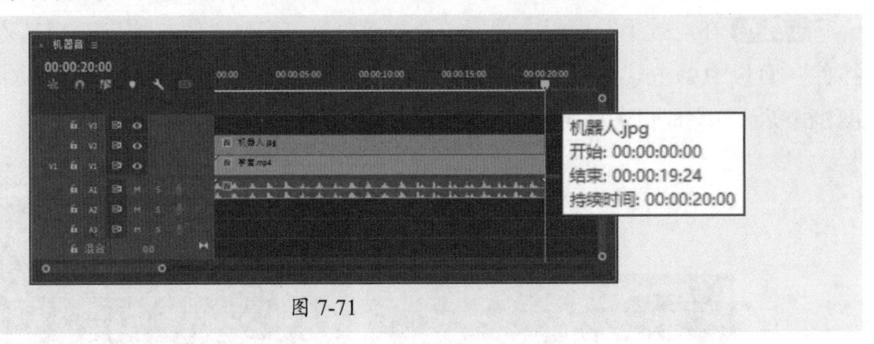

图 7-71

至此完成机器人声效果的制作。

7.3.7 添加音频过渡效果

音频过渡效果的添加可以使音频的进出更加自然。Premiere Pro软件包括恒定功率、恒定增益和指数淡化3种音频过渡效果，其具体作用如下。

- **恒定功率：** 创建类似于视频剪辑之间的溶解过渡效果的平滑渐变的过渡。应用该音频过渡效果首先会缓慢降低第一个剪辑的音频，然后快速接近过渡的末端。对于第二个剪辑，此交叉淡化首先快速增加音频，然后更缓慢地接近过渡的末端。
- **恒定增益：** 在剪辑之间过渡时将以恒定速率更改音频进出，但听起来会比较生硬。
- **指数淡化：** 淡出位于平滑的对数曲线上方的第一个剪辑，同时自下而上淡入同样位于平滑对数曲线上方的第二个剪辑。通过在“对齐”控件菜单中选择一个选项，可以指定过渡的定位。

添加音频过渡效果后，选择“时间轴”面板中添加的过渡效果，可以在“效果控件”面板中设置其持续时间、对齐等参数。

动手练 制作回声效果

通过本案例练习制作回声效果，涉及的知识点包括模拟延迟音频效果的添加及设置等。

步骤 01 新建项目，导入本章素材文件“你好.wav”，并将其拖曳至“时间轴”

面板中，软件将根据素材自动创建序列，如图7-72所示。

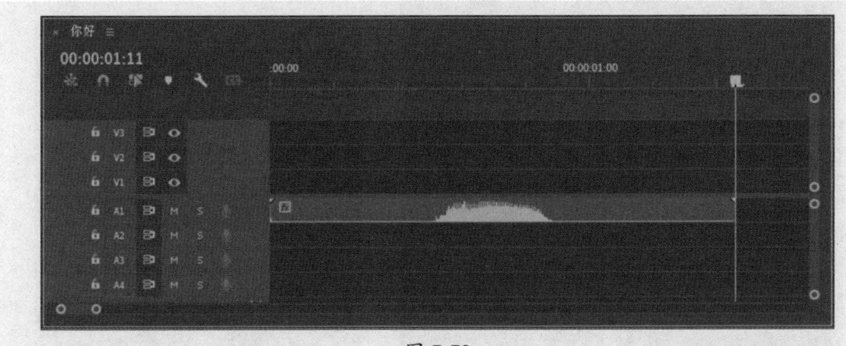

图 7-72

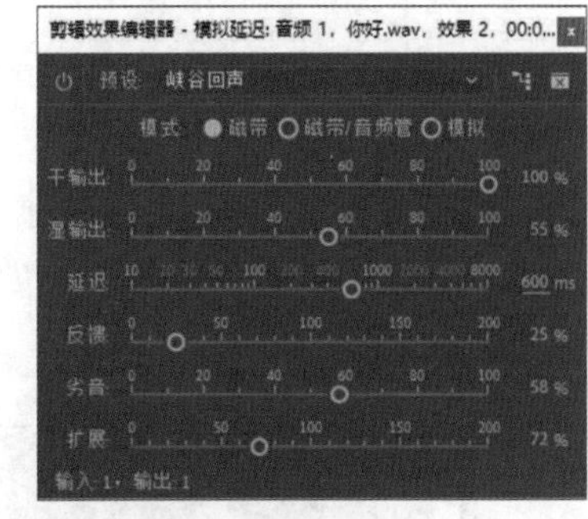

图 7-73

步骤 02 在“效果”面板中搜索“模拟延迟”音频效果，拖曳至“时间轴”面板A1轨道素材上，在“效果控件”面板中单击“编辑”按钮，打开“剪辑效果编辑器-模拟延迟”对话框，在“预设”下拉列表中选择“峡谷回声”选项，并设置“延迟”参数为600，如图7-73所示。

步骤 03 关闭“剪辑效果编辑器-模拟延迟”对话框，在“效果控件”面板中设置“音量”效果中的“级别”参数为“6.0dB”，提高音量，如图7-74所示。

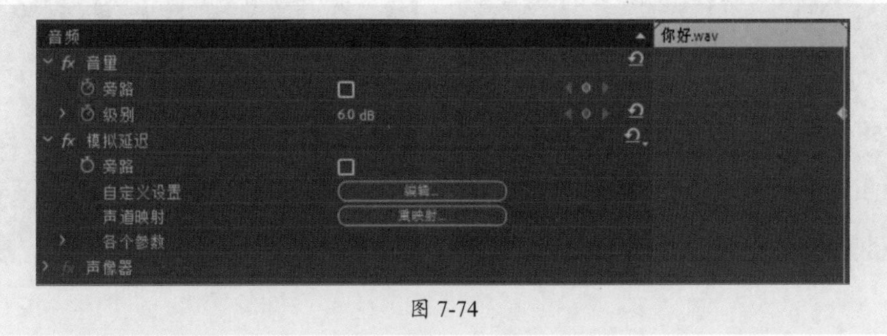

图 7-74

至此，完成回声效果的制作。移动播放指示器至00:00:00:00处，按空格键播放即可测试回声效果。

实战演练：电影式闭幕效果

本案例将练习制作电影式闭幕效果，涉及的知识点包括视频效果的添加、关键帧动画的制作、音频素材的应用等。

步骤 01 打开Premiere Pro软件，新建项目。按Ctrl+I组合键，打开“导入”对话框，导入本章素材文件，如图7-75所示。

步骤 02 将视频素材拖曳至“时间轴”面板中，软件将根据素材创建序列。选中“时间轴”面板中的素材右击，在弹出的快捷菜单中选择“速度/持续时间”选项，打开“剪辑速度/持续时间”对话框，设置持续时间为16s，如图7-76所示。

图 7-75

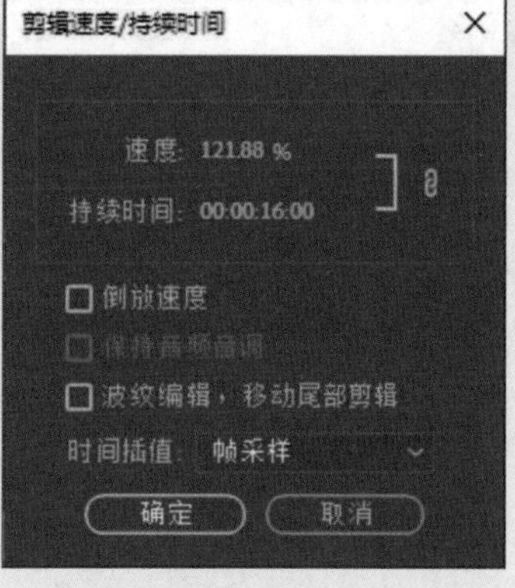

图 7-76

步骤 03 完成设置后单击“确定”按钮。选中V1轨道中的素材，按住Alt键向上拖动复制至V2轨道中，如图7-77所示。

步骤 04 在“效果”面板中搜索“变换”视频效果并拖曳至V2轨道素材上，在“效果控件”面板中单击“变换”效果组“位置”和“缩放”参数左侧的“切换动画” 按钮添加关键帧，如图7-78所示。

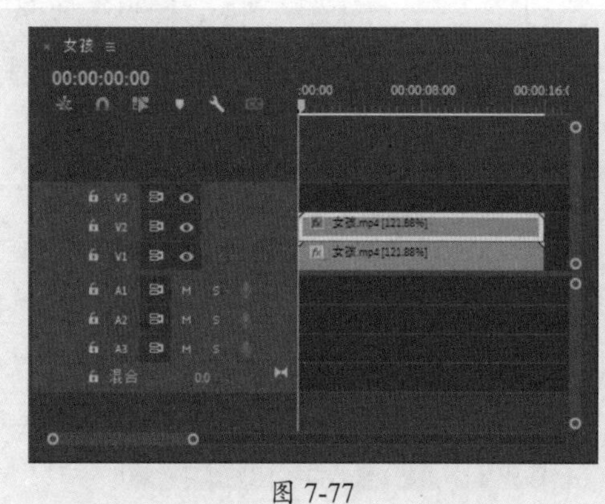

图 7-77

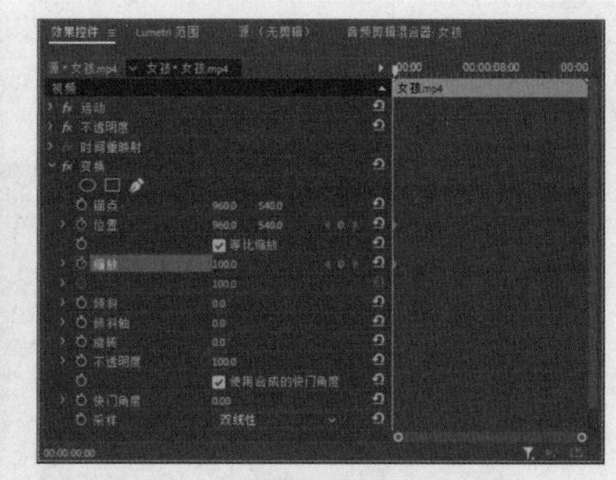

图 7-78

步骤 05 移动播放指示器至00:00:04:00处，更改“位置”和“缩放”参数，软件将自动添加关键帧，如图7-79所示。

步骤 06 此时“节目”监视器面板中的效果如图7-80所示。

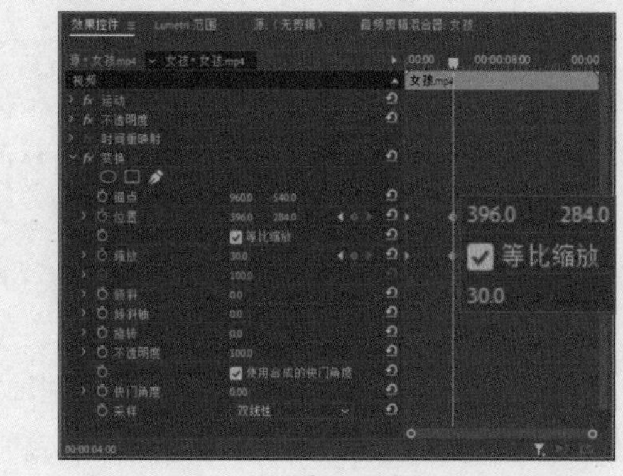

图 7-79

图 7-80

步骤 07 在“效果”面板中搜索“颜色平衡（HLS）”效果，拖曳至V1轨道素材上，在“效果控件”面板中单击“亮度”参数左侧的“切换动画”按钮添加关键帧，并设置参数为-100；移动播放指示器至00:00:00:00处，更改“亮度”的参数为0，软件将自动添加关键帧，如图7-81所示。

步骤 08 复制TXT文档中的文本，使用文字工具在“节目”监视器面板中单击后，按Ctrl+V组合键粘贴输入文本，选中输入的文本，在“效果控件”面板中设置字体、大小等参数，如图7-82所示。

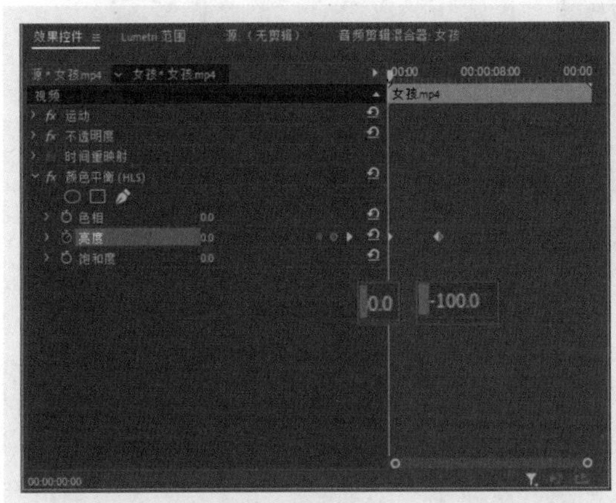

图 7-81

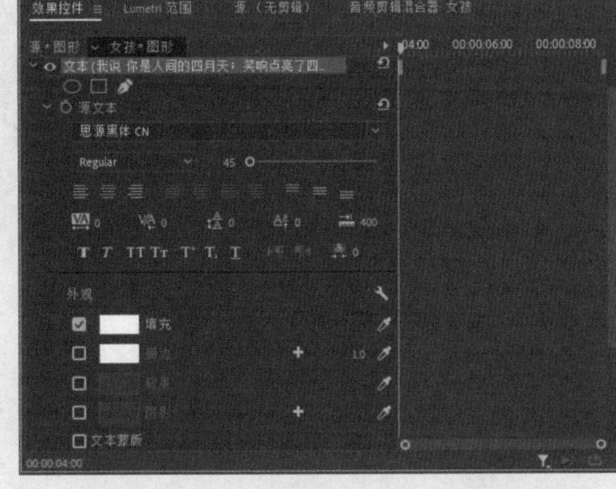

图 7-82

步骤 09 移动播放指示器至00:00:01:15处，在“时间轴”面板中更改文本图层持续时间，使其入点与播放指示器一致，出点与V2轨道素材一致，如图7-83所示。

步骤 10 选中文本图层，在“基本图形”面板中取消选择图层，勾选“响应式设计-时间”选项卡中的“滚动”复选框，添加滚动效果，如图7-84所示。

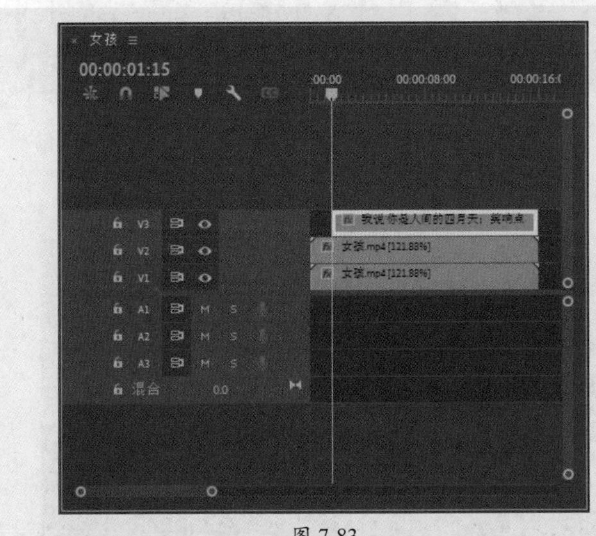

图 7-83

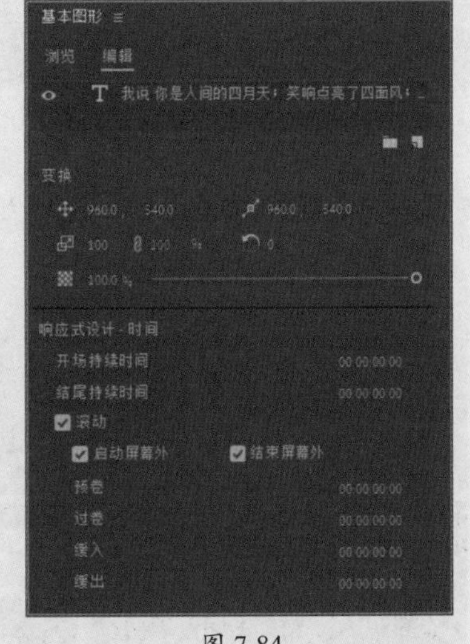

图 7-84

步骤 11 移动播放指示器至00:00:12:00处，选择V2轨道素材，在“效果控件”面板中单击“不透明度”参数左侧的“切换动画”按钮添加关键帧；移动播放指示器至00:00:16:00处，设置“不透明度”参数为0%，软件将自动添加关键帧，如图7-85所示。

步骤 12 选中“项目”面板中的音频素材拖曳至“时间轴”面板的A1轨道中，选中音频素材右击，在弹出的快捷菜单中选择“速度/持续时间”选项，打开“剪辑速度/持续时间”对话框，设置持续时间为16s，如图7-86所示。

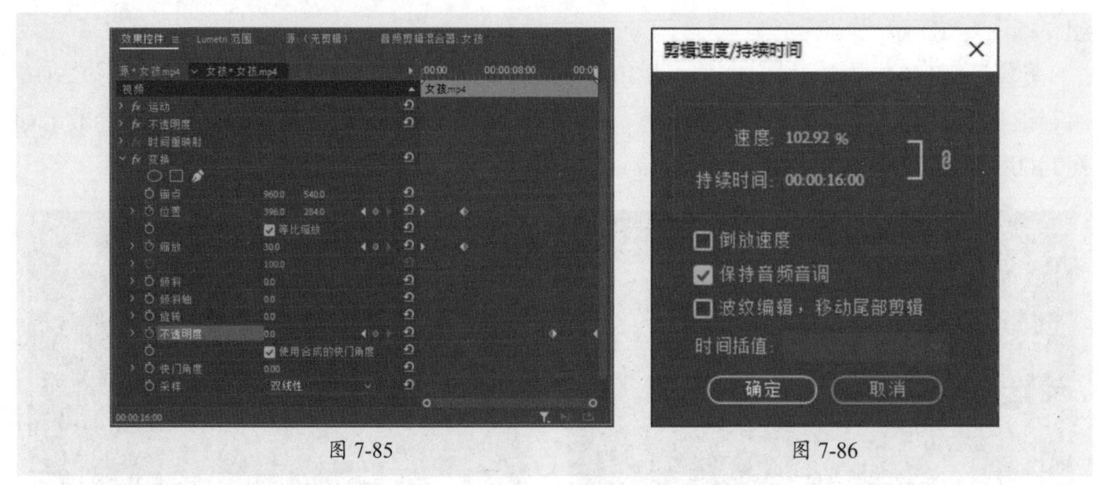

图 7-85　　图 7-86

步骤 13 完成设置后单击“确定”按钮应用设置。在“效果控件”面板中设置“级别”为“-10.0dB”，如图7-87所示。

步骤 14 在“效果”面板中搜索“恒定功率”音频过渡效果，添加至音频素材的入点和出点处，如图7-88所示。

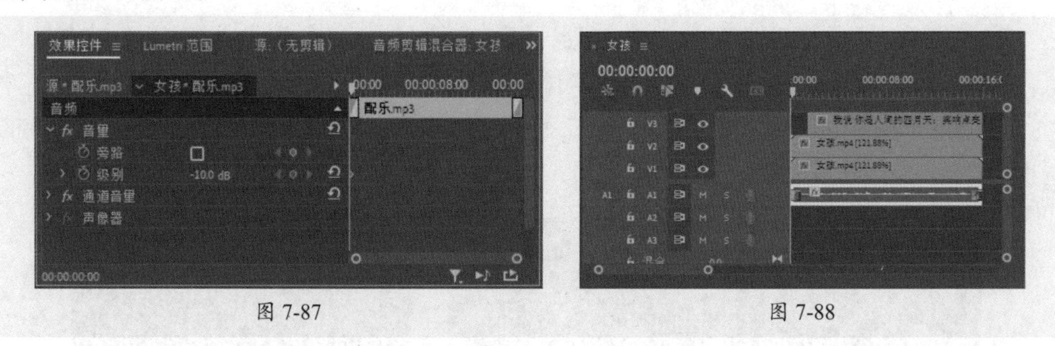

图 7-87　　图 7-88

步骤 15 按空格键播放预览，如图7-89所示。

图 7-89

至此，完成电影式闭幕效果的制作。

新手答疑

1. Q：同一素材同一视频效果只能应用一次吗？

A：并不是，用户可以多次应用同一效果，每次使用不同设置，从而制作出更加复杂华丽的效果。

2. Q：怎么将一个素材上的效果复制到另一个素材上去？

A：选中源素材，在“效果控件”面板中选中要复制的效果，右击，在弹出的快捷菜单中选择“复制”选项，选中目标素材，在“效果控件”面板中右击，在弹出的快捷菜单中选择“粘贴”选项，即可复制选中的效果。如果效果包括关键帧，这些关键帧将出现在目标素材中的对应位置，从目标素材的起始位置算起。如果目标素材比源素材短，将在超出目标素材出点的位置粘贴关键帧。

用户也可以在“时间轴”面板中选中源素材，右击，在弹出的快捷菜单中选择“复制”选项，选中目标素材，右击，在弹出的快捷菜单中选择“粘贴属性”选项，打开“粘贴属性”对话框，选择要粘贴的属性，单击“确定”按钮复制效果。

3. Q：如何查看音频数据？

A：Premiere Pro为相同音频数据提供了多个视图。将轨道显示设置为“显示轨道关键帧”或“显示轨道音量”，即可在音频轨道混合器或“时间轴”面板中，查看和编辑轨道或剪辑的音量或效果值。其中，“时间轴”面板中的音轨包含波形，其为剪辑音频和时间之间关系的可视化表示形式。波形的高度显示音频的振幅（响度或静音程度），波形越大，音频音量越大。

4. Q：播放音频素材时，“音频仪表”面板中有时会显示红色，为什么？

A：将音频素材插入至“时间轴”面板后，在“音频仪表”面板中可以观察到音量变化，播放音频素材时，“音频仪表”面板中的两个柱状将随音量变化而变化，若音频音量超出安全范围，柱状顶端将显示红色。用户可以通过调整音频增益降低音量来避免这一情况。

5. Q：怎么将轨道临时静音？

A：若想将轨道临时静音，可以单击“时间轴”面板中的“静音轨道” 按钮；若想将其他所有轨道静音，仅播放某一轨道，可以单击“时间轴”面板中的“独奏轨道” 按钮。用户也可以通过“音频轨道混合器”实现这一效果。

6. Q：怎么将常用视频效果单放在一个组中？

A：在“效果”面板中单击“新建自定义素材箱” 按钮，在“效果”面板中新建素材箱，将常用的效果拖曳至新建的素材箱中，即可在素材箱中存放该效果的副本。若想删除自定义素材箱，可以选中后单击“删除自定义项目” 按钮或按Delete键将其删除。

第8章

精彩纷呈：人人都能做好的经典案例

本章将综合利用前面章节所介绍的短视频创作知识和技巧制作各种热门作品。

实战：一键生成热门短视频

本案例将使用剪映手机版制作。剪映的“一键成片”功能是一种快速创作视频的方法。用户只需要选择好视频素材，剪映会根据预设的模板自动进行视频剪辑和合成。这个过程不需要太多的手动操作，大大节省了视频制作的时间和精力。下面介绍如何使用剪映手机版的“一键成片”功能快速制作视频。

步骤 01 打开剪映手机版，在初始界面的智能操作区点击“一键成片”按钮，如图8-1所示。

步骤 02 在随后打开的页面中选择要导入的视频或照片，此处选择8段视频素材，选择好后点击“下一步”按钮，如图8-2所示。

步骤 03 剪映随即开始对素材进行识别，并根据内容自动套用模板合成效果。若对自动选择的模板不满意，还可以在页面底部重新选择其他模板合成新的视频效果，如图8-3所示。

步骤 04 点击页面右上角的“导出”按钮，可以将视频导出。导出视频时可以对视频的分辨率进行设置。此处点击按钮，将视频保存到手机相册，如图8-4所示。稍做等待后便可导出成功，如图8-5所示。

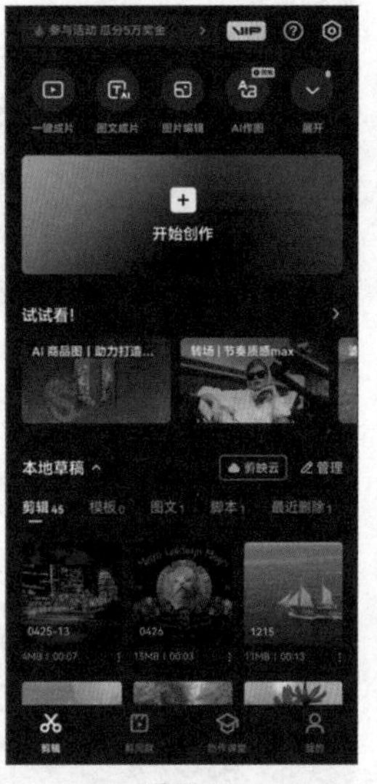

图 8-1

图 8-2

步骤 05 视频导出成功后，可以通过页面中提供的按钮将视频分享至抖音、微信好友、微信朋友圈、QQ好友、QQ空间等，如图8-6所示。

图 8-3

图 8-4

图 8-5

图 8-6

步骤 06 预览视频，查看使用“一键成片”功能自动合成的视频效果，如图8-7所示。

图 8-7

实战：制作炫酷片头出字特效

本案例将使用剪映手机版制作。制作过程中应用到的技巧包括字幕的添加和设置、素材混合模式的设置、特效的应用等。下面介绍具体操作方法。

步骤 01 启动剪映手机版，在初始界面点击“开始创作”按钮⊞，如图8-8所示。

步骤 02 在素材界面打开“素材库”选项卡，选择黑底素材，点击“添加”按钮，如图8-9所示。

步骤 03 进入编辑界面，不选择任何素材，在底部工具栏中点击“文字”按钮T，随后在二级工具栏中点击“新建文本”按钮A+，输入字幕，如图8-10所示。

步骤 04 选择合适的字体，随后在预览区域使用双指将字幕适当放大，如图8-11所示。

步骤 05 保持字幕素材为选中状态，在底部工具栏中点击“动画”按钮，添加“羽化向右擦开”入场动画，并设置“动画时长”为2.5s，如图8-12所示。

步骤 06 字幕设置完成后，点击界面右上角的“导出”按钮，将当前字幕导出至手机相册，如图8-13所示。随后退出编辑界面。

图 8-8　图 8-9　图 8-10

图 8-11　图 8-12　图 8-13

步骤 07 创建一个新的草稿，添加刚才导出的字幕素材，随后在底部工具栏中点击“画中画”按钮，从手机相册中添加“红色烟雾”素材，如图8-14所示。

步骤 08 选中“红色烟雾”素材，在底部工具栏中点击“混合模式”按钮，设置混合模式为“滤色”，此时“红色烟雾”素材的黑色背景会变透明，显示出底部的文字，如图8-15所示。

步骤 09 在预览区中使用双指适当放大“红色烟雾”素材，使其和下方的字幕更匹配，如图8-16所示。

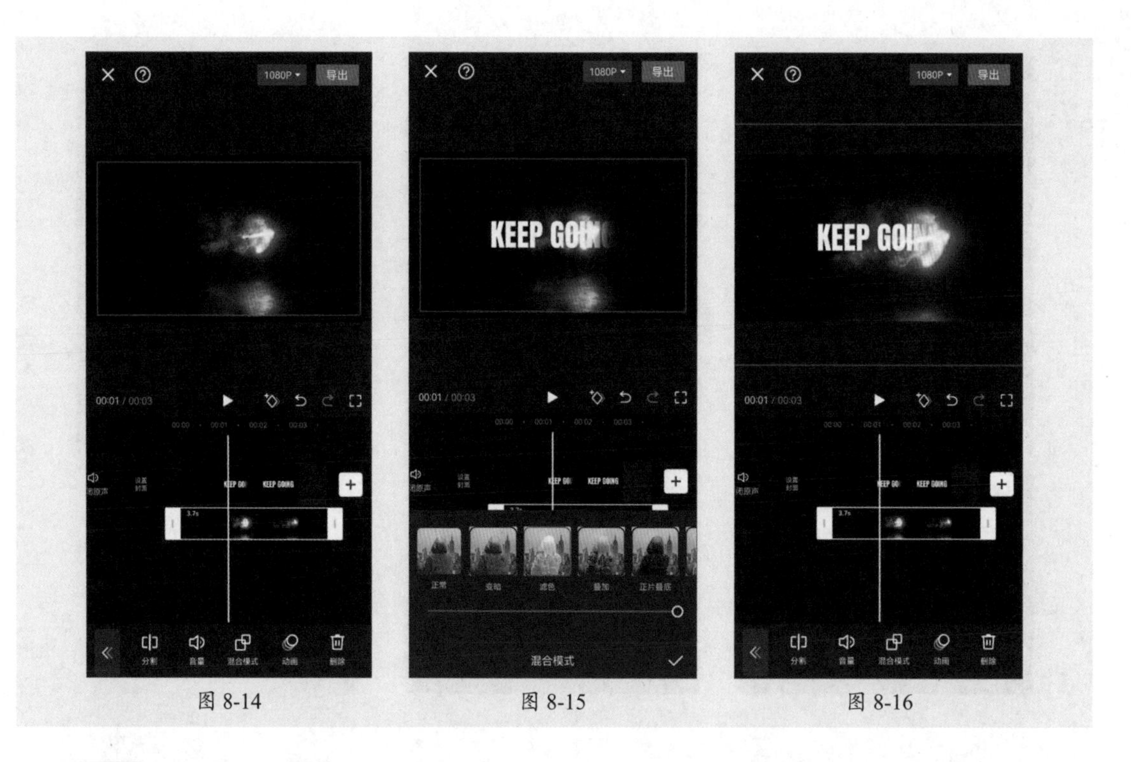

图 8-14　　图 8-15　　图 8-16

步骤 10 不选择任何素材，在底部工具栏中点击“特效”按钮，随后点击“画面特效”按钮，搜索“黑色噪点”特效，并添加该特效，如图8-17所示。

步骤 11 调整特效的时长，使其与视频的时长相同，如图8-18所示。

步骤 12 继续添加“幻彩故障”以及“边缘glitch”特效，并适当调整特效的位置及时长，如图8-19所示。最后将视频导出即可。

图 8-17　　图 8-18　　图 8-19

步骤 13 预览视频，查看炫酷片头出字特效的制作效果，如图8-20所示。

图 8-20

实战：《镜头实拍感风景大片》复古胶片文字片头

本案例将使用剪映专业版制作。制作过程中应用到的技巧包括字幕的添加和设置、文字动画的应用、特效的应用、音效的应用等。下面介绍具体操作方法。

步骤 01 启动剪映专业版，打开创作界面，在媒体素材区中打开“媒体”面板，单击“素材库”按钮，添加黑场素材，如图8-21所示。随后调整黑场素材的“动画时长”为4.1s。

图 8-21

步骤 02 在媒体素材区中打开“文本”面板，添加“默认文本”素材，将其时长调整为与黑场素材时长相同。在属性调节区中的“文本”面板内输入字幕内容，如图8-22所示。

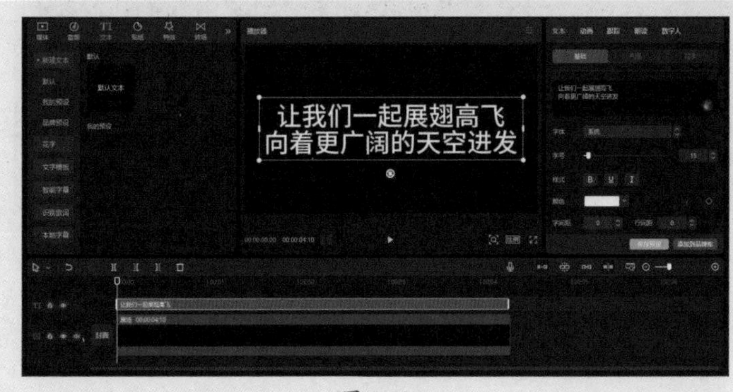

图 8-22

步骤 03 修改字幕的字体，设置“行间距”为4，如图8-23所示。

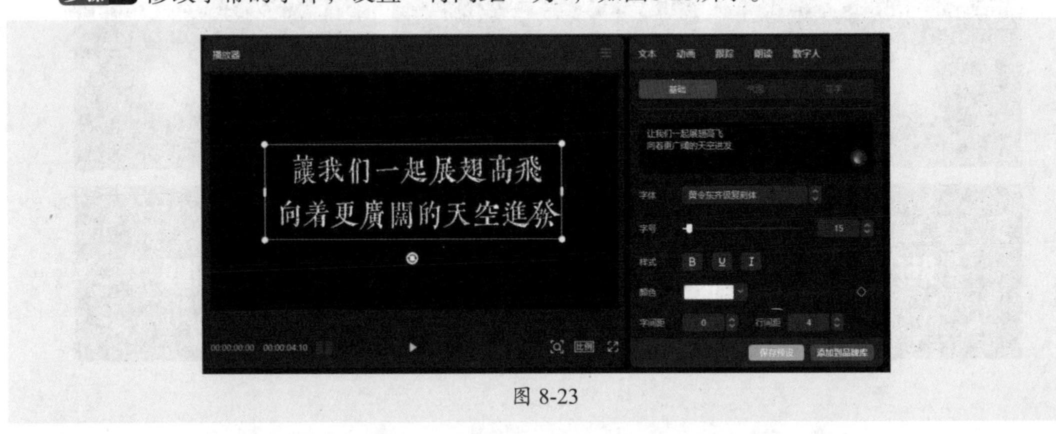

图 8-23

步骤 04 保持文本素材为选中状态，在属性调节区中打开“动画”面板，在“入场”选项卡中选择“打字机Ⅱ”动画，设置“动画时长”为3.0s，如图8-24所示。

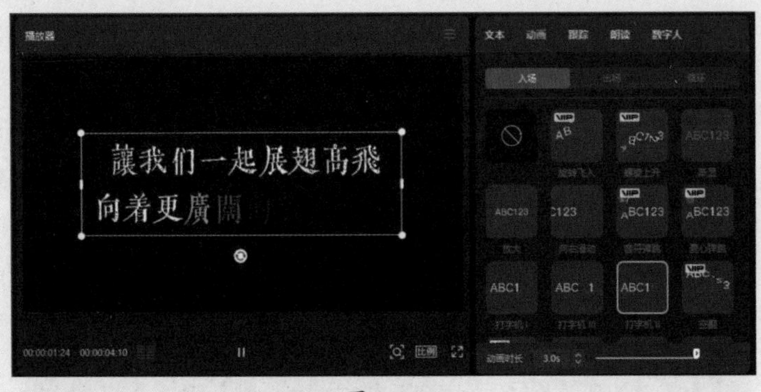

图 8-24

步骤 05 将时间轴移动到轨道的最左侧，在媒体素材区中打开“特效”面板，在“画面特效”组中选择“复古”分类，添加“胶片框”特效，随后调整特效时长，使其结束位置与主轨道中的黑场素材相同，如图8-25所示。

图 8-25

步骤 06 在媒体素材区中打开“音频”面板，在“音效素材”界面搜索“信号噪声”，随后添加“信号噪声 老旧电视 无信号 收音机”音效。裁剪音效，使其时长与黑场素材相同，如图8-26所示。

图 8-26

步骤 07 预览视频，查看复古胶片质感文字片头的效果，如图8-27所示。

讓我们一起展翅高飛
向着更廣闊

讓我们一起展翅高飛
向着更廣闊的天空進發

图 8-27

实战：《镜头实拍感风景大片》明媚风光色调

本案例将使用剪映专业版制作。制作过程中应用到的技巧包括视频颜色和亮度的调节、特效和转场的应用，以及复合片段的创建等。下面介绍具体操作方法。

步骤 01 向剪映专业版中批量导入视频素材，并将这些素材按顺序添加到主轨道中，如图8-28所示。

图 8-28

步骤 02 将时间轴定位于主轨道的最左侧，在媒体素材区中打开“调节”面板。单击“自定义调节”选项上方的按钮，向轨道中添加调节素材，如图8-29所示。

步骤 03 拖动调节素材右侧边缘，使其时长与下方视频轨道中所有素材的总时长相同，如图8-30所示。

图 8-29

图 8-30

步骤 04 保持调节素材为选中状态，在属性调节区中的“调节”面板内打开“基础”选项卡，设置“亮度”为25、“对比度”为15、“光感”为10、“清晰”为100，如图8-31所示。

步骤 05 切换到HSL选项卡，选择橙色，随后设置其“色相”为100、“饱和度”为60、“亮度”为25，如图8-32所示。

图 8-31

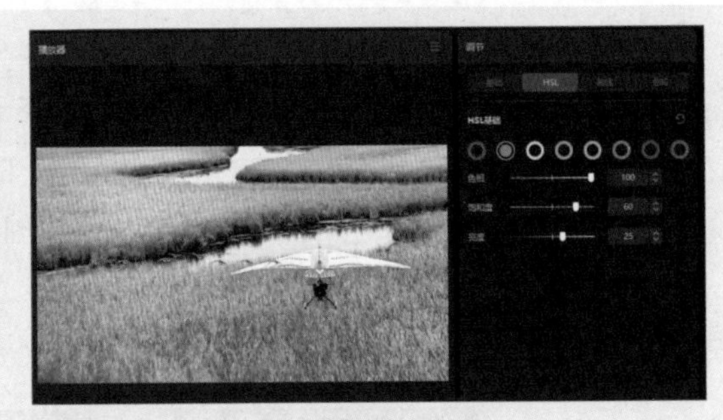

图 8-32

步骤 06 保持时间轴定位于轨道的最左侧，在媒体素材区中打开“特效”面板，在“画面特效”组中选择“边框”分类，添加“录制边框Ⅲ”特效。随后使特效的时长与主轨道中所有视频素材的总时长相同，如图8-33所示。

图 8-33

步骤 07 将时间轴移动至最后两段视频素材的连接处，在媒体素材区中打开“转场”面板，在“转场效果”组中选择“叠化”分类，添加“闪黑”转场效果。在属性调节区中的“转场”面板中设置“动画时长”为1.5s，如图8-34所示。

图 8-34

步骤 08 在时间线窗口中拖动光标选中所有素材，随后右击任意所选素材，在弹出的快捷菜单中选择“新建复合片段”选项，如图8-35所示。

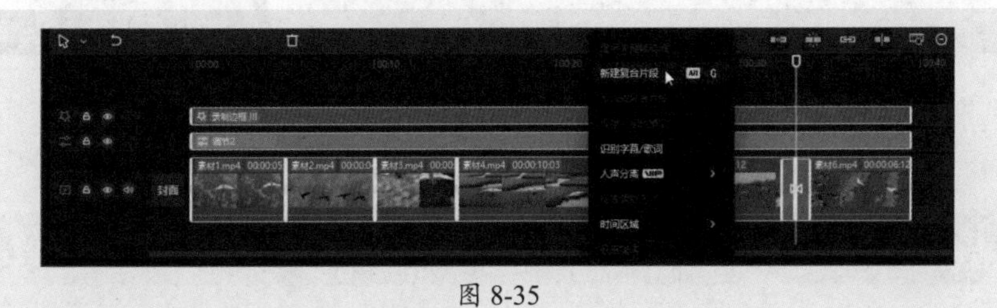

图 8-35

步骤 09 将上一案例制作完成的复古胶片文字片头导入“媒体”面板，并将片头添加到主轨道中所有素材的左侧，如图8-36所示。

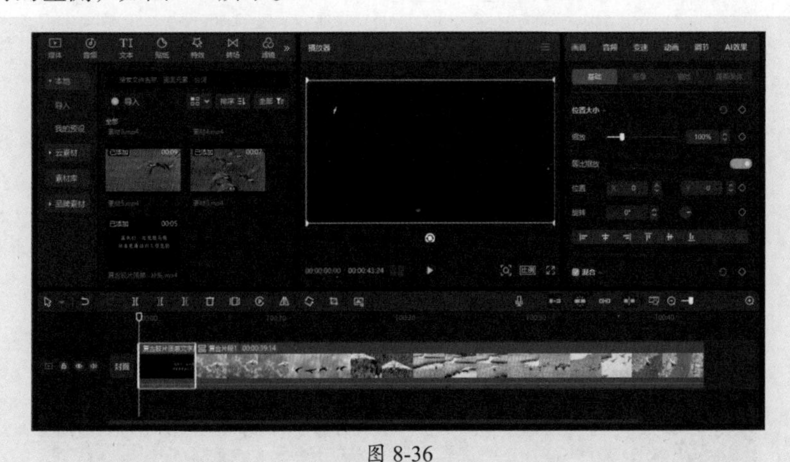

图 8-36

步骤 10 将时间轴移动到片头和第一段素材的连接处，在媒体素材库中打开“转场”面板，在“转场效果”组中选择“拍摄”分类，添加“拍摄器”转场效果，随后在属性调节区中的“转场”面板中设置“动画时长”为1.0s，如图8-37所示。

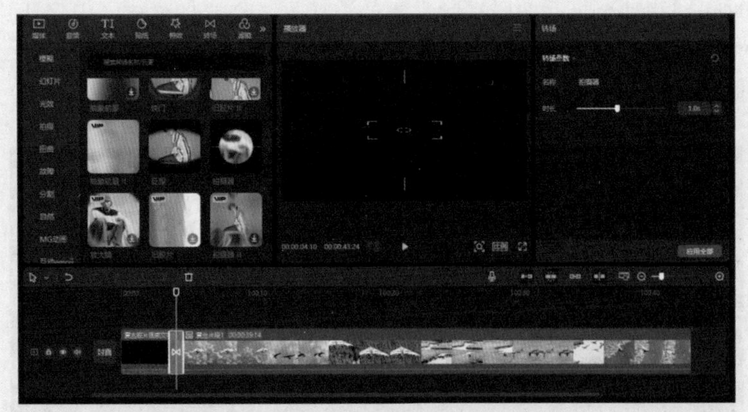

图 8-37

步骤 11 预览视频，查看为视频调色，并添加特效和转场的效果，如图8-38所示。

图 8-38

实战：《镜头实拍感风景大片》高级质感音乐和字幕

本案例将使用剪映专业版制作。音乐可以为视频添加情感和氛围，增强视频的感染力。字幕则可以增强视频的可读性和易理解性。下面为视频添加音乐和音效、提取字幕并设置字幕效果。

步骤 01 继续上一案例的操作。将光标移动至片头与复合片段的转场效果之后，导入背景音乐素材，并将音乐素材添加到音频轨道中，如图8-39所示。

图 8-39

步骤 02 试听音频，对音频进行裁剪，保留想要的音乐部分，并让音乐的结束位置与主轨道中视频的结束位置一致，为音频适当设置淡入、淡出时长，如图8-40所示。

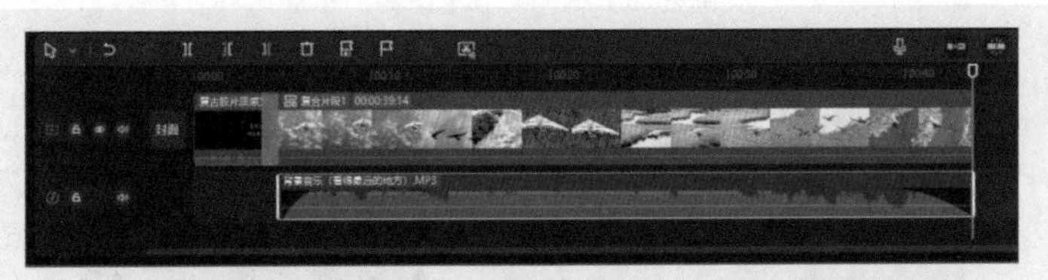

图 8-40

步骤 03 将光标移动至片头与复合片段的转场效果之前，在媒体素材区中打开“音频”面板，在“音效素材”界面中搜索“相机快门”，添加“相机快门声”音效，如图8-41所示。

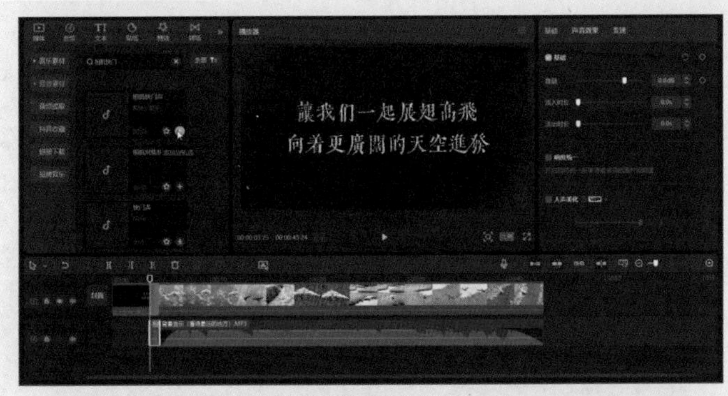

图 8-41

步骤 04 右击背景音乐素材，在弹出的快捷菜单中选择“识别字幕/歌词”选项，如图8-42所示。系统随即开始自动识别歌词，并生成字幕，用户可以先预览字幕，对识别有误的地方进行修改。

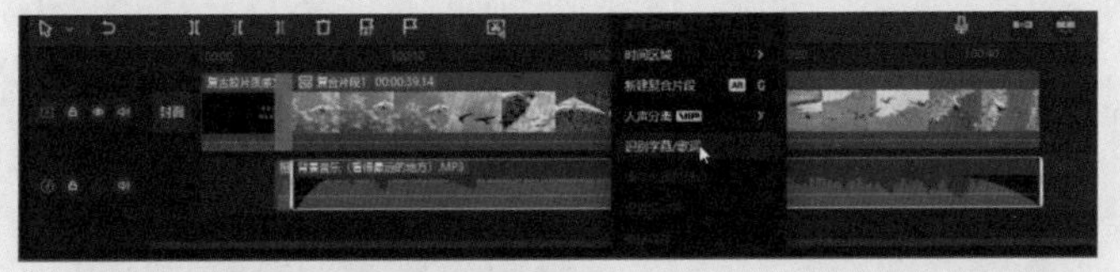

图 8-42

步骤 05 选中任意一个字幕，在属性调节区中的“文本”面板中打开“花字”选项卡，选择一个合适的花字，如图8-43所示。

图 8-43

步骤 06 切换到“基础”选项卡，设置“字体”为“点宋体”、“字间距”为2，随后选择字幕中需要突出显示的文字，设置“字号”为7，并修改其颜色，如图8-44所示。

图 8-44

步骤 07 参照上一步骤继续设置其他字幕中需要突出显示的文字大小和颜色，如图8-45所示。

图 8-45

步骤 08 在时间线窗口中拖动光标选中所有字幕素材。在属性调节区中打开“动画”面板，在“入场”选项卡中选择“收拢”动画，设置“动画时长”为0.8s，如图8-46所示。

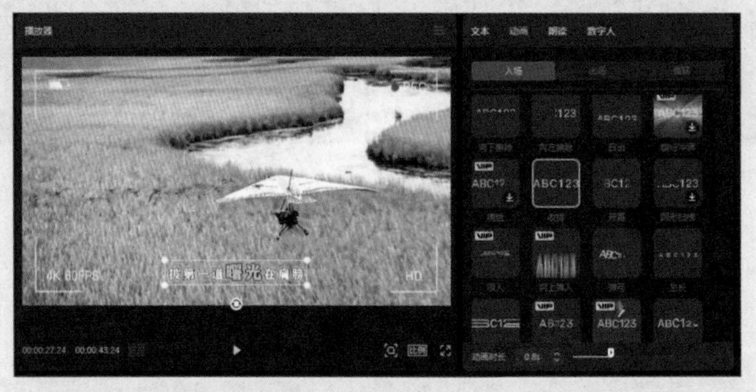
图 8-46

步骤 09 切换到“出场”选项卡，选择“闭幕”动画，设置“动画时长”为0.8s，如图8-47所示。

图 8-47

步骤 10 预览视频，查看完整的视频效果，如图8-48所示。

图 8-48

实战：制作斗转星移特效

本案例将使用剪映专业版制作。制作过程中主要用到调节、蒙版以及贴纸功能。下面介绍具体操作方法。

步骤 01 在剪映中导入“草原蓝天”“星空”和“流星”三个视频素材，首先将“草原蓝天”视频素材添加到主轨道中，如图8-49所示。

图 8-49

步骤 02 保持视频素材为选中状态，在属性调节区中打开“调节”面板，在“基础”选项卡中设置“色温”为-50、“亮度”为-50、“对比度”为20、“阴影”为-15，如图8-50所示。

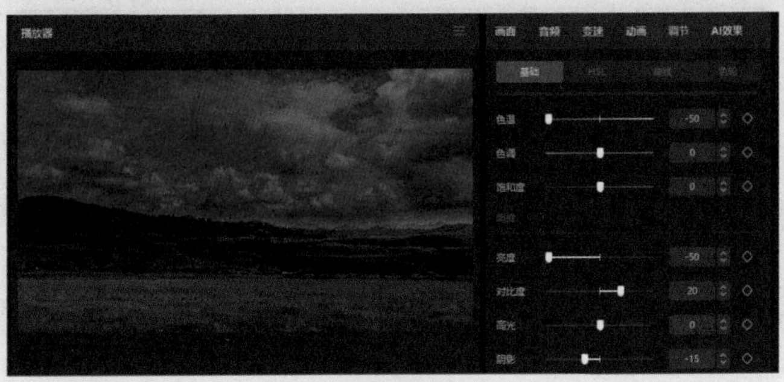

图 8-50

步骤 03 将“星空”视频素材添加到轨道中，并拖动到主轨道上方的轨道中显示。保持“星空”素材为选中状态，在属性调节区中的“画面”面板中打开“蒙版”选项卡，选择“线性”蒙版，如图8-51所示。

图 8-51

步骤 04 设置蒙版的位置，将蒙版旋转适当角度，使蒙版与天空和山的角度相匹配，适当增加羽化值，使蒙版边缘更自然，如图8-52所示。

图 8-52

步骤 05 继续将“流星”视频素材添加至轨道，并将该素材拖动到最上方轨道。在属性调节区中打开“画面”面板，在“基础”选项卡中设置混合模式为“滤色”，设置“不透明度”为65%，如图8-53所示。

图 8-53

步骤 06 切换到“蒙版”选项卡，设置蒙版的位置和旋转角度，如图8-54所示。

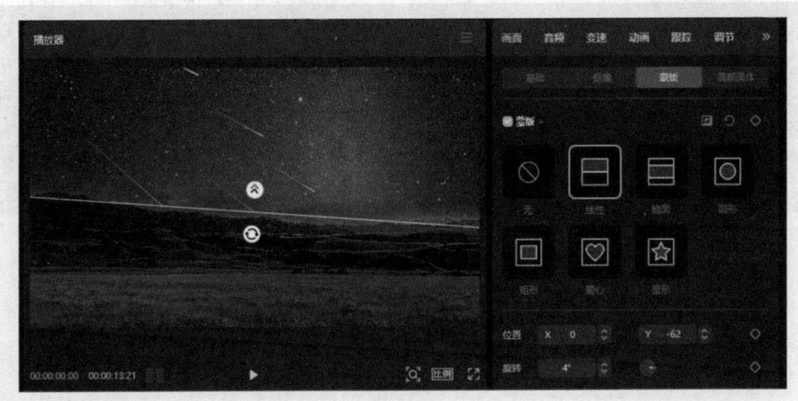

图 8-54

步骤 07 将时间轴移动到轨道最左侧，在媒体素材区中打开“贴纸”面板，在“贴纸素材”界面中搜索“月亮”，随后添加一张合适的月亮贴纸，设置贴纸的时长与下方轨道中视频素材的时长相同，如图8-55所示。

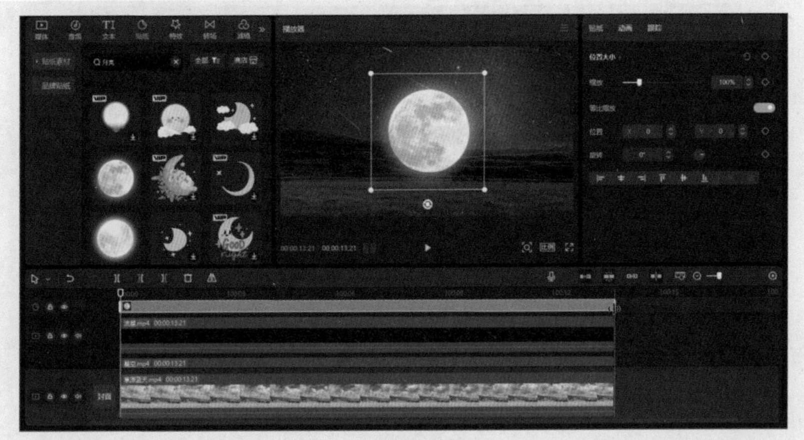

图 8-55

步骤 08 适当缩放月亮贴纸，并将贴纸移动到合适的位置，如图8-56所示。

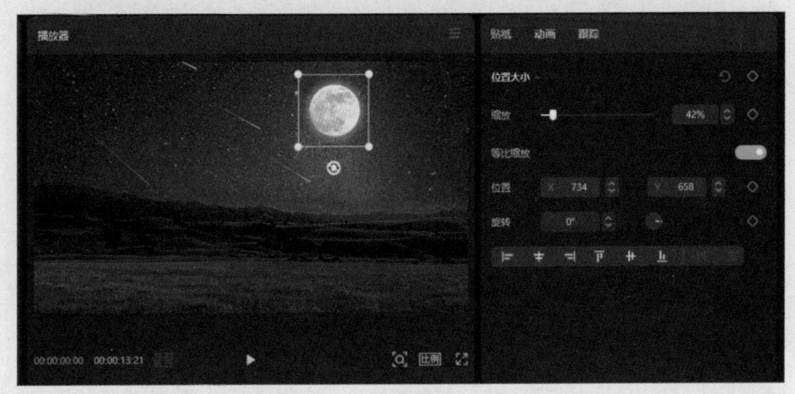

图 8-56

步骤 09 预览视频，查看将蓝天白云替换为月夜星空的效果，如图8-57所示。

图 8-57

实战：制作发光文字特效

本案例将使用剪映专业版制作。使用剪映自带的“天使光”特效可以制作出发光文字的效果。另外，还可以为文字添加动画，使文字的出现和消失显得更自然。

步骤 01 启动剪映专业版，打开创作界面，添加默认文本素材，调整文本素材时长为4s，修改文本内容，并设置好字体，如图8-58所示。

图 8-58

步骤 02 保持文本素材为选中状态。在属性调节区中的“动画”面板内添加“溶解”动画，设置“动画时长”为3.0s，如图8-59所示。

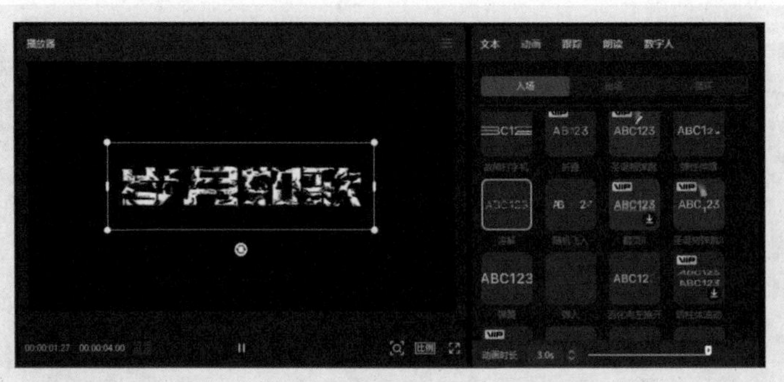

图 8-59

步骤 03 在媒体素材库中打开“特效”面板，在“画面特效”界面中搜索“天使光”，并添加“天使光”特效，调整特效时长与文本素材时长相同，如图8-60所示。随后将制作好的发光字导出备用。

图 8-60

步骤04 重新新建一个项目，导入视频素材和发光文字特效素材，随后将这两个素材添加到轨道中，让发光文字特效在上方轨道中显示。随后设置发光文字素材的混合模式为“滤色”，去除黑色背景，露出下方轨道中的视频画面，如图8-61所示。

图 8-61

步骤05 预览视频，查看发光文字特效的效果，如图8-62所示。

图 8-62

实战：合成透过窗户看外面风景特效

本案例将使用剪映专业版制作。下面使用色度抠图功能制作透过窗户看外面风景的特效。

步骤01 在剪映中导入“雪中的柿子树”和“绿幕窗户素材”两段视频，并将视频添加到轨道中，调整视频素材的位置，让“绿幕窗户素材”视频在上方轨道中显示。选中上方轨道中的窗户视频。在“画面”面板中打开“抠像”选项卡，勾选“色度抠图”复选框，如图8-63所示。

图 8-63

步骤 02 单击“取色器”按钮，如图8-64所示。将光标移动到“播放器”窗口中，在画面中的绿色背景上单击，吸取要去除的颜色，如图8-65所示。

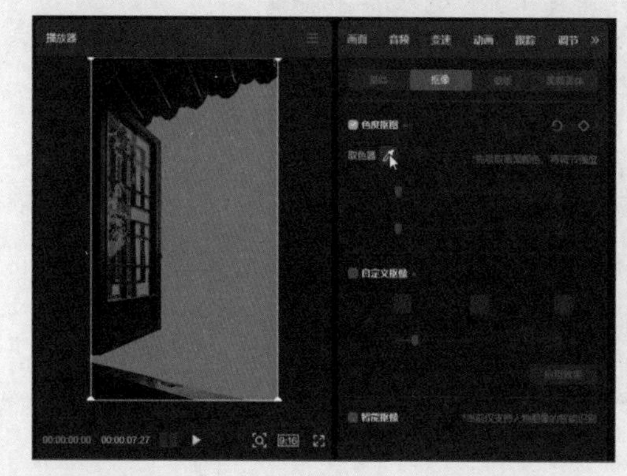

图 8-64

图 8-65

步骤 03 拖动“强度”滑块，同时观察“播放器”窗口中的视频画面，根据画面中绿色背景的抠除情况设置参数值，如图8-66所示。

步骤 04 抠除背景时可能会出现抠除过度的情况，让不该被抠除的部分也被抠除掉，此时可以拖动“阴影”滑块，适当增加阴影，填补被过度抠除的部分，使抠图效果更自然，如图8-67所示。

图 8-66

图 8-67

步骤 05 预览视频，查看色度抠图的效果，如图8-68所示。

图 8-68

实战：制作抠像转场震撼特效

本案例将使用剪映专业版制作。抠像转场是一种特殊的视频过渡效果，可以将后面一段视频中的主体进行抠像，然后从前面一段视频平滑地过渡到下一个视频画面中。下面介绍具体操作方法。

步骤 01 在剪映中导入视频素材，并将素材添加到主轨道中，如图8-69所示。

图 8-69

步骤 02 在轨道中选择第二段视频素材，将时间轴移动到第二段素材的开始位置，在工具栏中单击“定格”按钮，获得一段3s的图片素材，如图8-70所示。

步骤 03 选中图片素材，将时间轴移动到图片素材的中间位置，在工具栏中单击“分割”按钮，将图片分割成两部分，如图8-71所示。

步骤 04 复制分割后的任意一段图片素材，并将其拖动到上方轨道中，如图8-72所示。

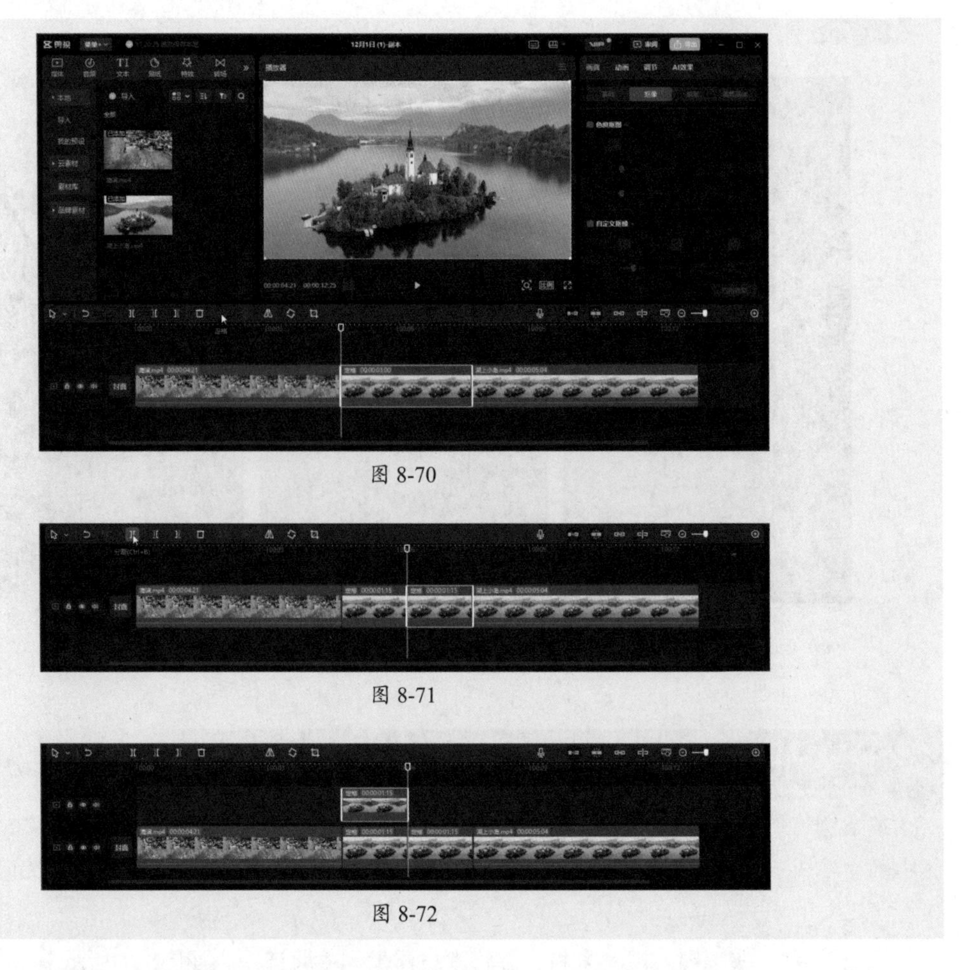

图 8-70

图 8-71

图 8-72

步骤 05 将主轨道中的前半段图片素材时长调整为0.5s，如图8-73所示。

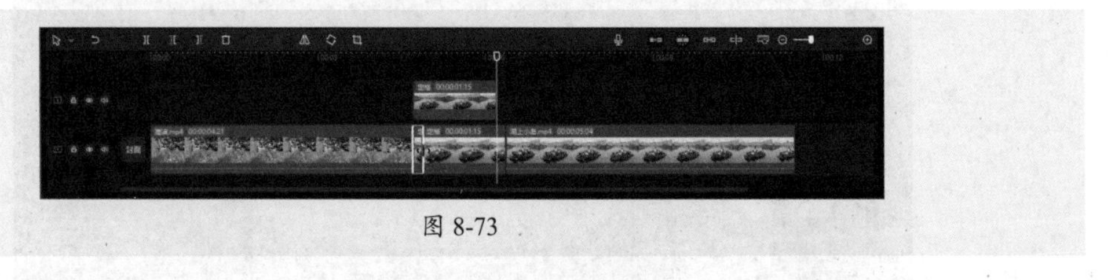

图 8-73

步骤 06 调整上方轨道中的图片素材时长为0.8s，并调整其位置，使其稍微覆盖下方轨道中的第一段图片素材，如图8-74所示。

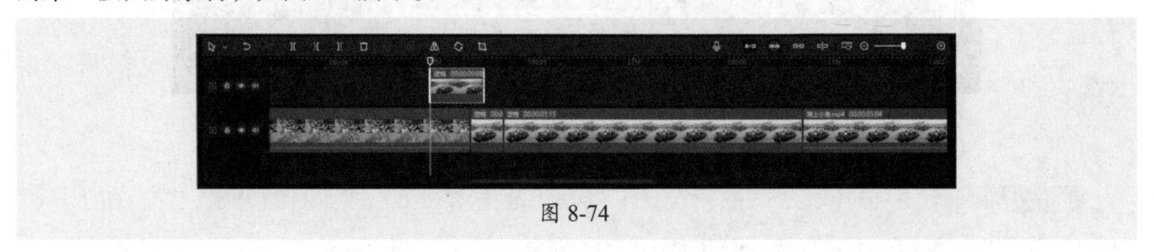

图 8-74

步骤 07 选中上方轨道中的图片素材，在功能区中的“画面”面板中打开“抠像”选项卡，勾选“自定义抠像”复选框，随后单击“智能画笔”按钮，启动画笔。在画面中涂抹主体部分，如图8-75所示。

图 8-75

步骤 08 画面中的主体被选中后，单击“应用效果”按钮，如图8-76所示，即可自动删除背景，只保留主体，如图8-77所示。

图 8-76　　图 8-77

步骤 09 选中上方轨道中的图片素材，将时间轴移动到图片末尾处。在属性调节区中打开“画面”面板，在“基础”选项卡中为“位置大小”添加关键帧，如图8-78所示。

图 8-78

步骤 10 将时间轴移动到上方轨道中图片素材的开始位置，再次为“位置大小”添加关键帧，如图8-79所示。

步骤 11 保持时间轴停留在开始位置的关键帧上方，适当缩放并旋转抠像画面，如图8-80所示。

步骤 12 将抠出的图像向左上角拖动，拖动到画面之外，如图8-81所示。

图 8-79

图 8-80

图 8-81

步骤 13 在媒体素材区中打开“媒体”面板，在“素材库”界面搜索“灰尘”素材，并将图8-82所示的素材添加到轨道中，此时素材默认被添加到主轨道。

图 8-82

步骤 14 将“灰尘”素材拖动到上方轨道中的图片素材右侧。保持“灰尘”素材为选中状态，在属性调节区的“画面”面板中的“基础”选项卡内，设置其“混合模式”为“混色”，如图8-83所示。

图 8-83

步骤 15 适当调整“灰尘”素材的位置，并旋转素材，使其与画面中的主体相贴合，如图8-84所示。

图 8-84

步骤 16 将时间轴移动到“灰尘”素材的开始位置，打开“音频”面板，在“音效素材”界面搜索“重物落地”，从搜索结果中添加图8-85所示的音效。最后为视频添加合适的背景音乐即可。

图 8-85

步骤 17 预览视频，查看抠像转场效果，如图8-86所示。

图 8-86

实战：制作小电影开场特效

本案例将使用Premiere Pro软件制作。制作过程中应用到的技巧包括素材的导入与处理、“裁剪”效果的应用、文本的创建与编辑等。下面介绍具体操作方法。

步骤 01 打开Premiere Pro软件，新建项目和序列。按Ctrl+I组合键，打开“导入”对话框，导入本章素材文件，如图8-87所示。

步骤 02 双击导入的视频素材，在“源”监视器面板中打开素材，并根据画面内容在00:00:10:01处标记入点，在00:00:16:00处标记出点，如图8-88所示。

图 8-87

图 8-88

步骤 03 将“源”监视器面板中的视频拖曳至“时间轴”面板V1轨道中，如图8-89所示。

步骤 04 在“效果”面板中搜索“裁剪”视频效果，拖曳至V1轨道素材中，移动播放指示器至素材起始位置，在“效果控件”面板中单击“裁剪”参数中“顶部”和“底部”参数左侧的“切换动画”按钮，添加关键帧，如图8-90所示。

步骤 05 移动播放指示器至00:00:03:00处，调整“顶部”和“底部”参数，软件将自动添加关键帧，如图8-91所示。此时“节目”监视器面板中的效果如图8-92所示。

图 8-89　　图 8-90

图 8-91　　图 8-92

步骤 06 移动光标至“源”监视器面板中的“仅拖动视频”按钮处，按住鼠标左键拖曳视频至“时间轴”面板V2轨道中，如图8-93所示。

步骤 07 使用文字工具在“节目”监视器面板中单击并输入文字，在“基本图形”面板中设置参数（选择喜欢的字体及大小即可），并使文字与画面垂直居中对齐，效果如图8-94所示。

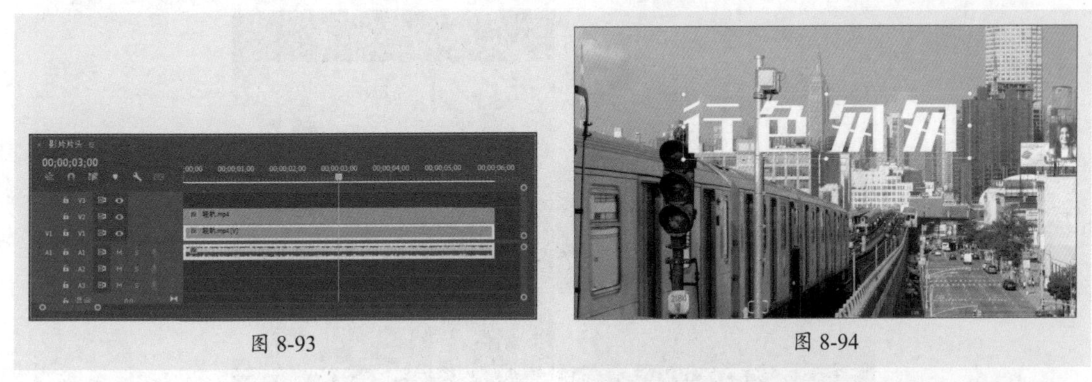

图 8-93　　图 8-94

步骤 08 调整文字素材持续时间与V1轨道素材一致。在“效果”面板中搜索“轨道遮罩键”效果，拖曳至V2轨道素材上，在“效果控件”面板中设置参数，如图8-95所示。

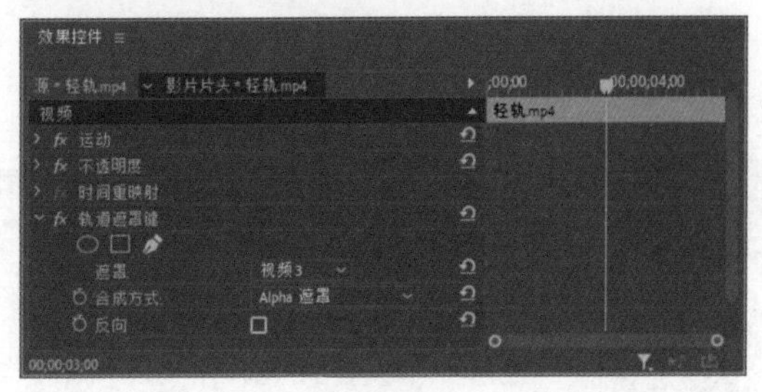

图 8-95

步骤 09 此时"节目"监视器面板中的效果如图8-96所示。

步骤 10 选中V2和V3轨道中的素材右击，在弹出的快捷菜单中选择"嵌套"选项，将其嵌套，并使用"剃刀工具"在00:00:03:00处分割嵌套素材，删除多余部分，如图8-97所示。

图 8-96

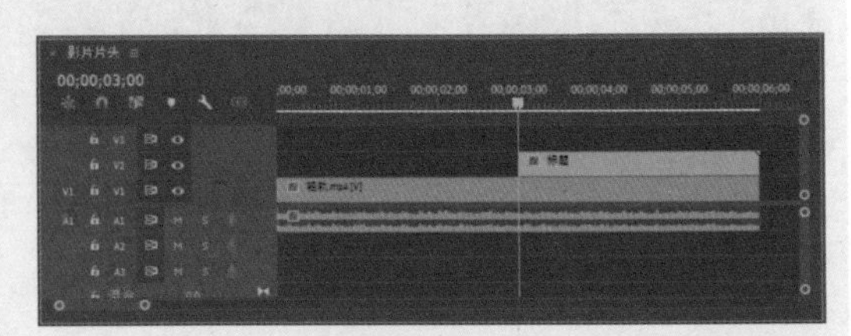

图 8-97

步骤 11 在"效果"面板中搜索"交叉溶解"视频过渡效果，拖曳至"嵌套"素材起始处和结尾处，在"效果控件"面板中调整其持续时间为20s，效果如图8-98所示。

步骤 12 在"效果"面板中搜索"指数淡化"音频过渡效果，拖曳至A1轨道素材的起始处和结尾处，如图8-99所示。

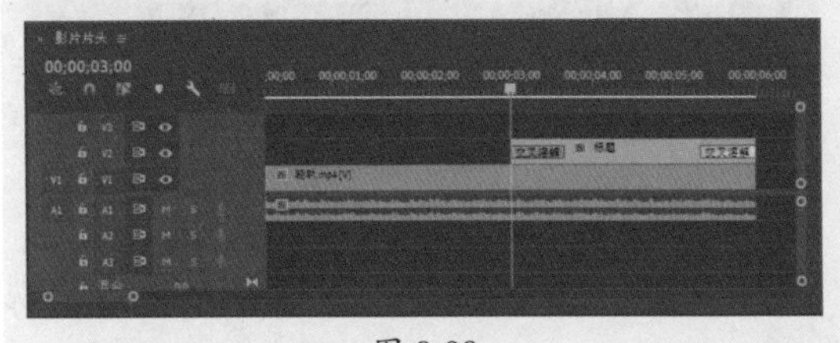

图 8-98

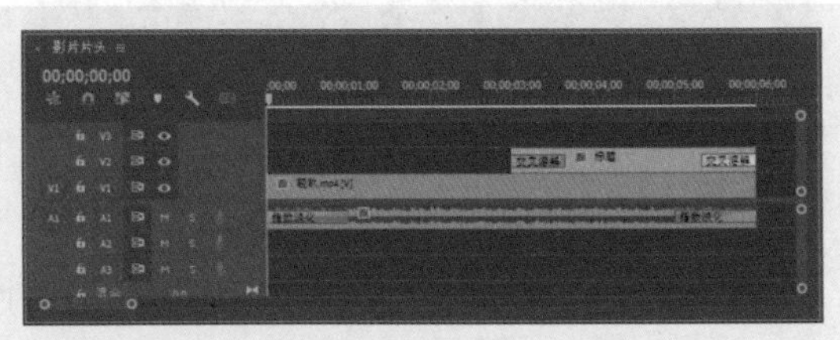

图 8-99

步骤 13 移动播放指示器至起始处，按Enter键渲染并预览效果，如图8-100所示。

图 8-100

实战：制作定格出场视频效果

本案例将使用Premiere Pro软件制作。制作过程中应用到的技巧包括素材的导入与处理、帧定格的应用、视频效果的应用与编辑、关键帧动画的制作等。下面介绍具体操作方法。

步骤 01 打开Premiere Pro软件，新建项目和序列。按Ctrl+I组合键，打开“导入”对话框，导入本章音视频素材文件，如图8-101所示。

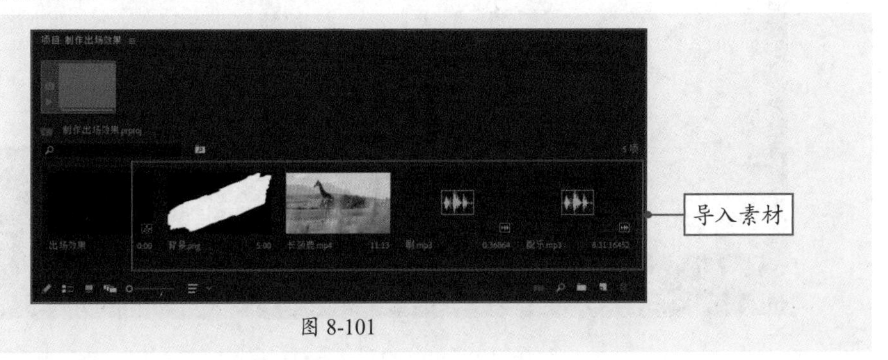

图 8-101

步骤 02 双击视频素材，在“源”监视器面板中播放预览效果，并在00:00:06:24处标记出点，如图8-102所示。

步骤 03 将“源”监视器面板中的视频拖曳至“时间轴”面板V1轨道中，移动播放指示器至00:00:03:10处，右击，在弹出的快捷菜单中选择“添加帧定格”选项定格帧。单击“节目”监视器面板中的“导出帧”按钮，导出帧并在Photoshop软件中抠取主体部分，如图8-103所示。

图 8-102　　图 8-103

步骤 04 将抠取的图片保存为PNG格式，并导入至Premiere Pro软件V4轨道中，调整其持续时间与V1轨道第2段素材一致，如图8-104所示。

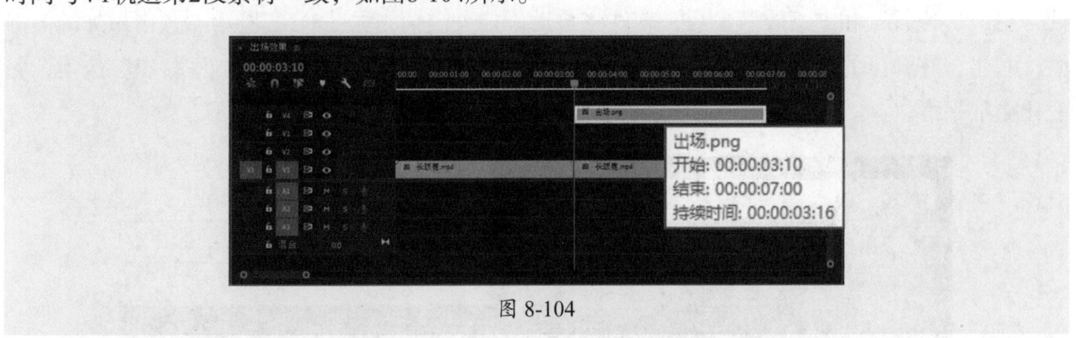

图 8-104

步骤 05 在“效果”面板中搜索“黑白”视频效果，拖曳至V1轨道第2段素材上，“节目”监视器面板中V1轨道素材将变为黑白。搜索“高斯模糊”视频效果，拖曳至V1轨道第2段素材上，在“效果控件”面板中设置“模糊度”参数为50，并勾选“重复边缘像素”复选框，制作模糊效果，此时“节目”监视器面板中的画面效果如图8-105所示。

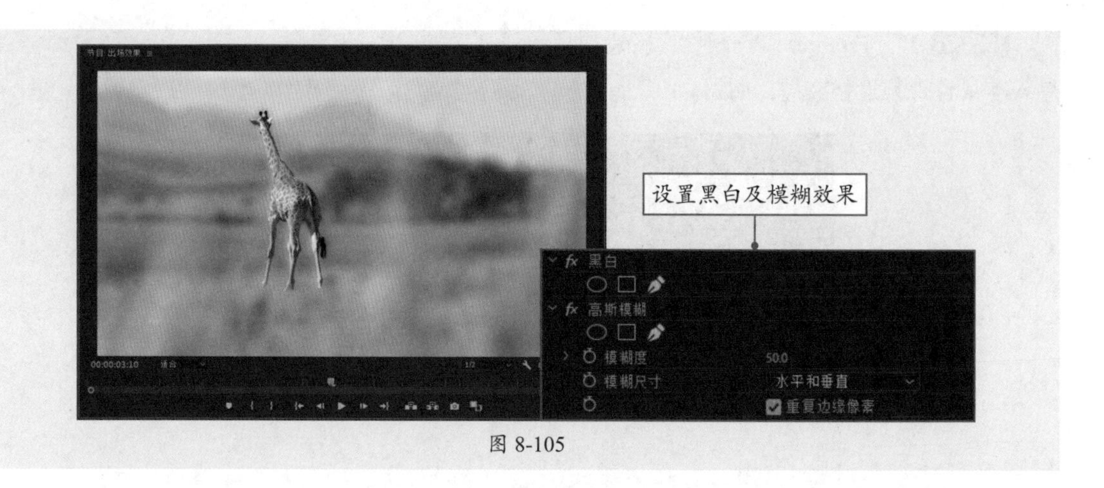

图 8-105

步骤 06 选中V4轨道素材，右击，在弹出的快捷菜单中选择“嵌套”选项，将其嵌套为长颈鹿。在“效果”面板中搜索“径向阴影”视频效果，拖曳至V4轨道嵌套素材上，在“效果控件”面板中设置“阴影颜色”“不透明度”“光源”及“投影距离”参数，制作描边效果，如图8-106所示。

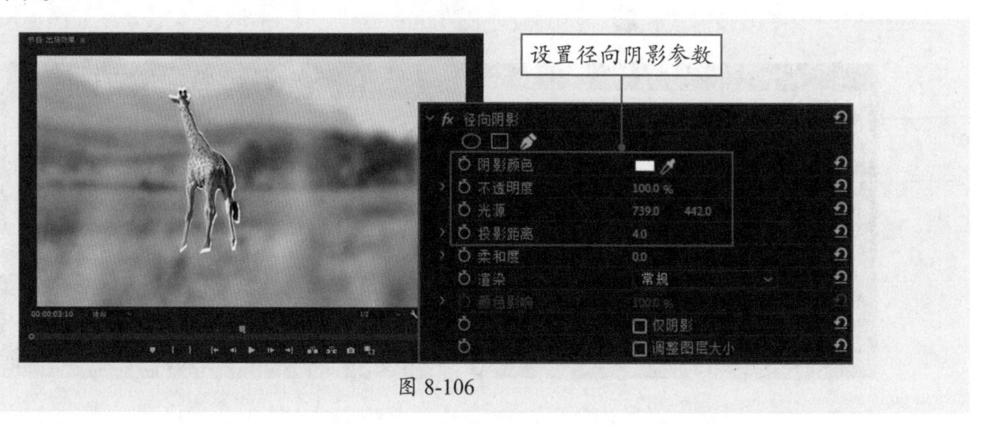

图 8-106

步骤 07 移动播放指示器至00:00:03:10处，选中V4轨道素材，在“效果控件”面板中单击“位置”和“缩放”参数左侧的“切换动画”按钮添加关键帧，移动播放指示器至00:00:04:00处，更改“位置”和“缩放”参数，软件将自动添加关键帧，如图8-107所示。选中添加的关键帧，右击，在弹出的快捷菜单中选择“临时插值”|“缓入”或“临时插值”|“缓出”选项，使变化更加平滑。

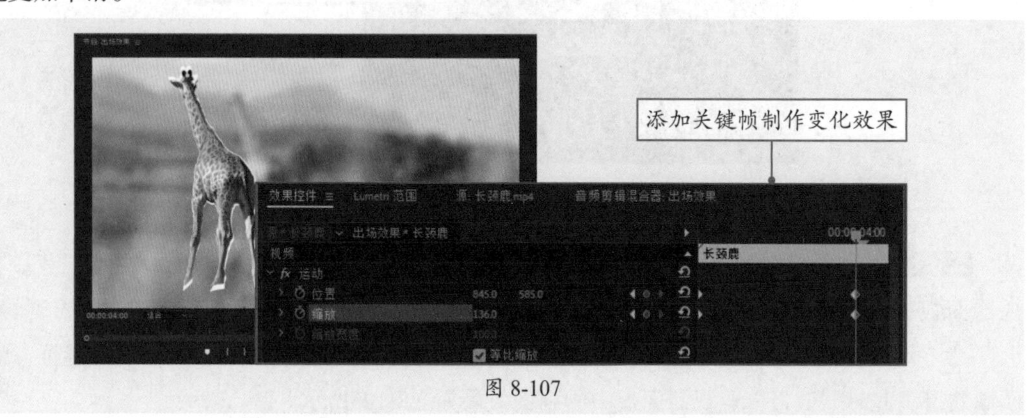

图 8-107

步骤 08 将“背景.png”素材拖曳至“时间轴”面板V2轨道上，调整其持续时间与V4轨道素材一致。在“效果”面板中搜索“更改为颜色”视频效果，拖曳至V2轨道素材上，在“效果控件”面板中设置颜色等参数，效果如图8-108所示。

图 8-108

步骤 09 在“效果”面板中搜索Push视频过渡效果，拖曳至V2轨道素材入点处，添加视频过渡效果，在“效果控件”面板中调整其持续时间为15s，效果如图8-109所示。

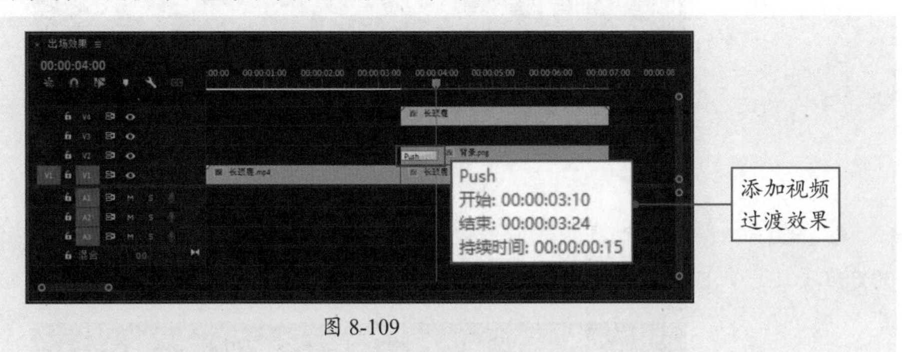

图 8-109

步骤 10 在“基本图形”面板“编辑”选项卡中单击“新建图层”按钮，在弹出的列表中选择“文本”，新建文本图层，在“时间轴”面板中将文本图层调整至V3轨道中，设置其入点位于00:00:04:00处，并设置出点与其他轨道素材一致，如图8-110所示。

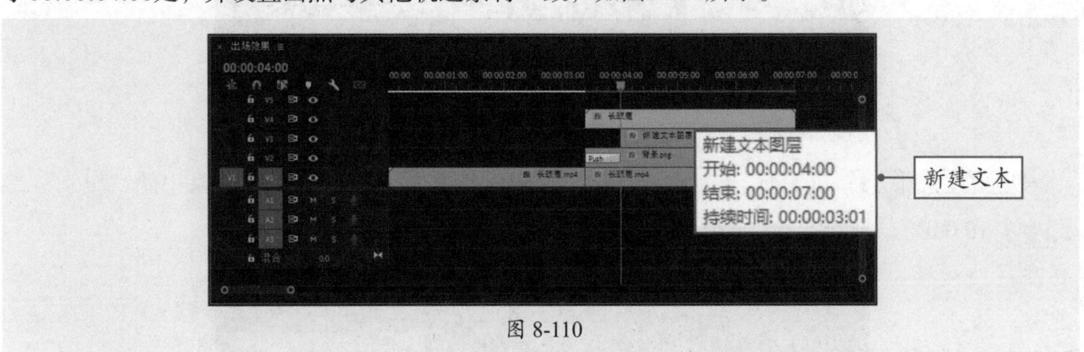

图 8-110

步骤 11 使用选择工具在“节目”监视器面板中的文字上双击，进入编辑模式修改文字内容，在“基本图形”面板中设置文字颜色、字体、大小等参数，在“节目”监视器面板中旋转文字，效果如图8-111所示。

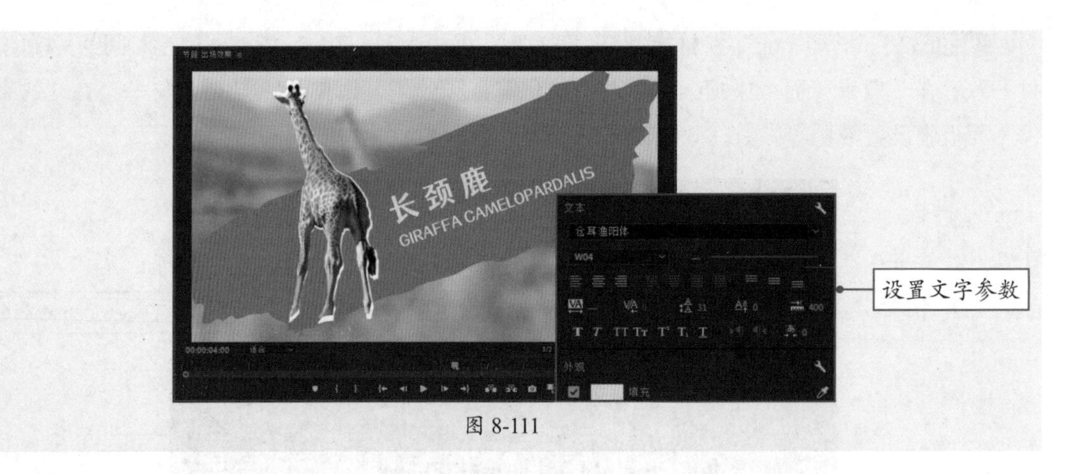

图 8-111

步骤 12 在“效果”面板中搜索Push视频过渡效果，拖曳至V3轨道素材入点处，添加视频过渡效果，在“效果控件”面板中调整其持续时间为15s，效果如图8-112所示。

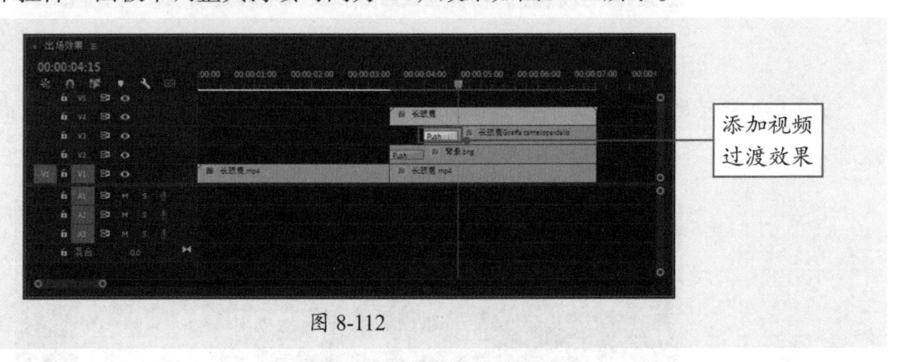

图 8-112

步骤 13 将“配乐.mp3”素材拖曳至A1轨道中，使用“剃刀工具”在00:00:03:10处和00:00:07:01处单击，裁切素材，并删除00:00:07:01后的素材，如图8-113所示。

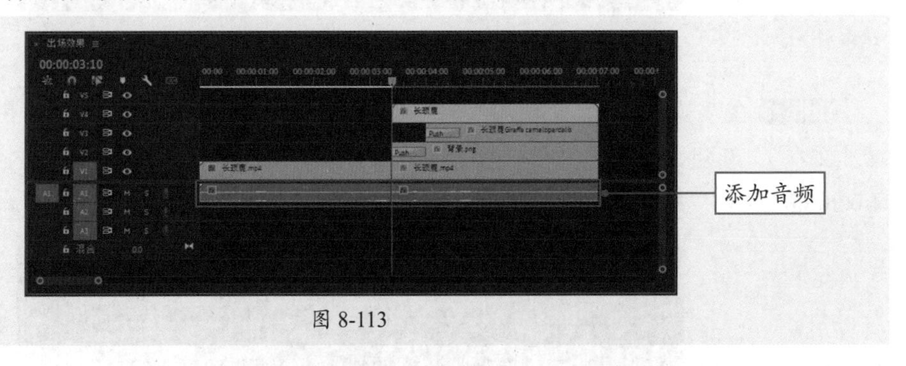

图 8-113

步骤 14 选中A1轨道第1段素材，在“效果控件”面板中设置“音量”效果中的“级别”参数为“-10.0dB”，降低音量，如图8-114所示。

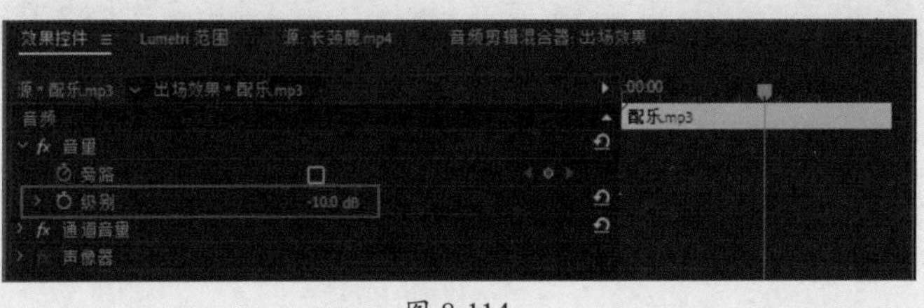
图 8-114

步骤 15 使用相同的方法设置第2段素材音量级别为“-15.0dB”，如图8-115所示。

图 8-115

步骤 16 将“唰.mp3”素材拖曳至A2轨道合适位置，并设置其音量级别为“-10.0dB”，如图8-116所示。

图 8-116

步骤 17 至此完成定格出场效果的制作。在“节目”监视器面板中的预览效果如图8-117所示。

图 8-117

实战：制作动感电子相册

本案例将使用Premiere Pro软件制作。制作过程中应用到的技巧包括视频效果的添加、关键帧的应用、转场效果的添加等。下面介绍具体操作方法。

步骤 01 选中V1轨道中的素材文件，按住Alt键向上拖曳复制至V2轨道中，隐藏V2轨道素材，如图8-118所示。

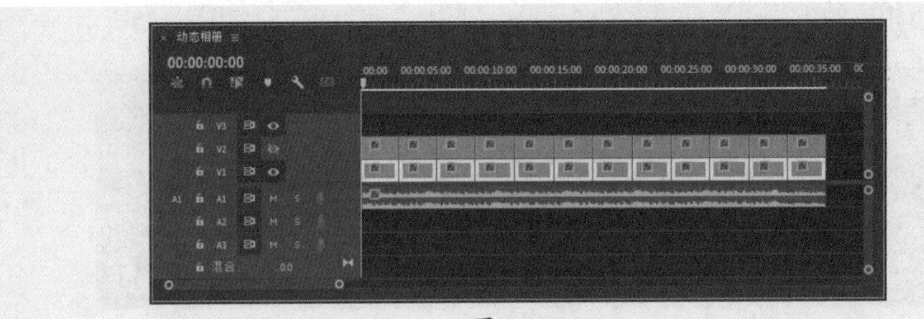

图 8-118

步骤 02 在“效果”面板中搜索“高斯模糊”视频效果，拖曳至“时间轴”面板V1轨道第1段素材上，在“效果控件”面板中设置“高斯模糊”效果，“模糊度”参数为30，并勾选“重复边缘像素”复选框，使素材发生模糊，在“节目”监视器面板中的预览效果如图8-119所示。

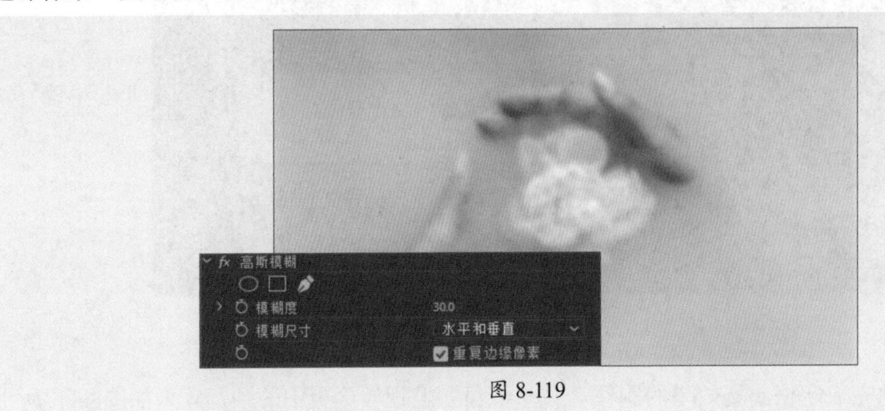

图 8-119

步骤 03 在“时间轴”面板中选中V1轨道第1段素材，右击，在弹出的快捷菜单中选择“复制”选项，选中V1轨道中其他素材，右击，在弹出的快捷菜单中选择“粘贴属性”选项，打开“粘贴属性”对话框，勾选“运动”复选框、“效果”复选框和“高斯模糊”复选框，单击“确定”按钮，为其他素材粘贴添加的效果，在“节目”监视器面板中的预览效果如图8-120所示。

图 8-120

步骤 04 显示V2轨道素材文件，选择V2轨道素材文件，右击，在弹出的快捷菜单中选择“嵌套”选项，在打开的“嵌套序列名称”对话框中设置“名称”为“相册”，完成设置后单击“确定”按钮，嵌套序列，如图8-121所示。

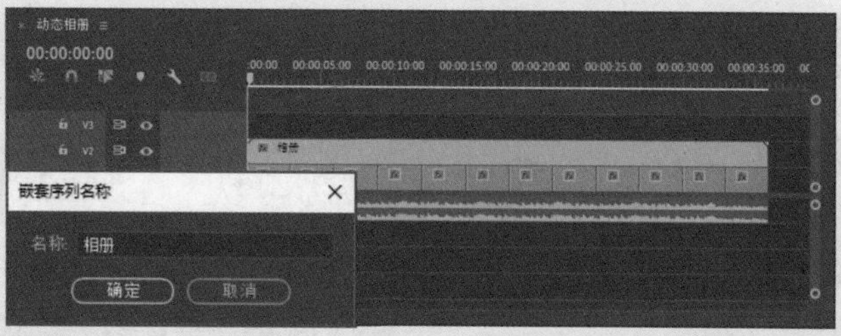

图 8-121

步骤 05 双击嵌套序列将其打开，在“效果”面板中搜索“色彩”视频效果，拖曳至V2轨道第1段素材上，移动时间线至00:00:00:00处，在“效果控件”面板中单击“色彩”效果“着色量”参数左侧的“切换动画”按钮，添加关键帧，移动时间线至00:00:01:00处，调整“着色量”参数为0%，软件将自动添加关键帧，此时在“节目”监视器面板中的预览效果如图8-122所示。

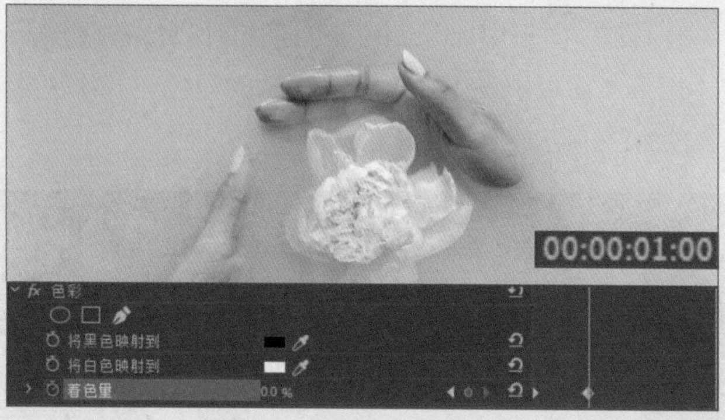

图 8-122

步骤 06 在“效果控件”面板中选中添加的关键帧，右击，在弹出的快捷菜单中选择“缓入”和“缓出”选项，使变化效果更加自然。设置“缩放”参数为70，缩小素材，如图8-123所示。

图 8-123

步骤 07 在“时间轴”面板中选中V2轨道第1段素材，右击，在弹出的快捷菜单中选择“复制”选项，选中V2轨道中其他素材，右击，在弹出的快捷菜单中选择“粘贴属性”选项，打开“粘贴属性”对话框，勾选“运动”复选框、“效果”复选框和“色彩”复选框，单击“确定”按钮，为其他素材粘贴添加的效果，在“节目”监视器面板中的预览效果如图8-124所示。

图 8-124

步骤08 单击“基本图形”面板中的“新建图层”按钮，在弹出的菜单中选择“矩形”选项，新建矩形，此时“时间轴”面板中V3轨道中将自动出现图形素材，“节目”监视器面板中也将出现矩形，在“基本图形”面板中设置矩形“填充”为白色，并添加阴影，在“节目”监视器面板中的预览效果如图8-125所示。

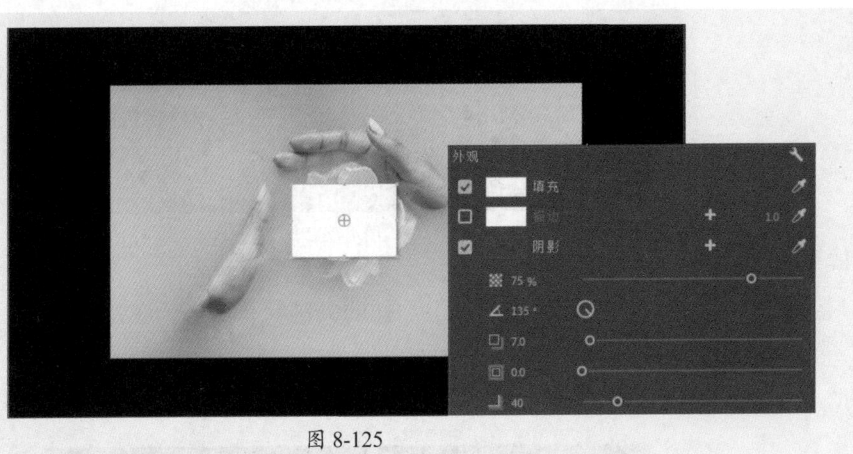

图 8-125

步骤09 在“时间轴”面板中移动图形素材至V1轨道，并调整持续时间与V1轨道第1段素材一致，使用“选择工具”在“节目”监视器面板中调整矩形大小，如图8-126所示。

图 8-126

步骤 10 选中V1轨道中的图形素材，按住Alt键向后拖曳复制，重复多次，效果如图8-127所示。

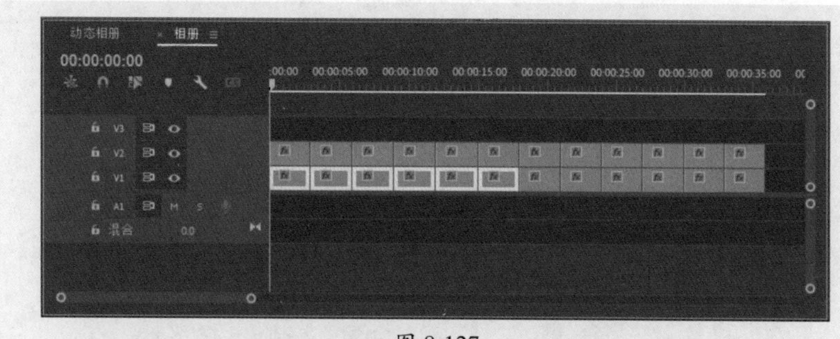

图 8-127

步骤 11 选中V1轨道和V2轨道第1段素材，右击，在弹出的快捷菜单中选择“嵌套”选项，在打开的“嵌套序列名称”对话框中设置“名称”为01，完成设置后单击“确定”按钮，嵌套素材，如图8-128所示。

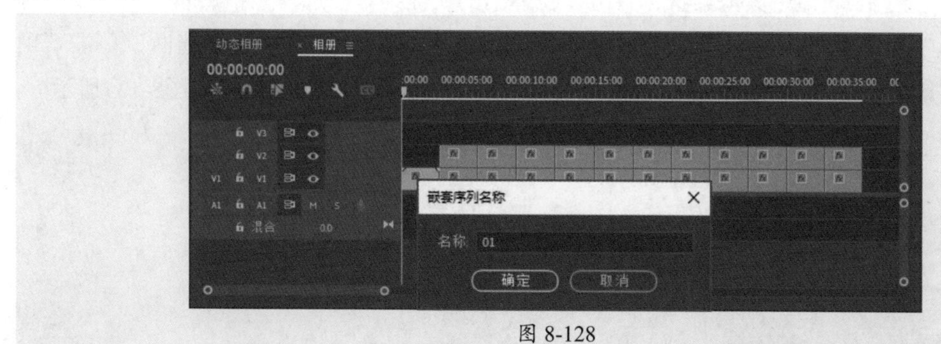

图 8-128

步骤 12 使用相同的方法，按照顺序依次嵌套V1轨道和V2轨道中的素材，完成后的效果如图8-129所示。

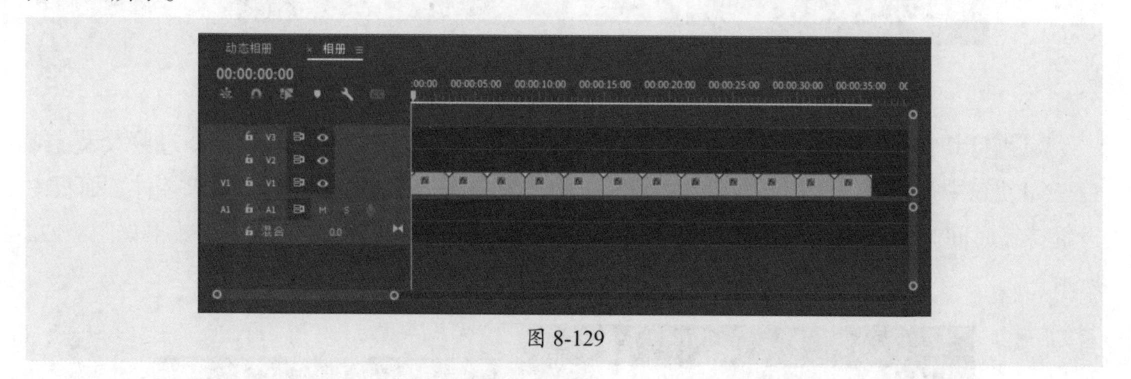

图 8-129

步骤 13 在“效果”面板中搜索“变换”视频效果，拖曳至V1轨道第1段嵌套素材上，移动时间线至00:00:01:10处，在“效果控件”面板中勾选“变换”效果中的“等比缩放”复选框，单击“变换”效果“缩放”参数左侧的“切换动画”按钮，添加关键帧，移动时间线至00:00:02:10处，在“效果控件”面板中调整“缩放”参数为145，软件将自动添加关键帧，此时在“节目”监视器面板中的预览效果如图8-130所示。

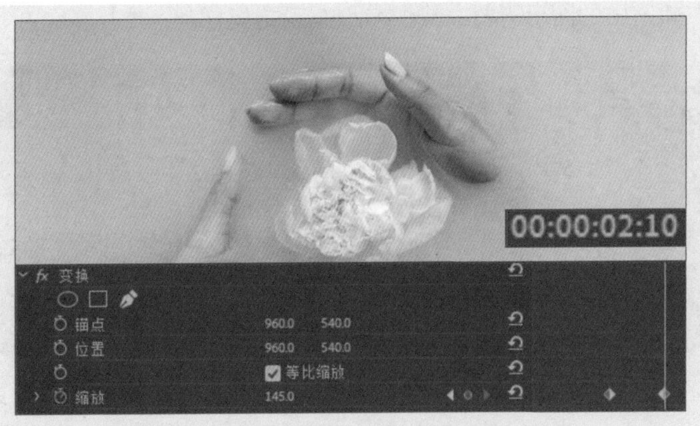

图 8-130

步骤 14 在“时间轴”面板中选中V1轨道第1段嵌套素材，右击，在弹出的快捷菜单中选择“复制”选项，选中V1轨道中其他素材，右击，在弹出的快捷菜单中选择“粘贴属性”选项，打开“粘贴属性”对话框，勾选“运动”复选框、“效果”复选框和“变换”复选框，单击“确定”按钮，为其他素材粘贴添加的效果，在“节目”监视器面板中的预览效果如图8-131所示。

图 8-131

步骤 15 切换至“相册”嵌套序列，在“效果”面板中搜索“页面剥落”视频过渡效果，拖曳至V1轨道中第1段素材和第2段素材之间，选中添加的视频过渡效果，在“效果控件”面板中设置持续时间为1s、“对齐”为“中心切入”，在“节目”监视器面板中的预览效果如图8-132所示。

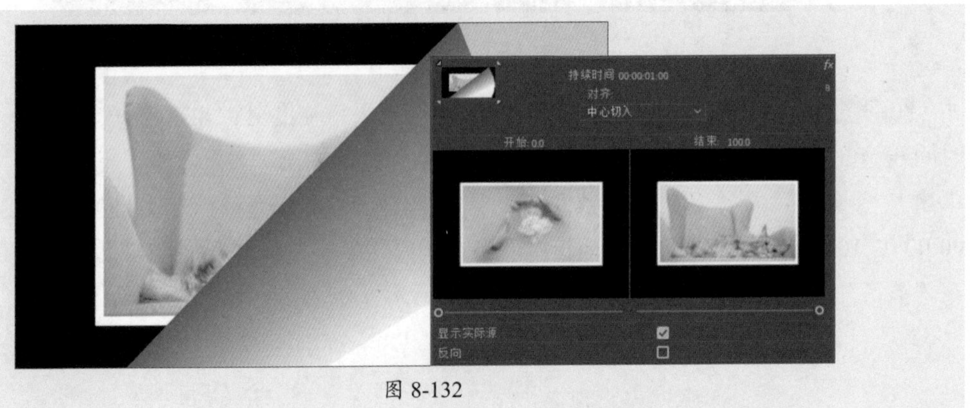

图 8-132

步骤 16 使用相同的方法，在其他素材间添加“页面剥落”视频过渡效果，如图8-133所示。

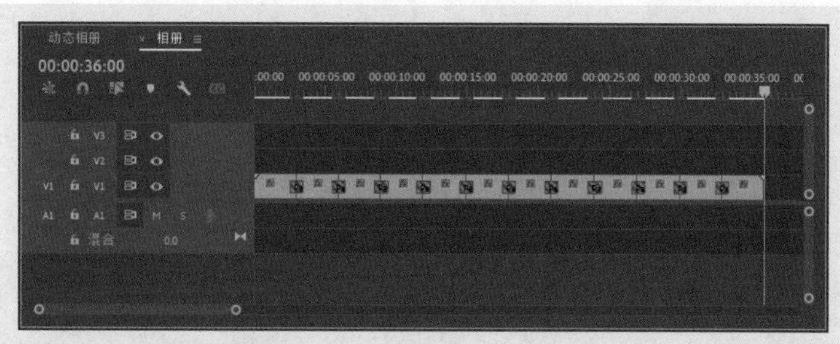

图 8-133

步骤 17 切换至“动态相册”序列，在“效果”面板中搜索“交叉溶解”视频过渡效果，拖曳至V1轨道第1段素材和第2段素材之间，添加视频过渡效果，如图8-134所示。

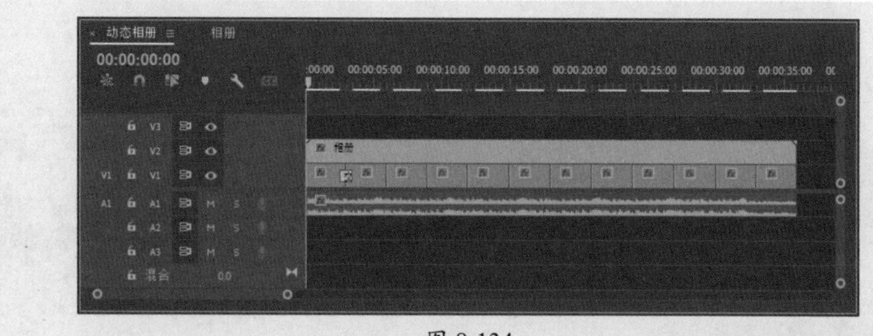

图 8-134

步骤 18 使用相同的方法，在V1轨道其他素材间添加“交叉溶解”视频过渡效果，如图8-135所示。

图 8-135

步骤 19 选择A1轨道中的音频素材，在“效果控件”面板中设置“级别”参数为“-6.0dB”，降低音频音量，如图8-136所示。

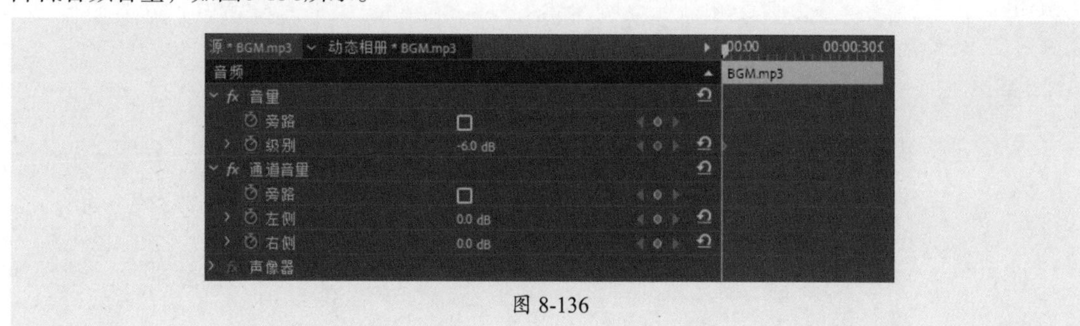

图 8-136

步骤 20 在“效果”面板中搜索“恒定增益”音频过渡效果，拖曳至“时间轴”面板中A1轨道素材起始处和末端，在“效果控件”面板中设置其持续时间为2s，如图8-137所示。

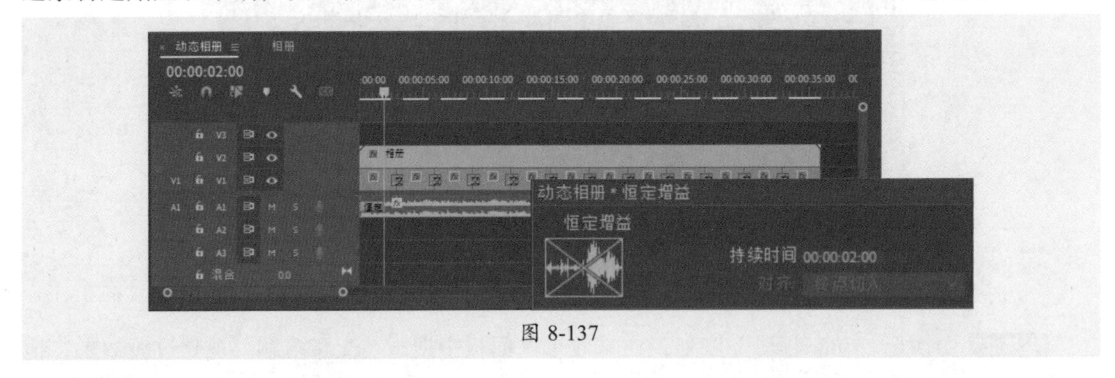

图 8-137

步骤 21 至此，完成动态相册的制作与输出。在“节目”监视器面板中的预览效果如图8-138所示。

图 8-138